Bernhard Wietek

Stahlfaserbeton

Bernhard Wietek

Stahlfaserbeton

Grundlagen und Praxisanwendung

2., überarbeitete Auflage

Mit 332 Abbildungen und 26 Tabellen

PRAXIS

VIEWEG+
TEUBNER

Bibliografische Information der Deutschen Nationalbibliothek
Die Deutsche Nationalbibliothek verzeichnet diese Publikation in der Deutschen Nationalbibliografie; detaillierte bibliografische Daten sind im Internet über <http://dnb.d-nb.de> abrufbar.

Prof. Dipl.-Ing. Bernhard Wietek ist an der HTL Innsbruck tätig.

Email: wietek@a-bau.co.at
Internet: www.a-bau.co.at

1. Auflage 2008
2. Auflage 2010

Lektorat: Dipl.-Ing. Ralf Harms | Sabine Koch

Vieweg+Teubner ist Teil der Fachverlagsgruppe Springer Science+Business Media.
www.viewegteubner.de

Umschlaggestaltung: KünkelLopka Medienentwicklung, Heidelberg
Druck und buchbinderische Verarbeitung: STRAUSS GMBH, Mörlenbach
Gedruckt auf säurefreiem und chlorfrei gebleichtem Papier.
Printed in Germany

ISBN 978-3-8348-0872-1

Vorwort zur 2. Auflage

Es ist erfreulich wie eine neue Betrachtungsweise mit Interesse von konstruktiven Bauingenieuren aufgenommen wird. Schon nach nicht einmal einem Jahr ist die Erstausgabe vergriffen, und der Verlag musste zwischenzeitlich sogar mit einem Nachdruck die Nachfrage der interessierten Leser befriedigen.

Ein neues Buch mangelt immer wieder an Fehlern, die auf Grund des Zeitdruckes entstehen, und der Autor muss dann diese auch wiederum ausbessern. Dies erfolgt nun mit der 2. Auflage des Buches.

Bei der Interpretation der Bruchkriterien mit dem Mohr'schen Spannungskreis ist ein kleiner Fehler korrigiert worden. Es wird nun auch der Spannungskreis für den Zuglastfall richtig berücksichtigt. Dies hat Auswirkungen auf den Scherwinkel bei den einzelnen Betonsorten. Für die Bemessung ist der Fehler unbedeutend, aber es sollen die Grundlagen auch richtig dargestellt werden.

Weiters wurden einige Erfahrungen aus der Praxis nun mit etlichen Bildern in das Buch übernommen. Die unterschiedlichen Anwendungsfälle zeigen die breite Anwendungsmöglichkeit des Baustoffes Stahlfaserbeton auf. Es wird in Zukunft noch weitere Anwendugsfälle geben, die dann bei gegebener Zeit auch in das Buch einfließen werden.

Die Bemessungen der beanspruchten Querschnitte wurden durch ein zweites Verfahren ergänzt, bei dem die Dosierung vorgegeben wird und als Resultat der Berechnung eine freie Querschnittsabmessung – meist die mindestens erforderliche Querschnittshöhe – errechnet wird. Dies kommt in vielen Fällen den Forderungen der Praxis nach.

Aufgrund des Buches konnten nun auch einige Bauherrn dazu veranlasst werden, den Baustoff Stahlfaserbeton bei ihren Bauwerken einzusetzen. Selbst die österreichische Seilbahnbehörde – als ungemein streng bekannt – hat der Ausführung eines durchaus stark belasteten Bauteiles mit Stahlfaserbeton zugestimmt. Die diesbezüglichen Berechnungen wurden entsprechend dem Buch durchgeführt und alle Teilschritte auch mit ausführlichen Bildern unterstützt.

Bei etlichen Anwendern steigt das Interesse, zusätzliche Fasern für die Anwendung der Bemessungen untersuchen zu lassen, wobei hier sicherlich einheitliche Untersuchungsmethoden erwünscht sind. Es sollte damit die Vergleichbarkeit der einzelnen unterschiedlichen Fasern erreicht werden. Gleichzeitig sollte die Reproduzierbarkeit von einzelnen Versuchsergebnissen gewährleistet sein.

Herzlich gedankt sei allen, die durch ihre Anregungen zur Fortentwicklung der ingenieurmäßigen Betrachtung des Stahlfaserbetons beigetragen haben. Der Autor ist auch weiterhin für jeden Hinweis auf Möglichkeiten der Verbesserung und Ergänzung des vorliegenden Werkes dankbar.

Sistrans bei Innsbruck, im Juli 2009 — Bernhard Wietek

Vorwort zur 1. Auflage

Im Bereich des konstruktiven Ingenieurbaues wird in den letzten Jahren immer mehr der Ruf nach Beton mit Stahlfasern laut.

Sieht man sich die Literatur für den Stahlfaserbeton durch, so muss man feststellen, dass sich die Einteilung für die Berechnung nicht nach den Teilmaterialien richtet, sondern als ein neuer Baustoff gewertet wird, der zu untersuchen ist und nach dieser Untersuchung dann eingeteilt wird. Dies steht im Gegensatz zu allen Bemessungsverfahren im Bauwesen, bei denen die Dimension des Bauteiles das Ergebnis der Bemessung ist. So wird im Stahlbau und auch im Holzbau das Widerstandsmoment ausschlaggebend für die Gestalt des Bauteiles. Beim Stahlbeton ist das Ergebnis der Bemessungsberechnung der erforderliche Stahlquerschnitt, der in den Betonträger einzubauen ist.

Folgt man diesem Gedankengang der üblichen Berechnungen für eine Bemessung, so sollte eigentlich bei der Bemessung des Stahlfaserbetons die Dosierung der Stahlfasern im Beton das Ergebnis sein. Ausgehend von der statischen Beanspruchung sollte im Ergebnis der Bemessung also erkennbar werden, wie viel Stahlfasern im Beton einzumischen sind, um diese Beanspruchung auch zu halten.

Diesen Forderungen entsprechend hat der Autor nun konsequent den Weg der Kontinuumsmechanik beschritten, um für den Verbundbaustoff Stahlfaserbeton eine Bemessung zu erarbeiten, die letzendlich die erforderliche Dosierung mit Stahlfasern zum Ergebnis hat. Dabei wird auf die bekannten Grundlagen der Mechanik von Coulomb und Mohr für Feststoffe zurückgegriffen. Es kann damit bei konsequenter Betrachtung der einzelnen vorkommenden Zustände im Querschnitt das geforderte Ziel erreicht werden.

Grundlage dieser Bemessungen sind zwei neue Materialkennwerte für die Stahlfasern, die mit Versuchen für jede Faserart einzeln zu bestimmen ist. Es kann somit ähnlich wie beim Stahlbeton mit den beiden Materialien Beton und Stahlfaser die Tragfähigkeit eines Querschnittes nachgewiesen werden, wobei als Ergebnis die Dosierung (kg Stahlfaser je m^3 Beton) im Querschnitt ist.

Die Möglichkeit, bei der Bemessung des Stahlfaserbetons ein ähnliches Ergebnis wie bei anderen Baustoffen zu erhalten und damit den Verbundbaustoff in seiner Zusammensetzung in der Bemessung zu bestimmen, ist eigentlich die Forderung von den meisten Ingenieuren. Mit dem aufgezeigten Weg der Berechnung des Verbundbaustoffes Stahlfaserbeton wird nun dieser Weg auch beschritten.

Der Autor dieses vorliegenden Buches glaubt an den Fortschritt der Technik und hat dies in etlichen Anwendungen von neuen Systemen erfolgreich bewiesen. Es soll auch der Stahlfaserbeton nicht daran gehindert werden, den ihm zukommenden Platz in der technischen Welt zu erringen.

Sistrans bei Innsbruck, im Jänner 2008 — Bernhard Wietek

Dank des Autors

Nicht versäumen möchte ich, mich bei jenen zu bedanken, die so viel Vertrauen in mich setzten und mich auf dieses neue Fachgebiet ansetzten, um eine ingenieurmäßige Lösung zu erarbeiten. Begonnen hat es damit, dass die Fa. Swietelsky-HTB mich als Bauingenieur und Geotechniker zu einem Informationgespräch für Stahlfaserbeton einlud, und Kurt Neuschmid und sein Mitarbeiter Danillo Silvestri meinen Rat für den Einsatz für Spritzbeton erbaten. Bei dieser Diskussion war auch Markus Schadde von ArcelorMittal anwesend. Es kam dabei heraus, dass eine Bemessung für den Verbundbaustoff Stahlfaserbeton ähnlich der des Stahlbetons nicht bekannt ist. Der Wunsch nach einer solchen Bemessung wurde geäußert und für die Praxis als sehr notwendig erachtet.

Dies war der Anstoß dafür, dass ich anfing, mich mit einem Versuch der Ausarbeitung für die Bemessung von Stahlfaserbeton zu beschäftigen. Ich wurde dabei von den drei Herren jederzeit unterstützt, wobei sie mir alle erdenklichen Unterlagen zur Verfügung stellten und somit viele Ideen einbrachten. Nachdem dann nach einigen Monaten das Grundkonzept der Bemessung feststand, hat die Fa. ArcelorMittal mit Herrn Rene Pepin sich bereit erklärt, entsprechend meinen Vorgaben, Stahlfaserbeton mit unterschiedlicher Dosierung herzustellen und zu untersuchen. Dies betraf zwei Stahlfasern, die oft gebraucht werden. Die entsprechenden Versuche wurden dann bei der FH Aachen durchgeführt.

Für einen ersten praktischen Einsatz hat sich Hofrat Friedrich Heidenberger mit seinen Mitarbeitern Erich Klocker und Richard Tschugg des Landes Tirol bereit erklärt, erstmals an einer Hangsicherung den Stahlfaserspritzbeton anzuwenden. Es war ein recht erfolgreicher Einsatz, der alle Beteiligten ermunterte, in dieser Richtung weiterzuarbeiten.

Es wurden daraufhin alle Stahlfaserhersteller des Verbandes der deutschen Stahlfaserhersteller angeschrieben und gebeten, für ihre Stahlfasern ebenfalls Versuche durchzuführen, um die entsprechenden Kennwerte zu ermitteln. Leider hat nur eine Firma, nämlich Fa. Krampe-Harex, sich bereit erklärt, solche Versuche durchzuführen, jedoch wurde diese Zusage später wieder aufgehoben.

Als das Manuskript bereits einen erheblichen Umfang aufwies, hat der Verlag Vieweg+Teubner durch seinen Lektor Ralf Harms sein positives Interesse gezeigt, dieses als Fachbuch zu drucken, wobei einige Ergänzungen, insbesondere Daten und Kennwerte von Stahlfasern, erwünscht wurden.

Nun, da das Buch zumindest für einen ersten Druck fertig ist, möchte ich mich bei allen erwähnten Personen herzlich für die Unterstützung und das Vertrauen bedanken.

Ein besonderes Anliegen ist es mir auch, mich bei meiner lieben Frau Jutta zu bedanken, die immer wieder viel Verständnis für die Einsätze von mir in der Freizeit zeigt und auch darauf achtet, dass ich mich nicht übernehme.

Bernhard Wietek

Inhaltsverzeichnis

1 Einleitung

Beschäftigt man sich mit einem Baustoff und setzt ihn in der Praxis bei einem Bauwerk ein, so ist es interessant und auch notwendig zu wissen, wie der Baustoff entstanden ist, wie er sich im Umfeld verhält und auch wie er von der Fachwelt bewertet wird und somit auch eine allgemeine Anerkennung findet. In den folgenden Passagen sollen diese allgemein nützlichen Wissensteile angesprochen werden.

1.1 Geschichtliches

Meist wird in diesem Bereich dem Leser mit Jahreszahlen und Erfindern die erste Lust am Weiterlesen vermiest, hier soll auf eine andere Art dieses Kapitel abgehandelt werden, das möglicherweise so manchen auch zum Nachdenken bringt.

Einleitend soll hier ein über 2.000 Jahre altes Vorwort wiederholt werden, das an Aktualität nichts verloren hat, sondern eher noch mehr in der heutigen Zeit gilt:

1.1.1 Vorwort aus Vitruv – De Architectura 27 v. Chr.

VITRUV[1] (Marcus Vitruvius Pollio)

Römischer Architekturtheoretiker des 1. Jahrhunderts vor Christi, Verfasser des auf eigenen Erfahrungen als Baumeister (Tempel in Fanum – Fano) und auf intensivem Studium griechischer Quellen beruhenden zehnbändigen Werks (Marcus Vitruvius Pollio)

Berümte Sportler, die Olympia, an den Pythen, Istmien und Nemeen Siege errungen hatten, haben die Vorfahren der Griechen mit so hohen, ehrenvollen Auszeichnungen bedacht, dass sie nicht nur in der Festversammlung mit Siegespalme und Siegeskranz stehend Ruhm ernten, sondern auch, wenn sie siegreich in ihre Stadt zurückkehren, im Triumpfzug auf einem Viergespann in ihre Heimatstadt und zu ihrem Vaterhaus gefahren werden und in den Genuss eines von der Bürgerschaft beschlossenen lebenslangen Ehrensoldes kommen.

Wenn ich dies also bedachte, muss ich mich wundern, warum die gleichen ehrenvollen Auszeichnungen und sogar noch größere nicht auch den Schriftstellern zuteil geworden sind, die aller Welt für alle Ewigkeit unendliche, gute Dienste leisteten. Es wäre nämlich würdiger gewesen, diese Einrichtung zu treffen, weil die Sportler durch Training ihre eigenen Körper stählen, die Schriftsteller aber nicht nur ihren eigenen Geist, sondern das allgemeine Geistesleben bereichern, da sie durch ihre Bücher Lehren bereithalten, damit man durch sie Kenntnisse erwirbt und den Geist schärft.

[1] Vitruv. Zehn Bücher über Architektur. Übersetzt und mit Anmerkungen versehen von Dr. Curt Fensterbusch. Primus Verlag, Darmstadt

Was nützen nämlich **Milon aus Kreton**, *weil er unbesiegbar geblieben ist, oder die übrigen, die auf demselben Gebiet Sieger waren, den Menschen? Nur zu ihren Lebzeiten genossen sie unter ihren eigenen Mitbürgern Wertschätzung. Die auf das tägliche Leben bezüglichen Lehren des* **Pythagoras** *aber auch des* **Demokrit**, *des* **Platon**, *des* **Aristoteles** *und der übrigen Philosophen, die mit unermüdlichem Fleiß gepflegt, bringen nicht nur ihren Mitbürgern, sondern auch der ganzen Menschheit frische und lieblich duftende Früchte hervor. Diejenigen, die sich von frühester Jugend an aus diesen Schriften mit einem Übermaß gelehrten Wissens erfüllen, haben die besten, klugen Gedanken und werden in ihren Gemeinden zu den Schöpfern menschlich-sittlichen Verhaltens, der Rechtsgleichheit, der Gesetze, ohne die kein Staat sicher bestehen kann. Da also von den weisen Schriftstellern den Menschen sowohl im privaten wie im öffentlichen Leben so bedeutungsvolle Gaben geschenkt sind, muss man ihnen nach meiner Meinung nicht nur Palmen und Kränze verleihen, es müssten ihnen sogar Triumphe beschlossen werden, und sie müssten für würdig befunden werden, dass man ihnen einen Platz unter den Göttern anweise.*

Wie sich die Zeiten doch nicht ändern! Nehmen wir heute jeden beliebigen Supersportler her und vergleichen ihn mit **Mitterhofer** oder auch **Madersperger** – was, Sie kennen diese Herren nicht?

Mitterhofer (1822–1893): Erfinder der Schreibmaschine; starb verarmt – was würden wir heute ohne Schreibmaschine als Vorgänger der heutigen Computer machen?

Madersperger (1786–1850); Erfinder der Nähmaschine; starb verarmt – was wären unsere Kleider ohne Nähmaschine?

Diese Abschweifung soll etwas zum Nachdenken anregen und die Dinge in unserer raschlebigen Zeit doch etwas zurechtrücken. In der Öffentlichkeit wird nicht immer das Wesentliche erkannt. Wir sind aufgerufen, dazu ein wenig für einen Ausgleich beizutragen.

Nun aber wieder zurück zu unserem Thema:

Das Bauwesen ist seit dem ersten Bauwerk eine Fachrichtung im menschlichen Handeln, das seit jeher immer schon allwissende Pfuscher hatte, die Schäden produzierten und so sich selbst ihr Denkmal setzten. Diejenigen, die jedoch Wissen ansammelten und dieses gut einsetzten, schlossen sich zu Gemeinschaften[2] zusammen und gaben das Wissen innerhalb dieser weiter. Dieses Fachwissen wurde großteils geheimgehalten, erst mit der Aufklärung und der Einführung von technischen Universitäten wurde das technische Wissen öffentlich. Erst ab diesem Zeitpunkt[3] können wir in öffentlichen Bibliotheken das Wissen abrufen. Davor sind nur wenige und auch unsichere Literaturstellen bekannt.

1.1.2 Seit wann gibt es Beton?

Unter Beton versteht man natürliche Gesteinsteile, die mittels eines Bindemittels (heute Zement) zusammengehalten werden. Mit dieser Definition muss man Mutter Natur die Anerkennung geben, dass der erste Beton von der Natur ohne menschlichen Einfluss hergestellt wurde.

[2] Entstehung der Zünfte
[3] ab beginnendem 19. Jahrhundert

Konglomerat und Breczie sind in der Natur vorkommende Sedimentgesteine, die aus älteren Gesteinsbrocken und einem Bindemittel entstanden sind. Es bedurfte nur der Naturbeobachtung, um einen ähnlichen Baustoff wie diese Felsformationen herzustellen. Es wurde also aus zwei Komponenten[4] ein neuer Baustoff gewonnen, der mit Wasser langsam in einer Form erhärtete und somit zu einem felsähnlichem Gebilde wie Konglomerat oder Breczie wurde. Vorteilhaft war dabei die Freiheit der Formgebung, was auch heute noch sehr gerne genutzt wird.

Im Altertum gab es mehr oder weniger erfolgreiche Versuche der Herstellung von Betonbauten, die jedoch keinen nachhaltigen Fortschritt zeigten und somit fast in Vergessenheit gerieten. So waren in Ländern wie Indien, im Zweistromland[5] sowie in China einige Bauwerke mit betonähnlichen Baustoffen ohne große Nachahmung erprobt worden. Die Erfolge waren nicht berauschend, so wurden diese Systeme bei nachkommenden Kulturen wie Ägyptern und Griechen nicht mehr übernommen. Erst wieder die Römer [20] versuchten es mit Beton, wobei sie als Bindemittel bereits eine zementähnliche Substanz verwendeten.

Erst mit der Herstellung von Zement[6] bekam der Beton eine reproduzierbare Festigkeit, die in den folgenden Jahren und Jahrzehnten immer mehr verfeinert wurde. Besonders die klaren definierten Korngemische und die Zementarten mit deren Mahlfeinheit ermöglichen heute eine genaue Herstellung von Beton mit sehr gut vorhersehbaren Eigenschaften.

1.1.3 Seit wann gibt es Stahlbeton?

Es wurden seit jeher gebrechliche Gebilde wie Töpfe und Fässer mit Eisenringen umfasst. Da der Grundbaustoff keine bis wenig Zugfestigkeit aufwies, wie dies bei gebranntem Ton sowie auch bei Beton der Fall ist, musste dieser Mangel an Werkstoffeigenschaft in Form von Zuglaschen aus Metall (vorwiegend Eisen) beseitigt werden. Diese wurden meist nachträglich am Krug bzw. Fass angebracht. Auch bei den üblichen Bauwerken wurden Zugkräfte von Eisenstangen und Eisenlaschen übernommen, um so die beim Erdbeben entstehenden Lastzustände zu beherrschen.

1845 stellte Monier die ersten Blumentöpfe und Gartenbänke mit im Beton integrierten Eiseneinlagen her. Man bezeichnete dies als Beton mit Moniereisen oder auch Eisenbeton. Die Entwicklung ging rasch weiter und bald danach wurden auch die entsprechenden Berechnungsmethoden von Koenen[7] bekannt. In den nachfolgenden Jahrzehnten wurde der Stahlbeton immer mehr eingesetzt.

Den nächsten innovativen Schritt machte Freyssinet 1928, der einen Stahlstab im Beton vorspannte und somit den Spannbeton erfand. Dieses Verfahren wurde seither verfeinert und wird im Bauwesen speziell im Brückenbau und Tragwerksbau sowie bei Erd- und Felsankern sehr oft eingesetzt.

1.1.4 Seit wann gibt es Stahlfaserbeton?

Fasern zur Verbesserung der Eigenschaften von Beton und Mörtel wurden schon seit jeher eingesetzt. Meistens waren es Pflanzenfasern oder Tierhaare, die jedoch den Nachteil haben, dass

[4] Schotter und Bindemittel
[5] Babylon
[6] Portlandzement ab 1824
[7] empirisches Bemessungsverfahren 1867

sie sich zersetzen oder faulen können und daher nicht ausreichend lange beständig sind.

In den Jahren 1950 bis 1960 gab es erste Versuche mit kurzen Stahldrähten, die später allmählich geformt wurden und so ab 1970 als Stahlfasern auf den Markt kamen. Da es keine vergleichbare Bemessungsmethode wie für den Stahlbeton gab, wurde der Stahlfaserbeton nur für untergeordnete Anwendungen zugelassen. Eine Anwendung für Biegeträger oder Platten und Decken wurde in den diversen Richtlinien ausdrücklich abgelehnt.

Mit der nun vorliegenden Bemessung für Stahlfaserbeton steht einer Anwendung dieses Baustoffes für tragende Bauteile wie Stützen, Decken und Platten nichts mehr im Wege. Auch eine Kombination mit dem Stahl- und Spannbeton ist möglich. Es eröffnet sich somit eine reiche Palette an Anwendungsmöglichkeiten, die in der Praxis noch einzusetzen sind.

1.2 Umweltverträglichkeit

Beton ist ein natürlicher, umweltfreundlicher Baustoff, der aus natürlich vorkommenden Stoffen geschaffen wird. Er besteht aus Sanden und Kiesen mit einem definierten Mischungsverhältnis und einem Bindemittel aus gebranntem Ton und Kalk.

Das Erstarren und Erhärten des Bindemittels beruht auf der Bildung wasserhaltiger Verbindungen, die bei der Reaktion zwischen den Zementbestandteilen und dem Anmachwasser entstehen. Im Allgemeinen reagiert der Zement in einem verhältnismäßig wasserarmen, plastischen Gemisch mit Wasserzementwerten zwischen etwa 0,3 und 0,6.

Der Abbindevorgang ist ein sehr komplexer chemischer Vorgang, in dessen Verlauf der pH-Wert der Porenlösung vergleichsweise hohe Werte annimmt. Dieser hohe pH-Wert in Beton (etwa 13–14) ist in erster Linie bedingt durch das Ca(OH)2, das während des Abbindeprozesses gebildet wird. An der frischen Betonoberfläche wird fließendes Grundwasser dadurch beeinflusst. Es wird daher in vielen Fällen verlangt, das Grundwasser wieder zu einem etwa neutralem pH-Wert zurückzuführen.

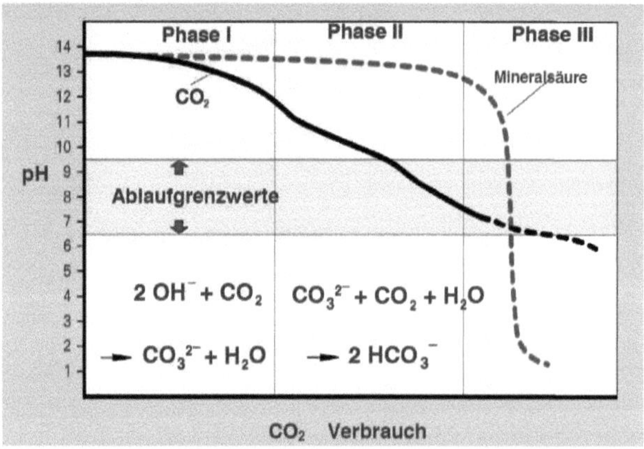

Abbildung 1.1: Neutralisierung von basischem Wasser infolge Betonabbindevorgang

Dies wird üblicherweise mit einer Neutralisierungsanlage durchgeführt, bei der in das basische

Wasser CO2 eingeblasen wird, bis sich ein etwa neutraler Zustand einstellt.

Da Beton ein poröses Material ist, diffundiert gasförmiges CO2 unter normalen Umweltbedingungen in sein Inneres, wo es mit vorhandenem Ca(OH)2 reagiert und dabei CaCO3 (und H2O) bildet. Dieser Carbonatisierungsprozess stellt keine akute Bedrohung für den abgebundenen Zement dar, senkt aber den pH-Wert im Beton.

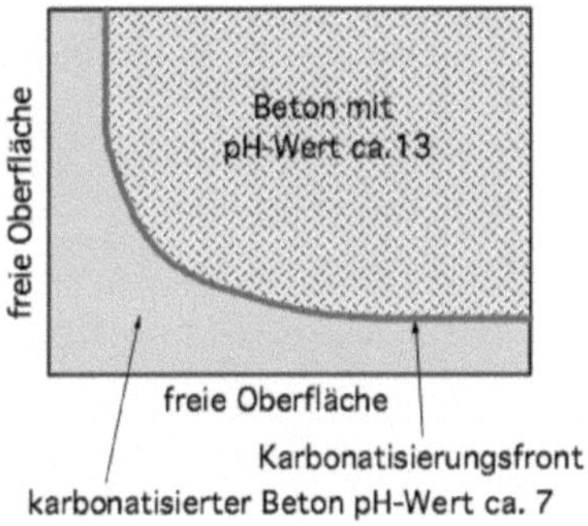

Abbildung 1.2: Carbonatisierung von Beton

Der nun an der Oberfläche entstandene carbonatisierte Beton hat einen pH-Wert von ca. 7 und ist somit vollkommen neutral gegenüber der Umwelt. Nachteilig dabei ist, dass in diesem Bereich der Schutz der Stahleinlagen nicht mehr gegeben ist. Es können die Stahleinlagen in diesem Bereich korrodieren. Daher ist es für den Korrosionsschutz wichtig, dass diese Carbonatisierungsfront nicht tiefer als die Überdeckung der Bewehrung reicht.

Im abgebundenen und somit erhärteten Zustand ist der Beton vollkommen umweltfreundlich und unterliegt keinen Veränderungen mehr. Lediglich die Belastung kann sich bei Überschreiten von gegebenen Grenzwerten nachteilig auswirken. Daher sind auch alle Bauteile zu bemessen, um eine Überbelastung zu vermeiden.

Nach dem Gebrauch des Betonteiles besteht die Möglichkeit, den Beton zu zerkleinern und dann wieder zu verwenden. Durch diese Recyclingmaßnahme ist ein mannigfaltiger neuer Einsatz möglich, und es gibt somit auch mit alten ausrangierten Betonteilen keine Umweltschädigung.

1.3 Korrosion der Stahlfasern

Generell schützt der Beton durch seinen basischen Zustand die Bewehrung vor Korrosion. Nur im Bereich der Carbonatisierung ist der pH-Wert unter 9, und es kann dabei eine Korrosion der eingebauten Stahlteile vorkommen. Es sind drei Bedingungen, die zusammentreffen müssen, damit Stahl im Beton korrodiert.

- der pH-Wert des Betons muss niedriger als 9 sein
- es muss Sauerstoff zur Verfügung stehen

- es muss Wasser vorhanden sein

Ist eine der drei Bedingungen nicht gegeben, kann Stahl nicht korrodieren. Dies ist die Grundlage der Korrosionsvermeidung. Somit ergeben sich folgende Methoden der Korrosionsvermeidung:

- Oberfläche verschließen, damit kein Wasser an den Stahl kommt (Lacke etc.)
- Beton unter Wasser setzen, damit kein Sauerstoff an den Stahl kommt (z. B. Grundwasser ist sauerstoffarm etc.)
- elektr. Polarisation festsetzen (Kathodischer Korrosionsschutz)

Falls diese Methoden nicht möglich sind, kann es zu Korrosion der Stahlteile im karbonatisierten Bereich kommen. Mit dieser Korrosion speziell bei Stahlfasern hat sich Schadde [16] ausführlich beschäftigt und kommt zu folgenden Erkenntnissen:

In ungerissenem Stahlfaserbeton konnten bisher maximal bis zu einer Tiefe von etwa 4 mm leicht korrodierte Fasern festgestellt werden. Der große Vorteil liegt darin, dass die Korrosion nur derart geringe Kräfte auslöst, dass keinerlei Abplatzungen an der Betonoberfläche hervorgerufen werden können. In der Praxis ist nicht mit schädigender Korrosion von Stahlfasern in ungerissenem Beton zu rechnen. Dies gilt selbst bei hohen Chloridgehalten im Beton bei entsprechender Exposition. Zur Vermeidung der Korrosion innerhalb eines Bauteiles ist zusätzlich zu der exakten Einhaltung der normgemäßen Herstellung sehr viel Wert auf eine gute Nachbehandlung des Frischbetons zu legen, damit eine Steigerung des Carbonatisierungswiderstandes und eine Reduzierung der Chloriddiffusion erreicht wird.

1.4 Normen und Richtlinien

1.4.1 Normen

Deutschland:
DIN 1045 Tragwerke aus Stahlbeton; Teile 1–4; DAfStb (Deutscher Ausschuss für Stahlbeton)

Österreich:
ÖNORM B 4700 Stahlbetontragwerke; EUROCODE-nahe Berechnung, Bemessung und konstruktive Durchbildung
ÖNORM B 4701 Betontragwerke; EUROCODE-nahe Berechnung, Bemessung und konstruktive Durchbildung
ÖNORM B 4708 Faserbeton; Bemessung und konstruktive Durchbildung

1.4.2 Richtlinien

Deutschland:
DAfStb (Deutscher Ausschuss für Stahlbeton) Richtlinie Stahlfaserbeton, Berlin 2005
DBV (Deutscher Betonverein e.V.) Merkblatt Stahlfaserbeton, 2001
VDS (Verband deutscher Stahlfaserhersteller) – diverse Bauregeln

Österreich:
ÖVBB (Österr. Vereinigung für Beton und Bautechnik) Richtlinie Faserbeton, Wien 2008

2 Zeichendefinition

Nachfolgende Definitionen sind möglichst an die internationalen Gebräuche angelehnt, jedoch werden zusätzliche Buchstaben und Zeichen hier eingesetzt, um die Berechnungen eindeutig zu machen.

Kräfte und Momente sowie Faserrichtungen mit Großbuchstaben

$D\ldots$ Druckkraft [N]
$F_1, F_2, F_3, F_4\ldots$ Richtung der Fasern im Halbraum
$F_z\ldots$ Einzel-Faserzugkraft [N]
$F\ldots$ Belastung beim Biegeversuch [N]
$g\ldots$ Belastung aus Eigengewicht [kN/m^2]
$M\ldots$ Moment [Nmm]
$N_k\ldots$ vertikale Knicklast [N]
$N_{zul}\ldots$ zulässige Knicklast [N]
$N^*\ldots$ vertikale Traglast [N]
$p\ldots$ Belastung aus Nutzlast [kN/m^2]
$Q_k\ldots$ aufnehmbare Querkraft in einem Querschnitt [N]
$q\ldots$ Belastung aus Summe aller Lasten [kN/m^2]
$R_d\ldots$ Bemessungswert des Widerstandes (Baustoffe) [N]
$R_k\ldots$ charakteristischer Wert des Widerstandes [N]
$S\ldots$ Gebrauchslast [N]
$S_d\ldots$ Bemessungswert der Beanspruchung (Lasten) [N]
$S_k\ldots$ charakteristischer Wert der Beanspruchung [N]
$S^*\ldots$ Traglast [N]
$Z\ldots$ Zugkraft [N]
$Z_c\ldots$ Zugkraft aus Beton [N]
$Z_f\ldots$ Zugkraft aus Stahlfaser [N]

Spannungen mit griechischen Kleinbuchstaben

$E_c\ldots$ Elastizitätsmodul von Beton [N/mm^2]
$E_s\ldots$ Elastizitätsmodul von Stahl [N/mm^2]
$\sigma_d\ldots$ Druckspannung [N/mm^2]
$\sigma_z\ldots$ Zugspannung [N/mm^2]
$\sigma_f\ldots$ Faserzugspannung im Beton [N/mm^2]

$\sigma \ldots$ Normalspannung in der Bruchfuge [N/mm^2]
$\sigma_n \ldots$ Spannung aus Normalkraft [N/mm^2]
$\sigma_m \ldots$ Spannung aus Moment [N/mm^2]
$\sigma_{md} \ldots$ Druckspannung bei mittlerer Ausmitte [N/mm^2]
$\sigma_{mz} \ldots$ Zugspannung bei mittlerer Ausmitte [N/mm^2]
$\tau \ldots$ Schubspannung in der Bruchfuge [N/mm^2]
$\tau_o \ldots$ Schubspannung bei Normalspannung = 0 [N/mm^2]
$\tau_c \ldots$ Kohäsion [N/mm^2]

Längen mit Kleinbuchstaben

$a \ldots$ Höhe des verbleibenden Kugelabschnittes [mm]
$d \ldots$ Durchmesser der einzelnen Stahlfaser [mm]
$h \ldots$ Höhe des Querschnittes [mm]
$h \ldots$ Höhe der Kugelkappe [mm]
$i \ldots$ Trägheitsradius eines Querschnittes [mm]
$l \ldots$ Länge der einzelnen Stahlfaser [mm]
$l_k \ldots$ Knicklänge [m]
$r \ldots$ Risstiefe im Querschnitt [mm]
$R \ldots$ Radius der Halbkugel [mm]
$x \ldots$ Höhe des Druckquerschnittes [mm]
$y \ldots$ Höhe des Zugquerschnittes [mm]
$z \ldots$ Hebelsarm zwischen Zug- und Druckkraft [mm]
$z_d \ldots$ Hebelsarm für die Druckkraft [mm]
$z_z \ldots$ Hebelsarm für die Zugkraft [mm]

Flächen in Großbuchstaben bzw. Kleinbuchstaben

$A_F \ldots$ Querschnittsfläche einer Faser [mm^2]
$a \ldots$ Kappenfläche im Halbraum [mm^2]
$b \ldots$ mittlere Ringfläche im Halbraum [mm^2]
$c \ldots$ untere Ringfläche im Halbraum [mm^2]
$F_b \ldots$ Fläche in der Bruchebene beim Versuchskörper [mm^2]
$F_e \ldots$ Aufstandsfläche beim Versuchskörper [mm^2]
$G_F \ldots$ Gewicht einer Faser [g]
$I \ldots$ Trägheitsmoment eines Querschnittes [mm^4]
$O_\alpha \ldots$ Oberfläche der Kugelkappe mit Winkel α [mm^2]
$O_H \ldots$ Oberfläche der Halbkugel [mm^2]
$O_k \ldots$ Oberfläche der Kugelkappe [mm^2]
$V_F \ldots$ Volumen einer Faser [mm^3]

Materialspannungen mit indizierten Kleinbuchstaben

$f_{cd}\dots$ Bemessungswert der Betondruckfestigkeit [N/mm^2]
$f_{cfk}\dots$ charakteristische Druckfestigkeit des Stahlfaserbetons [N/mm^2]
$f_{cftk}\dots$ charakteristische Zugfestigkeit des Stahlfaserbetons [N/mm^2]
$f_{ck}\dots$ charakteristische Betondruckfestigkeit [N/mm^2]
$f_{ck,cube}\dots$ Würfeldruckfestigkeit [N/mm^2]
$f_{cm}\dots$ charakteristische Zylinderdruckfestigkeit von Beton [N/mm^2]
$f_{ctk}\dots$ charakteristische Betonzugfestigkeit [N/mm^2]
$f_{ctm}\dots$ mittlere Betonzugfestigkeit [N/mm^2]
$f_{ctm,fl}\dots$ Biegezugfestigkeit von Beton [N/mm^2]
$f_f\dots$ Faserzugspannung beim Biegeversuch [N/mm^2]
$f_{fk}\dots$ spezifische Faserzugspannung [N/mm^2]
$f_{pk}\dots$ charakteristische Spannstahlstreckgrenze [N/mm^2]
$f_{yd}\dots$ Bemessungswert der Stahlstreckgrenze [N/mm^2]
$f_{yk}\dots$ charakteristische Stahlstreckgrenze (Zugfestigkeit) [N/mm^2]

Winkel mit griechischen Kleinbuchstaben

$\alpha\dots$ Bruchwinkel des Betons
$\alpha\dots$ Raumwinkel der aktiven Stahlfasern
$\alpha_1\dots$ Raumwinkel der aktiven Stahlfasern nur im Zustand 1
$\alpha_2\dots$ Raumwinkel der aktiven Stahlfasern im Zustand 2
$\delta\dots$ Bruchwinkel des Betons
$\varphi\dots$ Scherwinkel nach Coulomb

Faktoren mit indizierten Kleinbuchstaben

$D_f\dots$ Dosierung der Fasern im Beton [kg/m^3]
$d_f\dots$ Faktor der Faserdichte [Fasern/mm^3]
$\varepsilon\dots$ Dehnung
$\varepsilon_b\dots$ Betonstauchung
$\varepsilon_s\dots$ Stahldehnung
$\lambda\dots$ Schlankheit bei Druckstäben
$m_f\dots$ Faktor des Gesamteinflusses der Fasern
$m_{f,o}\dots$ Faktor des Einflusses der Faseroberfläche
$m_{f,f}\dots$ Faktor des Einflusses der Faserform
$\omega\dots$ Knickwerte für Beton

Verhältnisse bzw. Sicherheiten mit griechischen Kleinbuchstaben

$\gamma_c \ldots$ Teilsicherheitsbeiwert für Beton
$\gamma_y \ldots$ Teilsicherheitsbeiwert für Stahl
$\gamma_f \ldots$ Teilsicherheit für Stahlfaser
$\gamma_S \ldots$ Sicherheit für Lasten beim Nachweis der Tragsicherheit
$\gamma_R \ldots$ Sicherheit für Baustoffe beim Nachweis der Tragsicherheit
$\eta_f \ldots$ Ausnutzungsgrad der Stahlfaserspannung
$\eta \ldots$ Sicherheit beim Gebrauchslastverfahren
$\nu \ldots$ Gesamtsicherheit beim Traglastverfahren
$\nu_L \ldots$ Sicherheit für Lasten beim Traglastverfahren
$\nu_R \ldots$ Sicherheit für Baustoffe beim Traglastverfahren

3 Baustoff

Der Verbundbaustoff Stahlfaserbeton ist die jüngste Kombination zwischen Beton und Stahl im konstruktiven Ingenieurbau. Nachdem Stahlbeton und Spannbeton in der Praxis sehr stark angewendet werden, steht dem Stahlfaserbeton auch eine anwendungsreiche Zukunft bevor.

In diesem Kapitel werden nun die grundlegenden Eigenschaften der Einzelteile des Stahlfaserbetons erläutert. Es wird dabei besonders auf die notwendigen Zusammenhänge zwischen den einzelnen Bestandteilen Wert gelegt.

3.1 Beton

Der heute im Bauwesen eingesetzte Beton besteht aus Zement, Zuschlägen (Gesteinskörnungen) und Wasser sowie oftmals auch Betonzusätzen.

Unmittelbar bei der Herstellung besitzt der Beton nach dem Mischvorgang als Frischbeton eine plastische bis flüssige Eigenschaft, die sich erst nach der Erhärtungszeit in eine feste Substanz, den Beton, verändert. Nach der Erhärtungszeit spricht man von Festbeton.

3.1.1 Betonarten

Entsprechend der Zusammensetzung, dem Erhärtungsgrad, den besonderen Eigenschaften etc. wird der Beton in unterschiedliche Betonarten eingeteilt:

- Rohdichte
  - Leichtbeton bis 2,0 [to/m^3]
  - Normalbeton 2,0 bis 2,6 [to/m^3]
  - Schwerbeton über 2,6 [to/m^3]
- Erhärtungszustand: Frischbeton; junger Beton; Festbeton
- Konsistenz: steifer Beton; plastischer Beton; weicher Beton; fließfähiger Beton; selbstverdichtender Beton
- Eigenschaften: Hochfester Beton; wasserundurchlässiger Beton; Frostwiderstand; Frost-Tausalzwiderstand; chemische Angriffe; Verschleißwiderstand; Strahlenschutzbeton; Sichtbeton; Massenbeton; Drainagebeton
- Zusammensetzung: Sandbeton; Kies-Sandbeton; Splittbeton
- Ort der Herstellung: Baustellenbeton; werkgemischter Beton; transportgemischter Beton; Ortbeton ; Fertigteilbeton; Unterwasserbeton

- Gefüge: geschlossenes Gefüge; haufwerkporiger Beton; Einkornbeton; Porenbeton; Luftporenbeton
- Bewehrung: unbewehrter Beton; bewehrter Beton; Stahlbeton; Spannbeton; Stahlfaserbeton
- Förderung: Stampfbeton; Rüttelbeton; Pumpbeton; Walzenbeton; Spritzbeton; Schleuderbeton; Vakuumbeton

3.1.2 Betonklassen

In den Normen ist es üblich, den Beton nach seiner Druckfestigkeit (nach 28 Tagen) in Klassen einzuteilen. Diese Festigkeitsklassen bilden auch eine Grundlage für die statische Bemessung eines Querschnittes. Bei der Kurzbezeichnung bedeutet der Buchstabe C die englische Bezeichnung concrete (Beton), die erste Zahl ist die Zylinderdruckfestigkeit bei einer Probenhöhe von 300 mm und einem Probendurchmesser von 150 mm; die zweite Zahl ist die Würfelfestigkeit bei einem Würfel mit der Kantenlänge von 150 mm.

Festigkeitsklasse	$f_{ck,cyl}$ [N/mm^2]	$f_{ck,cube}$ [N/mm^2]
C 8/10	8	10
C 12/15	12	15
C 16/20	16	20
C 20/25	20	25
C 25/30	25	30
C 30/37	30	37
C 35/45	35	45
C 40/50	40	50
C 45/55	45	55
C 50/60	50	60

Tabelle 3.1: Betonfestigkeitsklassen

Die in obiger Tabelle fett gedruckten Klassen sind die in der Praxis üblichen Festigkeitsklassen für Stahlfaserbeton.

Die Festigkeitsklassen reichen noch höher hinauf, jedoch für die Anwendung beim Stahlfaserbeton und auch bei den in der Praxis üblichen Betonen werden diese nur sehr selten verwendet, sodass hier darauf verzichtet wurde. Ebenfalls sind die Festigkeitsklassen für Leichtbeton hier nicht angegeben, da damit derzeit noch kein Stahlfaserbeton hergestellt werden kann.

3.2 Zement

Die Festigkeit des Betons wird vom Zement erzeugt. Dieser ist ein hydraulisches Bindemittel, das mit Wasser vermischt einen Zementleim ergibt. Durch Hydratation erstarrt der Zementleim langsam sowohl an der Luft als auch unter Wasser zu einem festen Zementstein. Dieser umhüllt die Zuschläge und auch die eingebauten Stahlteile, sodass ein Verbundbaustoff entsteht.

Es gibt fünf Hauptgruppen für die Zemente:

CEM	I	Portlandzement
CEM	II	Portland(komposit)zement
CEM	III	Hochofenzement
CEM	IV	Puzzolanzement
CEM	V	Kompositzement

Die Bezeichnungen des Zementes sind zwar etwas lang, daher aber eindeutig. Im Folgenden wird ein Beispiel einer üblichen Zementbezeichnung angegeben, und danach werden die einzelnen Teile näher erläutert.

Portlandhüttenzement EN 197–1 – CEM II/A-S 32,5 R

Nennung der Norm, Bindestrich
Bezeichnung der Hauptgruppe, Schrägstrich
Angabe der Zusatzstoffmenge (A, B, C), Bindestrich
Angabe der Zusatzstoffart (S, V,...)
Angabe der Mindestdruckfestigkeit nach 28 Tagen
Angabe der Frühfestigkeit (N: normal; R: rapid)

Die Angabe der Zusatzstoffmenge ist folgendermaßen definiert:

CEM I	nur Zumahlung $\leq$ 5 Prozent
CEM II/A	Zumahlung von 6–20 Prozent Masse
CEM II/B	Zumahlung von 21–35 Prozent Masse
CEM III/A	Zumahlung von 36–65 Prozent Masse (nur S)
CEM III/B	Zumahlung von 66–80 Prozent Masse (nur S)
CEM III/C	Zumahlung von 81–95 Prozent Masse (nur S)
CEM IV/A	Zumahlung von 11–35 Prozent Masse
CEM IV/B	Zumahlung von 36–55 Prozent Masse
CEM V/A	Zumahlung von 18–30 Prozent Masse (P,Q,V) u.(S)
CEM V/B	wie A jedoch 31–50 Prozent Masse

Weiters gibt es Zusatzstoffarten, die dem Zement beigegeben werden, es ändern sich damit die Eigenschaften teilweise erheblich. Eine genaue Dosierung muss vorher mit dem Zementwerk unbedingt abgeklärt werden. Die Angabe der Zusatzstoffarten ist wie folgt definiert:

S	Hüttensand (Hochofenschlacke)
V	silikatische Flugasche
W	kalkreiche Flugasche
D	Mikrosilika
L	Kalkstein (TOC $\leq$ 0,5 Prozent Masse)
LL	Kalkstein (TOC $\leq$ 0,2 Prozent Masse)
P	natürliches Puzzolan
Q	künstliches Puzzolan
T	gebrannter Schiefer
M	Mixture mit Angabe der Komponenten, z. B. M(S-V-L)

Bei den Festigkeitsklassen der Zemente werden nach definierten Zeiträumen nach der Herstellung der Prüfkörper folgende Festigkeiten verlangt:

<table>
<tr><th rowspan="3">Festigkeits-
klasse</th><th colspan="4">Druckfestigkeit [N/mm2]</th><th rowspan="3">Erstarrungs-
beginn
[min]</th><th rowspan="3">Dehnungs-
maß
[mm]</th></tr>
<tr><th colspan="2">Anfangsfestigkeit</th><th colspan="2">Normfestigkeit</th></tr>
<tr><th>2 Tage</th><th>7 Tage</th><th colspan="2">28 Tage</th></tr>
<tr><td>32,5 N</td><td>-</td><td>≥ 16</td><td rowspan="2">≥ 32,5</td><td rowspan="2">≤ 52,5</td><td rowspan="2">≥ 75</td><td rowspan="6">≤ 10</td></tr>
<tr><td>32,5 R</td><td>≥ 10</td><td>-</td></tr>
<tr><td>42,5 N</td><td>≥ 10</td><td>-</td><td rowspan="2">≥ 42,5</td><td rowspan="2">≤ 62,5</td><td rowspan="2">≥ 60</td></tr>
<tr><td>42,5 R</td><td>≥ 20</td><td>-</td></tr>
<tr><td>52,5 N</td><td>≥ 20</td><td>-</td><td rowspan="2">≥ 52,5</td><td rowspan="2">-</td><td rowspan="2">≥ 45</td></tr>
<tr><td>52,5 R</td><td>≥ 30</td><td>-</td></tr>
</table>

Tabelle 3.2: Anforderungen an Zemente lt. EN 197-1

Der Zement muss vor jeder Verunreinigung und Feuchtigkeit geschützt werden. Er darf nur in saubere Transportbehälter gefüllt und darin transportiert und dann gelagert werden, die keine Rückstände früherer Zementlieferungen oder anderer Stoffe enthalten. Schon geringe Mengen von Stoffen, die mit dem Zement nicht verträglich sind, können sich im Beton nachteilig auswirken.

Auch bei der Lagerung von Zement auf der Baustelle ist besonders darauf zu achten, dass Feuchtigkeit wie Regen und Schnee nicht an den Zement herankommt. Es sollte daher der Zement jederzeit mit dichten Planen abgedeckt werden und diese zusätzlich befestigt werden.

Zemente verschiedener Arten und Klassen sollten nicht vermischt werden. Dies sollte nur, wenn erforderlich, unter Anleitung von Zementfachleuten der Herstellerwerke durchgeführt werden.

Um die Zemente auf der Baustelle klar und deutlich zu erkennen, wurde eine Farbvereinbarung getroffen.

<table>
<tr><th>Festigkeits-
klasse</th><th>Sack
Kennfarbe</th><th>Farbe des
Aufdruckes</th></tr>
<tr><td>32,5 N</td><td rowspan="2">hellbraun</td><td>schwarz</td></tr>
<tr><td>32,5 R</td><td>rot</td></tr>
<tr><td>42,5 N</td><td rowspan="2">grün</td><td>schwarz</td></tr>
<tr><td>42,5 R</td><td>rot</td></tr>
<tr><td>52,5 N</td><td rowspan="2">rot</td><td>schwarz</td></tr>
<tr><td>52,5 R</td><td>weiß</td></tr>
</table>

Tabelle 3.3: Kennfarbe für Zemente

3.3 Gesteinskörnungen (Zuschlag)

Als Gesteinskörnung kann natürliches Gesteinsmaterial oder auch Betonbruch verwendet werden. Dieses Gesteinskörnung muss auf jeden Fall nur mineralische Bestandteile haben. Organische Einschlüsse sind nicht erlaubt. Sobald der Beton eine Stahlbewehrung oder Stahlfasern enthält, dürfen keine schädigenden Mengen an Salzen im Zuschlag enthalten sein. Es könnte nämlich dadurch die Korrosion des Stahles beschleunigt und der allgemeine Korrosionsschutz des Betons aufgehoben werden.

In diesem Buch wird auf die weitere Behandlung von Recyclingstoffen als Zuschläge verzichtet, da bei Faserbeton diese bislang noch keinen Einsatz gefunden haben.

<table>
<tr><th>GK [mm]</th><th colspan="2">Anwendung</th></tr>
<tr><td>4</td><td colspan="2">Estriche, feingliedrige Bauteile</td></tr>
<tr><td>8</td><td rowspan="2">Spritzbeton</td><td rowspan="3">Faserbeton</td></tr>
<tr><td>11</td></tr>
<tr><td>16</td><td rowspan="3">Normalbeton</td></tr>
<tr><td>22</td><td rowspan="2">Massenbeton</td></tr>
<tr><td>32</td></tr>
</table>

Tabelle 3.4: Betonanwendungen mit Angabe des Größtkorns

Die Zuschläge aus natürlich vorkommenden Gesteinen unterliegen großen Schwankungen, insbesondere wenn man die Sieblinie betrachtet. Daher ist in allen Betonnormen ein Siblinienbereich vorgeschrieben, der vom Größtkorn des Betons abhängig ist.

Bei der Wahl der Sieblinie sollte man möglichst das Größtkorn eher groß wählen, es sind jedoch meist die Randbedingungen, die zur Wahl des Größtkornes führen. So sollte das Größtkorn kleiner als 0,3 mal der kleinsten Querschnittsdimension sein; bzw. auch kleiner als 0,5 mal dem geringsten Bewehrungsabstand. Nachfolgende Zusammenstellung gibt eine Hilfe für die Wahl des Größtkornes.

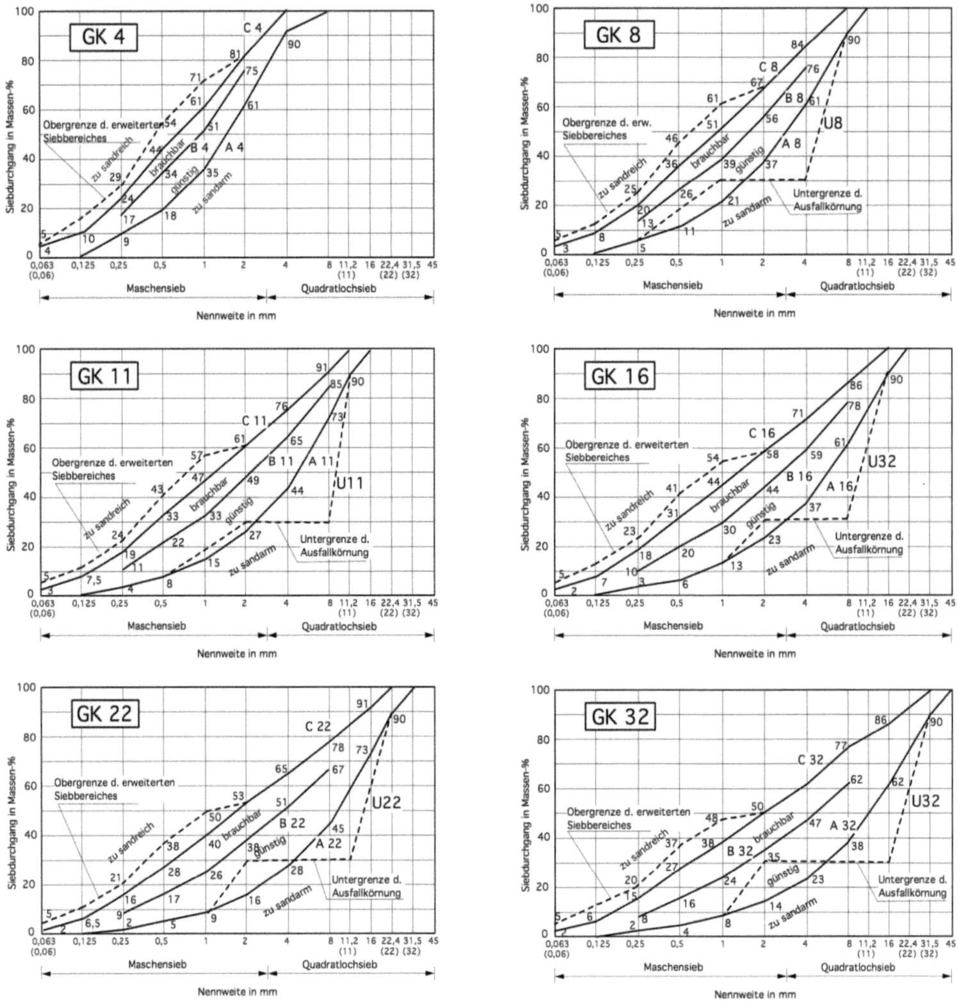

Abbildung 3.1: Sieblinien für Beton abhängig vom Größtkorn GK

Mit Hilfe dieser vorgegebenen Körnungsbereiche können nun die meisten Betonsorten hergestellt werden. Bei besonderen Bedingungen wie z. B. Einkornbeton oder Drainagebeton sind zur Abklärung der Festigkeitseigenschaften Untersuchungen notwendig, deren Ergebnisse dann in die bautechnische Anwendung und Bemessung einfließen.

3.4 Wasser

Als Zugabewasser ist jedes in der Natur vorkommende Wasser geeignet, falls nicht Bestandteile vorhanden sind, die die Betoneigenschaften beeinträchtigen. So ist jedes Grundwasser, Regenwasser, Bach- und Flusswasser prinzipiell geeignet, jedoch nicht Moorwasser. So ist Trinkwasser (Leitungswasser) und auch Restwasser aus der Betonherstellung immer geeignet.

Verunreinigungen wie ein hoher Salzgehalt (bei Drainagen entlang Straßen) oder Industrieabwässer sind tunlichst zu vermeiden. Mineralisch angereicherte Wässer sind auf ihre Brauchbarkeit mit einer chemischen Untersuchung zu testen. Alle betonangreifenden Wässer sind als Zugabewasser auszuschließen.

3.5 Betonzusätze

Es wird aufgrund der unterschiedlichen Wirkungsweise beim Beton zwischen Zusatzstoffen und Zusatzmitteln unterschieden.

3.5.1 Betonzusatzstoffe

Diese werden meist in feiner körniger Struktur beim Mischvorgang des Frischbetons in größerer Menge zugegeben und sind daher auch mengenmäßig bei den jeweiligen Mischverhältnissen zu berücksichtigen. Als Zusatzstoffe werden zwei unterschiedliche Arten verwendet:

Typ I: inaktive Zusatzstoffe wie Gesteinsmehl, Pigmente etc.
Typ II: puzzolanische oder latenthydraulische Zusatzstoffe wie Flugasche, Silika, Staub, etc.

Durch die Zugabe der Betonzusätze wird durch die chemische oder physikalische Wirkung die Betoneigenschaft in eine erwünschte Eigenschaft gebracht. Dies betrifft die Konsistenz, Verarbeitbarkeit, Festigkeit, Dichtheit und Farbe. Zusatzstoffe müssen generell unschädlich sein und somit die wichtigen Eigenschaften wie Erhärtung, Dauerhaftigkeit und Korrosionsschutz der Bewehrung nicht verändern. Im Anwendungsfall ist eine Güteüberwachung vorzulegen.

3.5.2 Betonzusatzmittel

Zusatzmittel sind meist chemisch oder physikalisch wirksame Mittel, die definierte Betoneigenschaften günstig beeinflussen. Diese werden dem Beton bei der Mischung nur in geringer Menge zugegeben. Diese Zugabemengen sind je nach Anwendung begrenzt und vom Betonhersteller genau zu protokollieren.

Eine Kombination der Zusatzmittel ist prinzipiell möglich, sollte jedoch mit dem Herstellerwerk vor der Anwendung abgeklärt werden.

BV	Betonverflüssiger	verringern den Wasseranspruch des Frischbetons, indem sie die Oberflächenspannung des Wassers herabsetzen; damit kann ein niedriger W/B-Wert eingehalten werden.
FM	Fließmittel	für die Herstellung von Fließbeton
LP	Luftporenbildner	erzeugen im Frischbeton mikroskopisch kleine Luftporen, wodurch die Frost-Tausalz-Beständigkeit verbessert wird
LPV		Luftporen bildende Verflüssigerkombination von LP-Mitteln und Verflüssiger
DM	Dichtungsmittel	sollen die Wasserdurchlässigkeit des Betons verbessern, ihre Wirkungsweise ist jedoch beschränkt
VZ	Verzögerer	schieben den Erstarrungsbeginn des Betons hinaus, Anwendung z. B. bei heißem Wetter oder bei langen Betonierarbeiten (Massenbeton)
BE	Beschleuniger (Erstarrungsbeschleuniger)	setzen den Beginn des Erstarrens bis auf wenige Sekunden herab, z. B. für Spritzbeton oder als Dichtungsmittel bei Wassereinbrüchen im Tunnel- und Stollenbau
FS	Frostschutzmittel	sollen die Festigkeitsentwicklung des jungen Betons beschleunigen; Achtung: nicht chloridhaltige FS bei Stahlbeton und Stahlfaserbeton sowie Spannbeton verwenden

Tabelle 3.5: Zusatzmittel für Beton

3.6 Betoneigenschaften

Bei der Herstellung von Beton sind neben der Festigkeitsklasse (siehe Punkt 3.1.2) noch weitere Punkte zu berücksichtigen. All diese Eigenschaften haben eigene Bezeichnungen, die bei der Benennung des Betons aufgezählt werden sollten.

Nachfolgend werden diese Eigenschaften relativ kurz behandelt, damit der Leser den Zusammenhang erfasst. Es wird jedoch für eine eingehendere Beschäftigung mit Beton die einschlägige Fachliteratur unbedingt angeraten, um so die jeweils gültige Normsituation auch richtig zu erfahren.

3.6.1 Betonarten

Die Betonarten unterscheiden sich generell durch ihre Anwendung. Es ist wichtig, sich mit den unterschiedlichen Betonarten zu beschäftigen, da dies bereits bei der Zusammensetzung des Betons eine entscheidende Rolle spielt. Gerade die Zusammensetzung, der Erhärtungsgrad und die besonderen Eigenschaften, die auf der Baustelle gefordert werden, führen zu den einzelnen Betonarten.

Bei der Planung muss die Betonart angegeben werden; dies ist nicht nur für den Betonhersteller wichtig, sondern besonders für die Baufirma. Es werden damit Randbedingungen angegeben,

Bezeichnung	Eigenschaft
UB1, UB2	Unterwasserbeton
PB	Pumpbeton
SB	Sichtbeton
SCC	selbstverdichtender Beton
BL	Beton mit geringer Blutneigung
W	Wärmeentwicklung (W40 -> bis 40 °C)
VV	verlängerte Verarbeitungszeit
ES, EM, EL, E0	Erhärtung schnell, mittel, langsam, sehr langsam
RS	reduziertes Schwinden
A	festgelegte Abreißfestigkeit

Tabelle 3.6: Betonarten

die beim Mischungsverhältnis und bei der Schalung und auch Einbringungart sowie Verdichtungsart berücksichtigt werden müssen.

3.6.2 Einwirkungen auf den Beton

Die von der Umwelt auf das Bauteil wirkenden Einflüsse werden in Expositionsklassen (engl. exposure classes) zusammengefasst. Die Exposition wird durch einen Großbuchstaben X (exposure classes) und einen weiteren Großbuchstaben bezeichnet, der von der Belastungsart stammt.

C ... von Carbonatisierung (engl. **C**arbonation)
D ... von Frost (engl. **D**eicing)
S ... von Meereswasser (engl. **S**eawater)
F ... von Frost (eng. **F**rost)
A ... von aggressiver Umgebung (engl. **A**gressiv area)
M ... von mechanischen Angriff (eng. **M**echanical treatment)
Die Klasse X0 zeigt, dass kein Schadensrisiko besteht.

Bezeichnung	Risiko	Umwelt	Anwendungsbeispiele
X0	nein	unbewehrter Beton, kein Frost, kein chem. od. mechan. Angriff, bewehrter Beton im Inneren	unbewehrte Fundamentplatte, Füll- und Ausgleichsbeton
XC 1	Karbonatisierung	trocken oder ständig nass	Gebäude, Wohn- u. Geschäftsbau einschließlich Nassräume; Fundament im Grundwasser

Bezeichnung	Risiko	Umwelt	Anwendungsbeispiele
XC 2	Karbonatisierung	nass, selten trocken, kein Wasserdruck (h < 2 m)	Innenräume mit hoher Luftfeuchtigkeit, Viehställe, Bauwerke im Grundwasser
XC 3	Wasserdruck	Wasserdruck h = 2–10 m	Wasserbauten und dichte Wasserbauwerke
XC 4		Wasserdruck ≥ 10 m	Wasserbauten und dichte Wasserbauwerke, Talsperren
XD 1	Korrosion durch Chloride	mäßige Feuchte	Betonoberflächen bei chloridhaltigem Angriff
XD 2		nass, selten trocken	chloridhaltiger Angriff, Schwimmbäder, Industriebauten
XD 3		wechselfeucht	chloridhaltiges Spritzwasser, anstehendes chloridh. Wasser, Fahrbahndecken, Parkdecks
XF 1	Frost und Taumittel	mäßige Wassersättigung ohne Taumittel	Oberflächen, die Regen und Frost ausgesetzt sind, ohne Staunässe
XF 2		mäßige Wassersättigung mit Taumittel	Oberflächen, die Regen, Frost und Taumittel ausgesetzt sind, ohne Staunässe
XF 3		hohe Wassersättigung ohne Taumittel	Betonoberflächen mit Staunässe, frostbeständige Wasserbauten
XF 4		hohe Wassersättigung mit Taumittel	Strassendecke, Brücken, Verhehrsleitwände, Spritzwasser
XA 1	Chemischer Angriff	chemisch schwach angreifende Umgebung	treibend = XA 1T lösend = XA 1L
XA 2		chemisch mäßig angreifende Umgebung	treibend = XA 2T lösend = XA 2L
XA 3		chemisch stark angreifende Umgebung	treibend = XA 3T lösend = XA 3L
XM 1	Verschleiß	mäßiger Verschleiß	Straßenbeläge von Wohnstraßen
XM 2		schwerer Verschleiß	Straßenbeläge von Hauptverkehrsstraßen, schwerer Gabelstaplerverkehr
XM 3		extremer Verschleiß	Kettenfahrzeugverkehr, Wasserbau–Tosbecken

Tabelle 3.7: Expositionsklassen bei Beton

Mit der Angabe der Expositionsklasse wird die Umweltbelastung auf das Bauteil beschrieben. Normalerweise treten mehrere Expositionsklassen gleichzeitig auf. Auf Grundlage dieser Angaben werden die Betonzusätze im Betonwerk gewählt.

Es ist dabei besonders auf die gegenseitige Verträglichkeit zu achten. Man sollte daher diese Betonzusätze (Zusatzstoffe und Zusatzmittel) mit dem jeweiligen Hersteller absprechen, um hier auch die Gewähr der jeweiligen Eigenschaft zu erhalten.

3.6.3 Konsistenz

Die Konsistenz eines Betons wird entweder mit der Verdichtung in einem Zylinder oder mit dem Ausbreitmaß auf einem speziellen Klapptisch gemessen. Damit wird die Verarbeitbarkeit des Betons geregelt.

Bezeichnung		Beschreibung	Forderung nach	
ÖNORM	DIN			
C0	C0	sehr steif	Verdichtungs maß	$\geq 1{,}45$
C1	C1	steif		1,45–1,26
C2	C2	steif plastisch		1,26–1,11
F38	F2	plastisch	Ausbreitmaß	35–41 cm
F45	F3	weich		42–48 cm
F52	F4	sehr weich		49–55 cm
F59	F5	fließfähig		56–62 cm
F66	F6	sehr fließfähig		63–69 cm
F73	SVB	extrem fließfähig		70–76 cm

Tabelle 3.8: Konsistenzen von Beton

3.6.4 Kurzbezeichnungen

Es wurden zur Vereinfachung der Betonbezeichnungen zusätzlich Kurzbezeichnungen eingeführt, mit denen auf viele Umwelteinflüsse bereits eingegangen wird und somit die Betonbezeichnung wieder etwas einfacher ist.

Die Unterteilung der Kurzbezeichnungen erfolgt nach rein praktischen Gesichtspunkten und ist sowohl für den Planer als auch für den Anwender gedacht. Die Auswahlkriterien sind folgende:

Betone für Unterlagen und Füllungen
Betone für rein statische Zwecke
Betone mit Bewehrung und statischen Zwecken
wasserundurchlässige Betone mit Bewehrung und statischen Zwecken
umweltbelastete Betone mit Bewehrung und statischen Zwecken

Kurzbezeichnung	abgedeckte Umweltklasse	W/B-Wert	Luftgehalt [%]
B1	XC3(A)	0,60	-
B2	XC3/XD2/XF1/XA1L/SB(A)	0,55	-
B3	XC3/XD2/XF3/XA1L/SB(A)	0,55	2,5
B4	XC4/XD2/XF1/XA1L/SB(A)	0,50	-
B5	XC4/XD2/XF2/XA1L/SB(A)	0,50	2,5
B6 C3A-frei	XC4/XD2/XF3/XA2L/XA2T/SB(A)	0,45	2,5
B7	XC4/XD3/XF4/XA1L/SB(A)	0,45	4,0

Tabelle 3.9: Kurzbezeichnungen für Beton

Eine praxisgerechte Zusammenstellung führte zu den 7 Betonklassen, die sicherlich in Zukunft noch um die eine oder andere Kurzbezeichnung ergänzt werden. Insgesamt gesehen ist dies aber eine für die Praxis wünschenswerte Zusammenfassung von detaillierten Eigenschaften.

3.7 Stahlfasern

Stahlfasern werden dem Beton beim Mischvorgang beigegeben. Sie werden mit dem Beton in die Schalung eingebracht und verdichtet. Es kommen die unterschiedlichsten Stahlfasern zur Anwendung. Es gibt derzeit keine Beschränkung für Form und Abmessung der Stahlfasern, so hat jeder Stahlfasererzeuger seine eigenen Stahlfasern, die nur schwer miteinander vergleichbar sind.

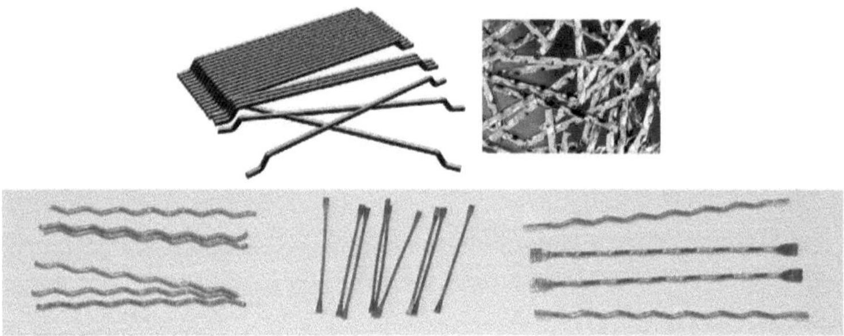

Abbildung 3.2: Stahlfasern in häufiger Anwendungsform

Der Verbundbaustoff Stahlfaserbeton sieht im Querschnitt nach der Herstellung relativ gleichmäßig aus, dies zeigt das nachfolgende Bild. Es kann somit angenommen werden, dass die Raumaufteilung der Stahlfasern statistisch sich einstellt, wenn nicht durch irgendwelche Maßnahmen wie etwa Rechen oder Magnete die Richtung der einzelnen Fasern im Beton beeinflusst wird.

Wird Belastung aufgebracht, so reißt der Stahlfaserbeton bei einer gewissen Belastung. Dies ist jedoch nicht der Versagenszustand, sondern es tragen die Stahlfasern weiterhin. Es kann somit

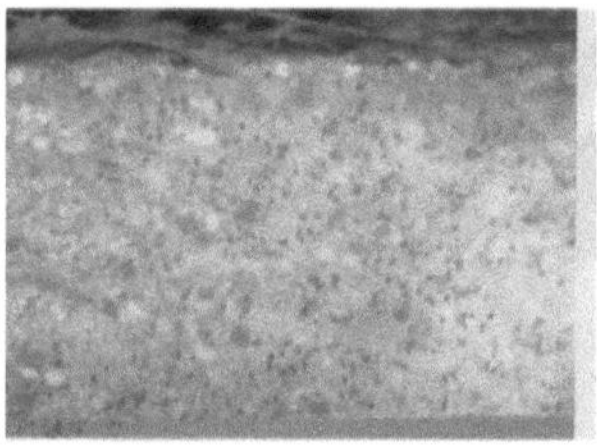

Abbildung 3.3: Stahlfaserbeton im Querschnitt; Bild ArcelorMittal

dieser Baustoff über seine Rissbelastung hinaus Kräfte aufnehmen. Die Größe der Verformung hängt nun von der Belastung und auch von der Dichte der Stahlfasern ab.

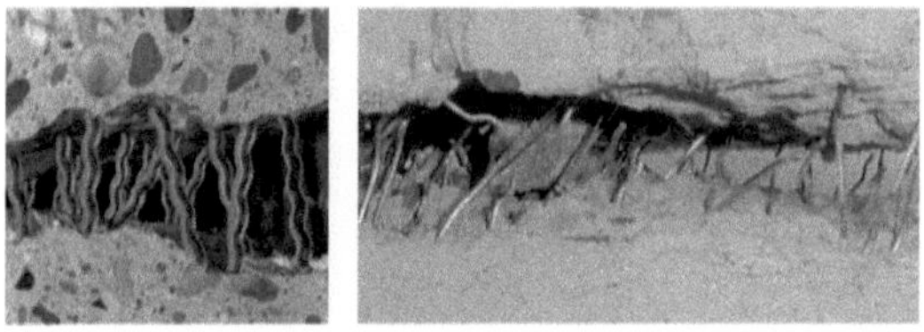

Abbildung 3.4: Stahlfaserbeton gerissen, aber kraftübertragend; Bild ArcelorMittal

An Stelle von Bewehrungseisen werden dem Stahlfaserbeton eine mehr oder weniger genau definierte Menge von Stahlfasern zugegeben. Diese Stahlfasern haben im Gegensatz zum Bewehrungseisen im Stahlbeton folgende unterschiedliche Eigenschaften:

- Faserdurchmesser ist sehr klein (unter 1 mm)
- Faserlänge meist klein gegen Bauteilabmessung (3–6 cm)
- Fasern sind über das gesamte Bauteil verteilt
- Fasern sind nicht gerichtet, sondern liegen beliebig im Bauteil
- nicht alle Fasern tragen zur Kraftableitung bei
- im gerissenen Zustand tragen die Stahlfasern immer noch

Gerade diese Unterschiede machen eine Bemessung eines Bauteiles schwierig. Man muss sich daher die Fasern doch etwas genauer ansehen.

Die Stahlfasern sind nicht alle gleich. Es sind nicht nur die Länge und der Durchmesser (Querschnittsform), die sehr unterschiedlich sind, es kommen auch noch unterschiedliche Formen vor. Dies unterscheidet die Stahlfasern generell von Bewehrungseisen, die normalerweise gerade sind.

Es lohnt sich auf die derzeit unterschiedlichen Formen einzugehen, da dies u. U. bei der Berechnung doch eine Rolle spielt, bzw. man muss sicherlich diese Unterschiede erkennen, um deren Auswirkung auf die Berechnungen abschätzen zu können.

3.7.1 Hakenform

Diese Form ist wohl die älteste Stahlfaserform, die bei allen Gegebenheiten eingesetzt wird.

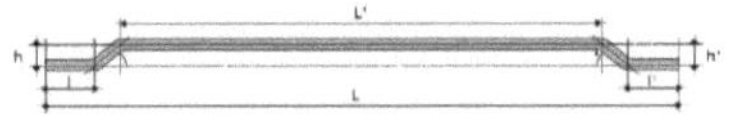

Abbildung 3.5: Stahlfaser in Hakenform

Der Durchmesser dieser Stahlfasern liegt zwischen 0,3 mm und 1,5 mm, die Länge bei 3 bis 6 cm. Der Unterschied wird in den Firmenprospekten wenig erklärt, er scheint jedoch einerseits produktionsabhängig und andererseits von der Verarbeitbarkeit abhängig zu sein. Die einzelnen Hersteller geben dazu nur vage Aussagen.

3.7.2 Wellenform

Eine neuere Form ist die Wellenform, die als runder Draht oder auch als gewelltes Blech im Handel ist.

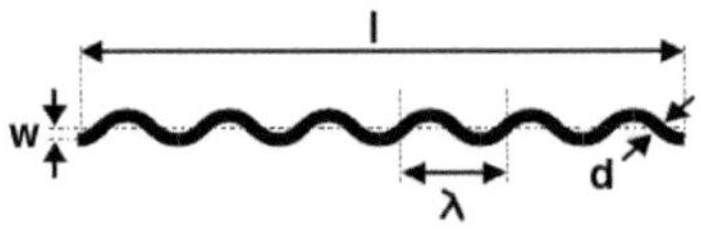

Abbildung 3.6: Stahlfaser in Wellenform

Auch hier sind die Abmessungen klein. Ihr Durchmesser liegt bei 0,5 bis 1,3 mm, die Länge bei ungefähr 4 bis 6 cm. Es gibt etliche Formunterschiede, besonders da einzelne Hersteller auch noch zusätzliche geometrische Dellen eingebaut haben, um einen besseren Verbund mit dem Beton zu erzeugen.

3.7.3 Gestauchte Form

Um eine bessere Verträglichkeit bei der Verarbeitung zu erhalten, wurde ein gerades Drahtstück an beiden Enden angestaucht. Damit ist ein leichteres Pumpen der Frischbetonmasse mit eingebetteten Stahlfasern möglich. Der Verbund zum Beton wird durch die verbreiterten Enden des Drahtes erzeugt. Dies kommt einer Verkeilung im Beton gleich.

Es werden in Zukunft noch weitere geometrische Variationen der Formgebung am Markt erscheinen. Es wird wohl immer eine versuchsmäßige Anstrengung geben müssen, um weitere Optimierungen bei der Form der Stahlfasern zu erreichen.

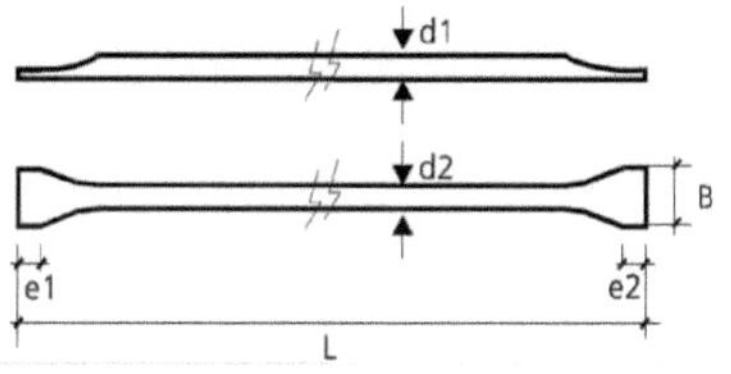

Abbildung 3.7: Stahlfaser in gestauchter Form

3.7.4 Zugfestigkeit

Diese wird vom jeweiligen Erzeuger der Stahlfasern angegeben. Es sind hier in der Praxis Werte von 800 bis 2000 N/mm2 gebräuchlich. In den meisten Fällen wird eine Zugfestigkeit der Stahlfasern mit 1000 N/mm2 angegeben.

Die jeweilige Kraft, die von jeder Stahlfaser maximal übertragen werden kann, hängt von dem Querschnitt der Stahlfaser ab.

3.8 Bewehrungsstahl

Bewehrungsstahl wird im Beton als Schlaffstahl eingebaut, das bedeutet, dass vor und nach dem Betoniervorgang keine Kräfte zusätzlich in den Stahl eingeleitet werden. Der Bewehrungsstahl übernimmt infolge der Bauwerksdeformation Kräfte, ohne selbst aktiv zu werden.

Es werden hauptsächlich Stäbe verwendet, die an ihrer Oberfläche Rippen zur besseren Kraftübertragung zum Beton haben. Diese Stäbe können auch in Form von Matten verarbeitet werden und tragen dann die Bezeichnung M statt BSt. Die Stahlgüte wird bei der Stahlbezeichnung als Streckgrenze in kN/cm^2 angegeben.

Stahl	BSt 220	BSt 420	BSt 500 M500	BSt 550 M 550	BSt 600
Stahlgruppe	I	III	IV	-	V
$f_{yk}[kN/cm^2]$	22	42	50	55	60

Tabelle 3.10: Stahlgruppen und deren Streckgrenze

Alle Bewehrungsstäbe haben gleich welcher Streckgrenze denselben Elastizitätsmodul $E_s = 200.000\, N/mm^2$.

Für Bewehrungsstäbe wird mit einer linearen Spannungs-Dehnungslinie bis zur Streckgrenze gerechnet und bei größerer Verformung eine gleichbleibende Spannung angenommen. Diese Spannung wird dann durch die Teilsicherheit von Stahl (für Grundkombination 1,15 bzw. für außergewöhnliche Kombination 1,00) dividiert, und so erhält man den Bemessungswert des Bewehrungsstahles für jede Stahlgüte.

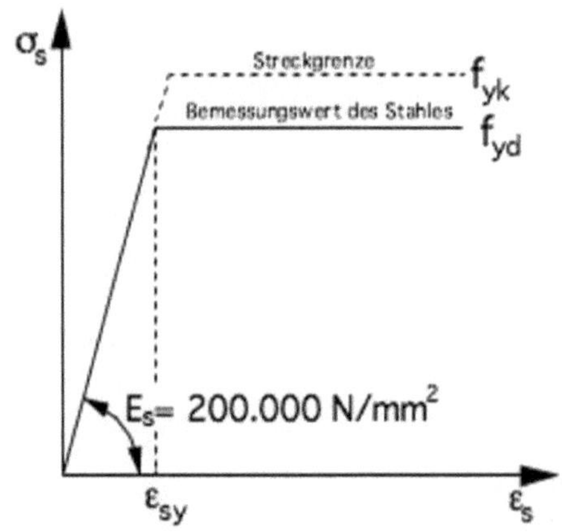

Abbildung 3.8: Spannungs-Dehnungslinie des Bewehrungsstahles

Die Dehnung ε_{sk} wird als Proportionalitätsgrenze des linearen Spannungs-Dehnungsverlaufes bei der Spannung von f_{yd} erreicht. In der Berechnung müssen jeweils die Werte der verwendeten Stahlsorte eingesetzt werden. Nach dem Erreichen der Proportionalitätsgrenze f_{yd} verformt sich der Stahl weiter, ohne eine weitere Spannung aufzunehmen. Es wird somit die Fließgrenze des Stahles simuliert.

3.9 Spannstahl

Es finden sehr unterschiedliche Formen von Spannstahl in der Praxis ihre Anwendung. Generell wird zwischen Spannstäben und Spannlitzen unterschieden.

Spannstäbe werden heute mit Durchmesser von 26,5 mm bis 36 mm erzeugt und haben Einzellängen bis zu 14 m. Diese werden heute meist im Grundbau bei Erd- und Felsankern eingesetzt. Im Brückenbau und Hochbau werden Spannstäbe nur selten verwendet und haben deshalb in diesen Bereichen des Bauwesens nur untergeordnete Bedeutung.

Spannlitzen bestehen aus 7 Einzeldrähten, die zu einer Litze gedreht wurden und wie ein Seil aussehen. Die handelsüblichen Litzen gibt es in einem Durchmesser von 0,60 bzw. 0,62 Zoll. Die Litzen sind für jede denkbare Länge erhältlich, so dass sie nicht verlängert werden müssen, wie dies bei Stabstahl immer wieder notwendig ist.

Spannstahl	St 900/1030	St 1080/1230	St 160/180	St 170/190
Art	Stab	Stab	Litze	Litze
$f_{pk}[kN/mm^2]$	90	108	177	186

Tabelle 3.11: Spannstähle und deren Streckgrenze

Für die Schnittgrößenermittlung von Bauteilen und für den Nachweis der Querschnittstragfähigkeit darf die Spannungs-Dehnungslinie wie in Abbildung 3.9 links verwendet werden, d. h. es kann mit einer Spannungszunahme im plastischen Bereich gerechnet werden. Es darf jedoch auch alternativ dazu die Spannungs-Dehnungslinie in Abbildung 3.9 verwendet werden, wenn dies vereinfachten Berechnungen dient.

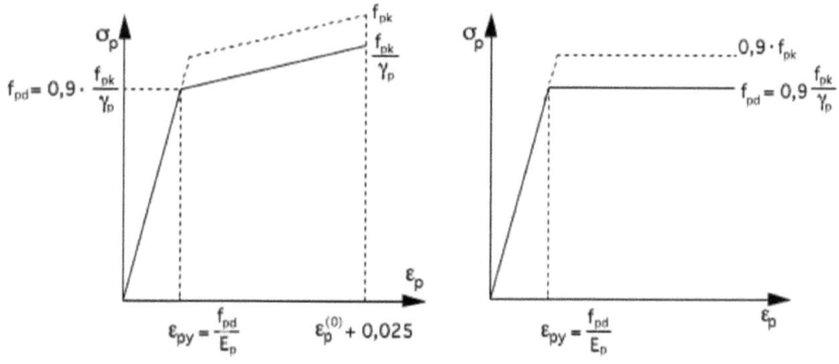

Abbildung 3.9: Spannungs-Dehnungslinie von Spannstählen

Die Spannung des Spannstahles wird durch die Teilsicherheit von Stahl (für Grundkombination 1,15 bzw. für außergewöhnliche Kombination 1,00) dividiert, und so erhält man den Bemessungswert des Spannstahles für jede Spannstahlgüte.

4 Verarbeitung

Wie bei jedem Verbundbaustoff sind beim Stahlfaserbeton einige Grundregeln zu beachten, um eine gute Verarbeitung zu erreichen. Das Endergebnis sollte ein gleichmäßiger Baustoff sein, der in allen seinen Komponenten den Erwartungen des planenden Ingenieurs entspricht.

4.1 Übliche Betonsorten

Für Stahlfaserbeton können prinzipiell alle Betonsorten verwendet werden. Es ist jedoch nicht bei allen Sorten eine optimale Ausnutzung der Eigenschaften der Stahlfasern gegeben. Es hat sich in der Praxis erwiesen, dass die beste Ausnützung der Stahlfasern ab einer Betongüte von C25/30 bis zu einer Betonfestigkeitsklasse von C50/60 gegeben ist.

Wichtig erscheint bei den Betonzusammensetzungen, dass die Gesteinskörnungen im Sieblinienbereich günstig, also zwischen den Sieblinien A und B, liegen. Zusätzlich ist der Feinkornanteil etwas großzügig zu bemessen, denn hier entscheidet sich die Einbettung der Stahlfasern in den Beton.

4.2 Zusatzstoffe für Pumpbeton

Zu den üblich guten Siebkurven sollten Zusatzstoffe in Form von Gesteinsmehl zugegeben werden. Dieser kann bis zu max 400 kg/m^3 (darüber siehe Zulassung für Mehlkorn) zugegeben werden. Damit verbessert sich die Umhüllung der Stahlfaser im Beton. Das Gesteinsmehl setzt sich zusammen aus:

Zement
Gesteinsmehl 0/0,0125 und
Betonzusatzstoff

Mit dem für die Betonfestigkeitsklasse vorgesehenen W/B-Faktor sollte die Konsistenz des Frischbetons bei einem Ausbreitmaß von 35 bis 48 cm liegen, also plastisch bis weich sein. Durch Zugabe der Stahlfasern verringert sich das Ausbreitmaß üblicherweise je nach Dosierung von 5 bis zu 12 cm. Dies ist bei der Mischung zu berücksichtigen. Dazu werden oft Zusatzmittel zur letztendlichen Regulierung eingesetzt.

4.3 Übliche Dosierungen

Ausgehend von einer Mindestdosierung von 20 kg/m^3 kann man die Dosierung bis zu 100 kg/m^3 steigern. Es wird nun von der Faserart und der Beanspruchung des Bauteiles abhängen, welche

Dosierung verwendet wird.

Mit den Bemessungen des Stahlfaserbetons in den nachfolgenden Kapiteln wird als jeweiliges Ergebnis diese Dosierung für ein beanspruchtes Bauteil ermittelt.

4.4 Zugabe der Stahlfasern

Die Zugabe der Stahlfasern kann nun nach verschiedenen Methoden vorgenommen werden:

- **manuelle Zugabe:** Dabei werden die Stahlfasern von einer Person händisch in den Mischer eingegeben, wobei darauf geachtet werden muss, dass diese nicht konzentriert auf einmal hineingeworfen, sondern verteilt eingebracht werden. Von dieser Art der Fasereibringung muss abgeraten werden, denn damit ist keine gleichmäßige Verteilung der Fasern im Frischbeton gewährleistet.
- **Zugabe über Dosiergerät:** Die im Gerät aufbewahrten Stahlfasern werden gleichmäßig über den Dosierungsmechanismus dem Mischgut zugegeben.

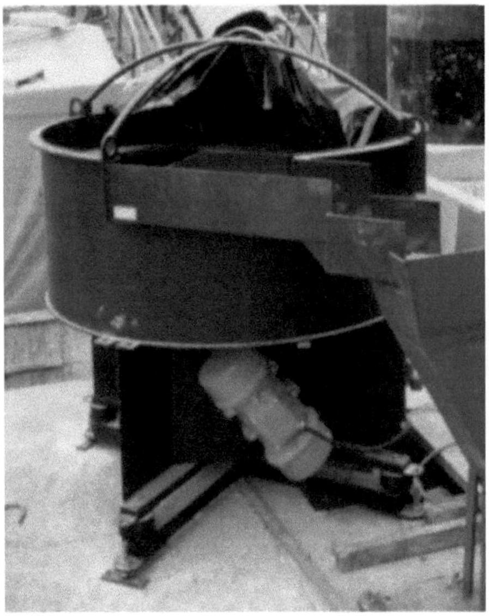

Abbildung 4.1: Dosiergerät für Fasern der Fa. Incite

Der Behälter wird mit Stahlfasern aus Kartons, Säcken oder Big-Bags befüllt. Die Beimischmenge bzw. Charge wird in kg eingestellt. Die Dosierung erfolgt normalerweise direkt in den Mischer auf die Zuschlagstoffe oder in die Kieswaage bzw. auf ein Förderband, wo es einem Mischer zugeführt wird.

- **Einblasgerät:** Aus einem Vorratsbehälter werden die Stahlfasern mittels Druckluft in das Mischgut eingeblasen. Mit dieser Technologie werden die Stahlfasern vom Boden her eingeblasen und somit untergemischt. Dieses Verfahren erzeugt eine sehr gute Durchmischung des Mischgutes.

Abbildung 4.2: Einblasgerät für Fasern der Fa. La Matassina

Diese Maschinen können mit jeder Art der Fasern beschickt werden. Es werden die Fasern aus der Verpackung eingefüllt und so getrennt, dass sie gegenseitig keinen Zusammenhalt mehr haben. Anschließend werden sie mittels Druckluft in den Mischer geblasen. Dabei kann die Dosierung über die Zeit in kg/min eingestellt werden.

- **Förderband:** Besonders in Betonwerken muss die Stahlfaser oft über einen längeren Weg transportiert werden. Dies kann mit Hilfe eines Förderbandes erfolgen, wobei hier auch eine Wägestation integriert werden kann, um so die Dosierungen genau einzuhalten.

4.5 Mischvorgang

Um ein gutes Mischungsergebnis zu erhalten, wird von allen Stahlfaserherstellern vorgeschlagen, mit einem Zwangsmischer zu arbeiten. Dabei sind die besten Mischergebnisse zu erreichen.

Bei der Reihenfolge der Materialien, die dem Mischvorgang beigegeben werden, ist der nachfolgende Ablauf vorteilhaft:

- **Gesteinskörnung**
- **Zement**
- **wenig Wasser (ca. 1/4 der Gesamtwassermenge)**
- **Stahlfasern**
- **Mischen bis gleichmäßiges Material entsteht**

- **Transport zur Einbaustelle**
- **Zugabe des restlich notwendigen Wassers**
- **Mischen und aus dem Mischer ausgeben**

Die Konsistenz sollte direkt an der Einbaustelle überprüft werden.

4.6 Igelbildung

Gerade bei der Verarbeitung von Stahlfaserbeton kommt es immer wieder zu der sogenannten Igelbildung. Hierbei handelt es sich um ca. faustgroße Kugeln, die beim Mischvorgang entstehen. Besonders bei höherer Dosierung tendiert das im Fahrmischer befindliche Material dazu, sich zu Klumpen (Igeln) zusammenzuschließen.

Im Freifallmischer entstehen aufgrund der drehenden und fallenden Bewegungen diese Klumpen, die eine glatte Oberfläche haben und somit für eine Verarbeitung direkt ungeeignet sind, da an der Oberfläche keine Stahlfasern einen Verbund ermöglichen.

Abbildung 4.3: Typische Igelbildung bei der Entnahme vom Fahrzeugmischer

Es ist offensichtlich, dass diese Igelbildung nicht bei dem Einbau des Stahlfaserbetons vorkommen darf, da ansonsten die Gleichmäßigkeit des Materials in seinen statischen Eigenschaften nicht mehr gegeben ist. Es muß also unbedingt vermieden werden, dass Igel in den frischen Zustand eingebaut werden.

Vielerorts behilft sich die verarbeitende Mannschaft damit, diese Igel nach dem Fahrmischer vor der Zuführung zur Betonpumpe mit einem händischen Werkzeug zu zertrümmern. Dies ist zwar der richtige Weg, es ist nur in heutiger Zeit nicht sinnvoll, diese Arbeit händisch zu erledigen.

In der vorstehenden Abbildung wird eine Zertrümmerung mit dem Hammer gezeigt. Diese Arbeit sollte in Zukunft eine Maschine übernehmen, die das Material aus dem Fahrmischer durch ein Sieb presst oder schlägt, um die Igel zu zerkleinern. Damit wäre das Problem der Igelbildung gelöst.

Abbildung 4.4: Zerstörung der Igel mit Hammer vor dem Zulauf zur Pumpe

Das lose Mischgut kann nun über eine Pumpe zum Einbauort transportiert werden, wo es wie Beton verarbeitet wird.

4.7 Einbauen von Stahlfaserbeton

Der Stahlfaserbeton ist gleichmäßig und zügig einzubauen. Darauf ist insbesondere bei der Anlieferung und auch beim Baustellentransport, ob mit Pumpe oder Kübel, zu achten. Das Einbaupersonal ist daraufhin eigens einzuweisen. Da der Transport zur Einbaustelle meist mit Fahrmischern erfolgt, ist darauf zu achten, dass während des Transportes keine Igelbildung entsteht und dann beim Ablassen zur Betonpumpe die richtige Konsistenz mittels Zugabewasser bzw. Zugabemittel erreicht wird.

Abbildung 4.5: Zulauf von Fahrtmischer zu Betonpumpe (Bild von Fa. Rindler GmbH)

Im obigen Bild ist ein frischer Stahlfaserbeton, wie er aus dem Fahrmischer kommt, gezeigt, der mit gleichmäßiger Konsistenz ohne Igelbildung weitergepumpt werden kann.

Die einzelnen Betonierlagen sollten nicht mehr als 50 cm betragen. Die Verdichtung erfolgt wie beim Normalbeton; sie ist abhängig vom jeweils eingesetzten Rüttler. Bei Anwendung von selbstverdichtendem Beton erübrigt sich dieser Arbeitsschritt.

Abbildung 4.6: Betonieren mit Stahlfaserbeton (Bild von Fa. KrampeHarex Fibrin GmbH)

Es ist auf eine gleichmäßige Nachbehandlung des eingebrachten Stahlfaserbetons zu achten, damit keine zu schnelle Austrocknung die Oberfläche des Bauteils schädigt und auch die Farbgebung der Oberfläche gleichmäßig bleibt. Die Einbringung kann nicht nur händisch wie hier im Bild gezeigt, sondern auch besonders bei Platten mittels geeigneter Maschinen erfolgen, die den Stahlfaserbeton rütteln und die Oberfläche zusätzlich abziehen, damit eine ebene Oberfläche entsteht.

Bei konstruktiven Elementen wie Säulen, Balken und Wänden vereinfacht sich der Herstellungsprozess des Bauteiles, da die Schalung in einem Arbeitsgang aufgestellt und dann sofort mit dem Einbringen des Stahlfaserbetons begonnen werden kann. Somit ist hier eine erhebliche Kosten- und Zeiteinsparung gegeben.

Kellerwände sind hier eine eigene Betrachtung wert. Für die Dichtheit von Kellerwänden wird normalerweise 30 cm Stahlbeton vorgesehen. Dieses Maß kommt daher, dass der Stahlbeton im gerissenen Zustand max. 80 Prozent des Querschnittes gerissen sein kann. Dies sind bei einer 30 cm dicken Wand 24 cm Riss. Somit verbleiben für die Dichtheit gegen Wasser nur mehr 6 cm. Die Wasserundurchlässigkeit bei Beton wird erst ab 5 cm garantiert; beim Versuch darf das Wasser nicht mehr als 5 cm in den Beton eindringen damit er als wasserundurchlässig eingestuft werden kann. Somit muss die Kellerwand mindestens 30 cm dick sein um als wasserdicht verwendet werden zu können.

Bei der Anwendung von Stahlfaserbeton wird die Bemessung der Kellerwand auf Biegung oder Biegung mit Längskraft im Zustand 1 geführt. Damit ist das Risskriterium für Stahlfaserbeton nicht anzuwenden, und die Kellerwand kann auch dünner als 30 cm gewählt werden. In einer praktischen Anwendung wurde die Kellerwand mit 20 cm Stahlfaserbeton, Betonsorte C25/30, mit einer Dosierung von 30 kg HE 55/35 angewendet.

Abbildung 4.7: Kellerwand d = 20 cm aus Stahlfaserbeton auf Bodenplatte aus Stahlfaserbeton

Durch den Eisatz von Stahlfaserbeton konnte die Wandstärke um 1/3 verringert werden, wobei dies natürlich auch bei den entsprechenden Baukosten erkennbar war. Es zeigt sich somit, dass bei Einsatz der Stahlfasertechnik auch erhebliche Einsparungen im Wohnhausbau möglich sind.

Ein weiteres Beispiel für die Anwendung von Stahlfaserbeton ist die Herstellung von Fertigteilplatten zur Geländeabstützung mit zusätzlicher Verankerung. Es werden dabei die Fertigteilplatten direkt beim Aushub in den Freiraum gestellt und sofort mittels Bodennägeln verankert. Es ist mit diesem System somit möglich, eine eigene Baugrubensicherung einzusparen. Somit kann auch bei Anwendung dieses Systems mit Fertigteilen aus Stahlfaserbeton eine erhebliche Kosteneinsparung durchgeführt werden.

Abbildung 4.8: Systemplatten aus Stahlfaserbeton zur Hangsicherung bis 3 m Höhe

Diese Fertigteilwand ist nach einer positiven Erstprüfung nun schon bei einer Hochgebirgsstraße als Stützmauer im Einsatz, wobei hier eine Konstruktionsstärke von 15 cm ausreicht. Es wird derzeit daran gearbeitet die Systemwand weiter zu entwickeln, sodass auch größere Höhen abstützbar sind. Auch an Fertigteilkonstruktionen mit Bermen ist gedacht. Es wird hier wohl ein breites Feld an Einsatzmöglichkeiten eröffnet.

Ein besonderer Fall der Einbringung war bei einem Fundament einer, in eine senkrechte Wand, zu befestigenden Seilbahnstütze bei dem Neubau der Karlesjochbahn im Kaunertaler Gletschergebiet in einer Höhe von ca. 3.300 m gegeben. Hier durfte aus geologischen Gründen die Felsoberfläche nicht begradigt werden. Aus der Felswand standen die Felsanker heraus und aus der Schalung die Stabanker der Stützeneinbindung. Es war also nicht möglich, hier noch zusätzlich einen Bewehrungskorb so einzubinden, dass er kraftschlüssig das gesamte Betonvolumen erfasste. Man entschied sich daher bei diesem Bauteil erstmalig zur Verwendung von Stahlfaserbeton. Selbst die Seilbahnbehörde (Bundesministerium für Innovation und Technologie) hat diesem Schritt positiv zugestimmt.

Abbildung 4.9: Einbringung Stahlfaserbeton bei einem Stützenfundament der Karlesjochbahn im Kaunertal auf ca. 3.300 m Höhe

Es wurde bei diesem Fundament die Faser FE 65/35 der Firma ArcelorMittal mit einer Dosierung von 60 kg/m^3 Beton verwendet. Als Beton wurde die Festigkeitsklasse C 30/35 verwendet, wobei entsprechend der Notwendigkeit der Höhenlage und des Beanspruchungsgrades noch entsprechende Zusatzmittel ihren Einsatz fanden.

4.8 Besonderheiten für Stahlfaserspritzbeton

Gerrade für Spritzbeton eignet sich der Stahlfaserbeton, da er gegenüber dem normalen Spritzbeton erhebliche Vorteile bringt:

- in unzugänglichem Gelände vom Korb aus herstellbar, kein Arbeitsgerüst notwendig
- direkt nach Aushub anwendbar
- kein Ausmessen und Zuschneiden von Bewehrung
- keine Verlegung von Bewehrung
- sofort die volle Spritzbetondicke auftragbar
- nach dem Spritzen kann sofort die Ankerung durchgeführt werden

Eine diesbezügliche Anwendung in unwegsamem Gelände zeigt das nächste Bild, wo eine sehr brüchige Felswand vom Korb aus mit Stahlfaserbeton und Ankern gesichert wurde.

Abbildung 4.10: Aufbringen des Spritzbetons mit Stahlfasern (Gerlosberg Zillertal-Tirol)

Da es nicht mehr notwendig ist, die Bewehrung zuzuschneiden und an die Oberfläche einzeln zu montieren, ist auch ein Arbeitsgerüst nicht mehr notwendig, und man kann hier die Sicherungsarbeiten vollkommen vom Korb aus durchführen. Dies ist insbesondere in unsicherem Gelände und auch bei Baugruben ein sehr großer Fortschritt, wobei die Sicherheit speziell der Arbeitsmannschaft erheblich gesteigert wird.

Durch die meist langen Antransportzeiten im Fahrmischer (bei der abgebildeten Baustelle ca. 70 min) ist die Gefahr der Igelbildung sehr groß. Man muss hier Maßnahmen setzen, damit diese Igel anschließend einwandfrei verarbeitet werden können.

Die Oberfläche von Stahlfaserspritzbeton zeigt etliche herausstehende Fasern. Dies kommt von der unregelmäßigen räumlichen Verteilung der Fasern. Eine Ausrichtung der Fasern quer

Abbildung 4.11: Oberfläche des Spritzbetons mit Stahlfasern

zur Spritzrichtung wäre vorteilhaft, konnte aber bei keiner Anwendung erkannt werden. Somit kann man auch hier von einer räumlichen Verteilung der Stahlfasern ausgehen.

Wenn die vorstehenden Stahlfasern stören, sollte die Oberfläche direkt nach dem Spritzvorgang nachbearbeitet werden.

Abbildung 4.12: Hangsicherung bei der A13-Brennerautobahn neben der Lueggbrücke

Bei Baugrubenverbauungen ist ein Anschluss an bestehende Spritzbetonwände direkt möglich, es sollte vorher nur die Kontaktstelle mit Wasser (Hochdruckreiniger) von Zementstaub befreit werden. Die aus dem Spritzbeton vorstehenden Stahlfasern und die Rauigkeit der Spritzbetonoberfläche ergeben einen guten Verbund, so dass in den meisten Fällen keine Übergangskonstruktion wie etwa Stossbewehrung notwendig ist.

Abbildung 4.13: Baugrubensicherung in Patsch bei Innsbruck (Höhe ca. 12m)

Bei der Sicherung in Patsch mussten wegen des sandigen Untergrundes sehr kleine Felder freigelegt und sofort wieder geschlossen werden. Es zeigte sich dabei der Vorteil von Stahlfaserbeton, da keine Zeit auf die Montage von Stahlbewehrung verwendet werden musste. Die einzelnen geöffneten Felder wie im kleinen Bild erkennbar, waren in einem Zeitraum von 3 bis 5 Minuten freigelegt und wieder geschlossen. Somit konnte sowohl der Nachbruch von Boden verhindert werden als auch erheblich Zeit für die Herstellung der Sicherung eingespart werden.

Ein weiteres Beispiel hat seine Ursache im 2.Weltkrieg. Duch Bombenangriff wurde ein Bauwerk in einer Häuserkette zerstört. Kurz nach dem Krieg wurde diese Baulücke wieder geschlossen, wobei das Bauwerk mit normalen Ziegeln aufgemauert wurde. Dabei wurden die Decken so gespannt, dass diese beiden im Freien liegenden Mauern aufgelegt wurden. Die Wände zu den Nachbarhäusern wurden durch die Decken somit nicht belastet. Nun, nach über 60 Jahren, wurde das seinerzeitig nicht zerstörte Nachbarhaus wegen Umbau abgetragen, und die Giebelwand, die nach dem Krieg aufgemauert wurde, kam zum Vorschein. Es zeigte sich nun zu aller Überraschung, dass diese Hausabschlusswand nur eine 12 cm dicke Ziegelwand ist, die keinerlei Beanspruchung verträgt. Da die Mauer an der Grundgrenze steht, war für eine zusätzliche Sicherung nur so wenig Platz wie irgend möglich, wobei auch keine Verdübelungen in der bestehenden Wand zugelassen wurden. Es wurde die Fassadensicherung der 12 cm gemauerten Hausabschlusswand mit 5 cm Stahlfaserbeton aufgespritzt. Abb. 4.14 zeigt im oberen Bildteil die fertig gespritzte Wand, darunter die vorhandene Ziegelwand, die beim Abbruch des Nachbarhauses zum Vorschein kam. Durch das Aufbringen der Stahlfaserbetonschale konnte dem gesamten Mauerwerk eine Stabilität gegeben werden, die als ausreichend für den Bauzustand angesehen wurde.

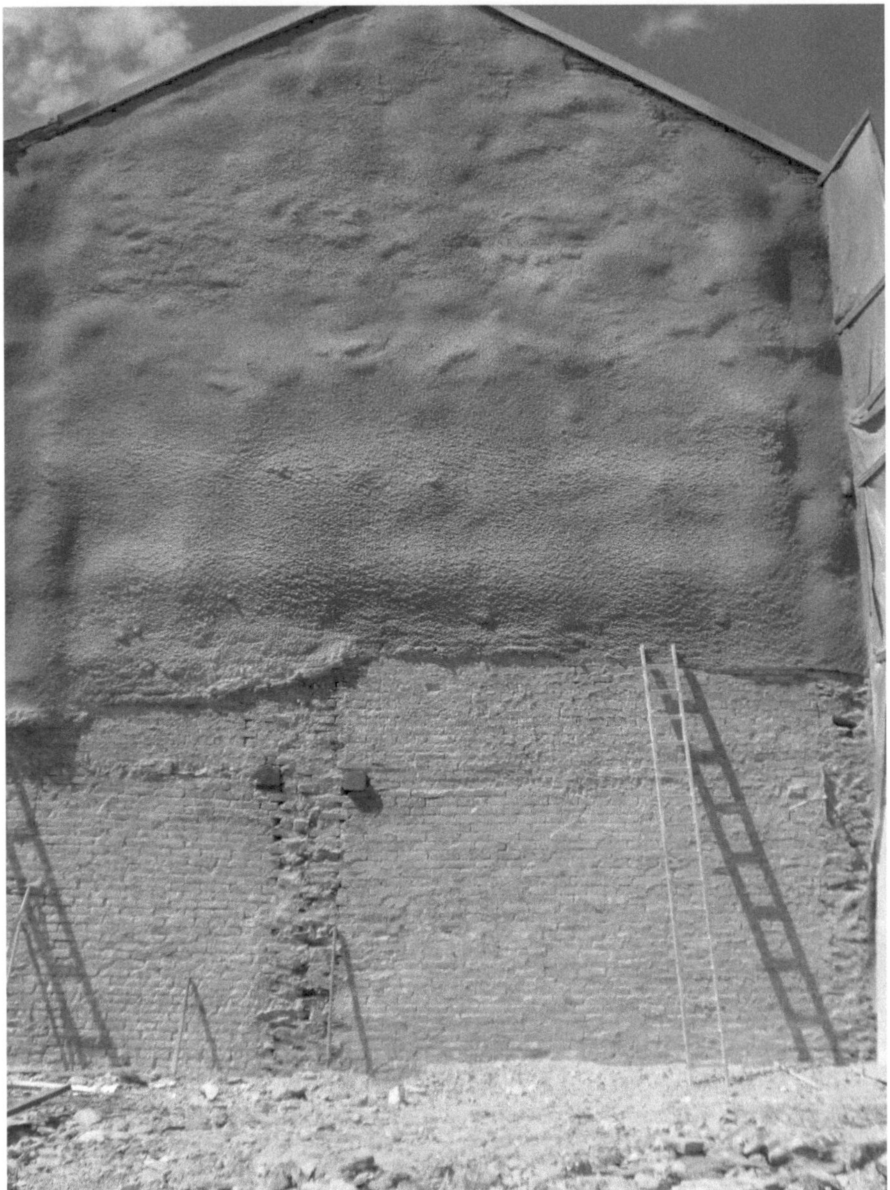

Abbildung 4.14: Fassadensicherung bei Kriegsbau in Innsbruck

5 Materialkennwerte

Ausgehend von den Bemessungen, wie sie im Stahlbetonbau üblich sind [1] [7], wird hier eine Aufteilung der Einflüsse des Betons und der Stahlfasern vorgenommen. Es wird also abweichend von anderen Autoren, die ein geschlossenes Materialgesetz von Stahlfaserbeton ermitteln [6] [18], gearbeitet.

Wie bereits erwähnt werden übliche Materialkennwerte verwendet. Deren Ermittlung ist den bereits bekannten Untersuchungen bzw. auch vorhandenen Tabellen zu entnehmen.

5.1 Betoneigenschaften

Beton ist durch die einschlägigen Normen in Europa sehr genau definiert. Selbst die Herstellung der einzelnen Betonsorten ist genauestens vorgeschrieben. Diese angegebenen Werte werden laufend durch Werkskontrollen und auch auf der Baustelle überprüft.

Die Bezeichnung der Festigkeitsklasse von Beton z. B. C25/30 besteht aus

C ..... für Beton (engl. **Concrete**)
25 ... für **charakteristische Druckfestigkeit** f_{ck} [N/mm^2]
30 ... für die **Würfeldruckfestigkeit** $f_{ck,cube}$ [N/mm^2] (20 cm Würfel)

Mit Hilfe der charakteristischen Druckfestigkeit f_{ck} lassen sich nun die anderen notwendigen Kennwerte errechnen. Es wird die **Zylinderdruckfestigkeit** des Betons ermittelt:

$$f_{cm} = f_{ck} + 8 \quad [N/mm^2] \tag{5.1}$$

Dann kann man die mittlere **Betonzugfestigkeit** errechnen, wobei dies für den Lastfall des allgemeinen Zuges gilt:

$$f_{ctm} = 0,3.f_{ck}^{2/3} \quad [N/mm^2] \tag{5.2}$$

Die **Biegezugfestigkeit** hängt mit der Betonzugfestigkeit nach Valentin [19] und EN 1992-1 wie folgt zusammen:

$$f_{ctm,fl} = 2.f_{ctm} \quad [N/mm^2] \tag{5.3}$$

Der **Elastizitätsmodul** des Betons ändert sich auch mit der Betonfestigkeit und errechnet sich nach folgendem Zusammehang:

$$E_{cm} = 22(f_{cm}/10)^{0,3} \quad [N/mm^2] \tag{5.4}$$

Mit diesen Formeln wurden die einschlägigen Betonsorten durchgerechnet und in der nachfolgenden Tabelle aufgelistet. Aus Gründen der Übersichtlichkeit wurden nur die Betonsorten bei

Betonsorte	C16/20	C20/25	C25/30	C30/37	C35/45	C40/50
f_{ck}	16	20	25	30	35	40
$f_{ck,cube}$	20	25	30	37	45	50
f_{cm}	24	28	33	38	43	48
f_{ctm}	1,9	2,2	2,6	2,9	3,2	3,5
$f_{ctm,fl}$	3,8	4,4	5,1	5,8	6,4	7,0
E_{cm}	29	30	31	33	34	35

Tabelle 5.1: Kennwerte der einschlägigen Betonsorten $[N/mm^2]$

der Tabelle berücksichtigt, die in der Praxis auch häufig für Stahlbeton und somit auch Stahlfaserbeton verwendet werden. Die errechneten Werte sind Spannungen mit der Dimension [N/mm^2].

Bei den Berechnungen der einzelnen zu bemessenen Querschnitte werden nun diese Werte auch verwendet.

Die angegebenen Materialwerte lassen eine Angabe über die Scherfähigkeit des Betons vermissen. Daher wird hier auf die Materialzusammenhänge von Mohr zurückgegriffen, dessen Grundlagen hier nochmals wiederholt werden.

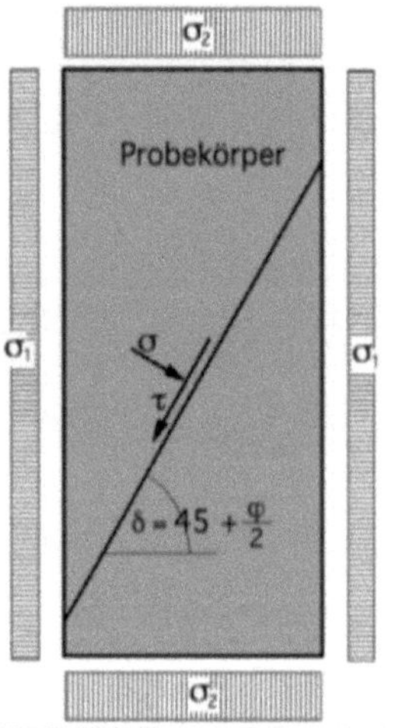

Abbildung 5.1: Probe im Bruchzustand

Bei diesem Probekörper wird die Belastung σ_2 so lange gesteigert, bis der Bruch des Probekörpers eintritt. Dabei tritt eine Bruchfuge unter dem Winkel δ auf. In der Bruchfuge treten die Grenzspannungen σ und τ auf. Den Zusammenhang zwischen den Größen σ_1, σ_2, σ und τ hat Mohr mit seinem Spannungskreis und der damit zu ermittelnden Mohr'schen Hüllkurve (Schergerade) unter dem Winkel φ nachgewiesen.

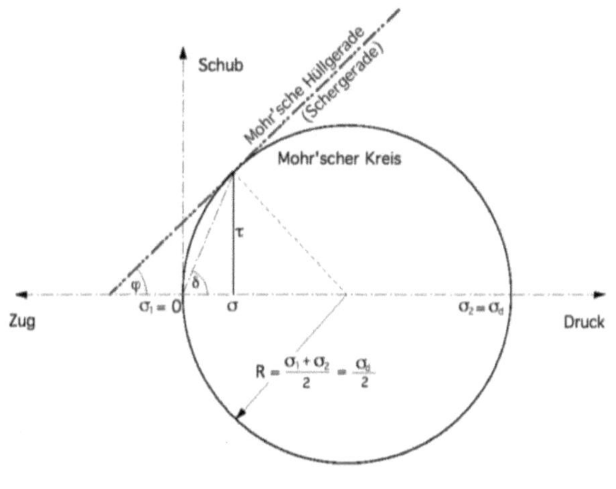

Abbildung 5.2: Mohr'scher Spannungskreis

Es wird nachgewiesen, dass der Bruchwinkel δ mit dem Scherwinkel φ in direktem Zusammenhang steht:

$$\delta = 45 + \frac{\varphi}{2} \tag{5.5}$$

Wie in der Abbildung des Mohr'schen Spannungskreises erkennbar, schneidet die Mohr'sche Hüllgerade (Schergerade) die Achse im Zugbereich unter dem Winkel φ. Der Durchstoßpunkt ist der Zustand im Beton, bei dem die maximale Zugspannung σ_z aufgenommen werden kann. Diese maximal aufnehmbare Zugspannung wurde bereits als $f_{ctm,fl}$ ermittelt und für jede Betonfestigkeitsklasse errechnet.

Sieht man sich diese Zusammenhänge nun wieder im $\tau\sigma$-Diagramm an, so erhält man die folgende Abbildung.

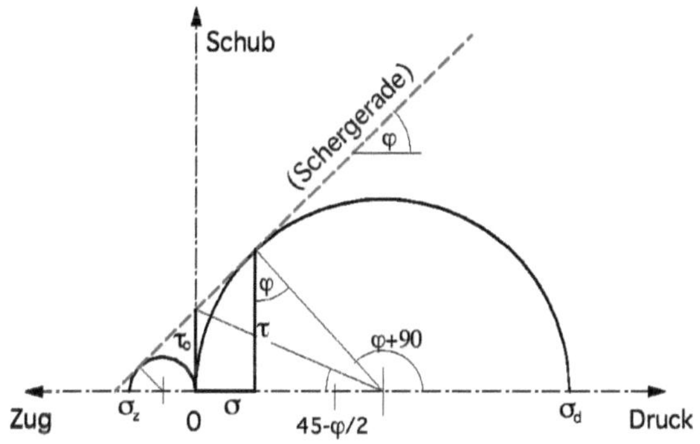

Abbildung 5.3: Mohr'scher Spannungskreis, Zusammenhänge beim Bruch

Die Schergerade ist eine Tangente an zwei Mohr'sche Spannungskreise. Zuerst dem Zugfall, bei dem der Kreis durch die Zugspannung σ_z und die Nullspannung O gegeben ist. Dann dem Druckfall, bei dem der zweite Kreis mit der Nullspannung O und der Druckspannung σ_d begrenzt ist.

Mit den Spannungen σ_d und σ_z lassen sich aus dem Mohr'schen Zusammenhang der Winkel der Schergeraden φ sowie die Scherspannung τ_o (Scherfestigkeit) errechnen. Der Zusammenhang für den Scherwinkel φ kann aus nachfolgender Abbildung entnommen werden.

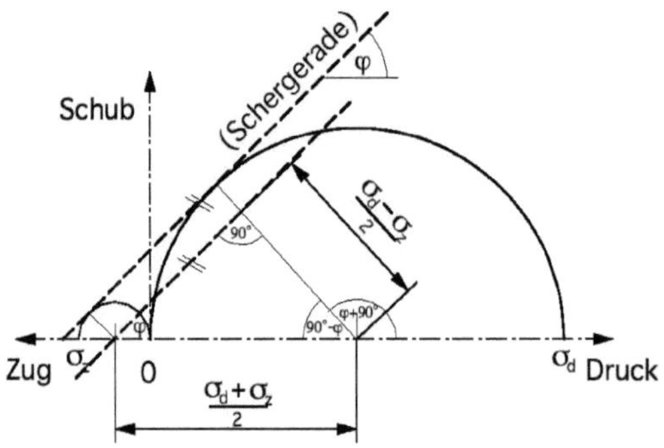

Abbildung 5.4: Grafik für Ermittlung des Scherwinkels φ

Es kann der folgende Zusammenhang erkannt werden:

$$\sin\varphi = \frac{\frac{\sigma_d-\sigma_z}{2}}{\frac{\sigma_d+\sigma_z}{2}} \tag{5.6}$$

Daraus kann man nun die Gleichung vereinfacht schreiben mit:

$$\sin\varphi = \frac{\sigma_d-\sigma_z}{\sigma_d+\sigma_z} \tag{5.7}$$

Zusätzlich interessant ist noch die Scherspannung, bei der keine Normalspannung herrscht. Diese Scherspannung wird als Scherfestigkeit τ_o bzw. auch als Kohäsion bezeichnet. Sie errechnet sich einfach zu:

$$\tau_o = \frac{\sigma_d}{2}\tan(45-\frac{\varphi}{2}) \tag{5.8}$$

Damit sind alle Kenngrößen des Werkstoffes Beton in der Mohr'schen Darstellung bekannt.

Die so errechneten Kennwerte φ und τ_o sind wichtig für die Bestimmung der Frage, welche Spannungen überhaupt von dem Baustoff Beton aufnehmbar sind. Mit den beiden Mohr'schen Kreisen für den Zugfall und den Druckfall und zusätzlich dem Bereich unterhalb der Coulomb'schen Schergeraden lassen sich nun die stabilen Spannungszustände definieren. Es kann mit dieser Definition der Bereich angegeben werden, der die möglichen stabilen Spannungszustände eingrenzt.

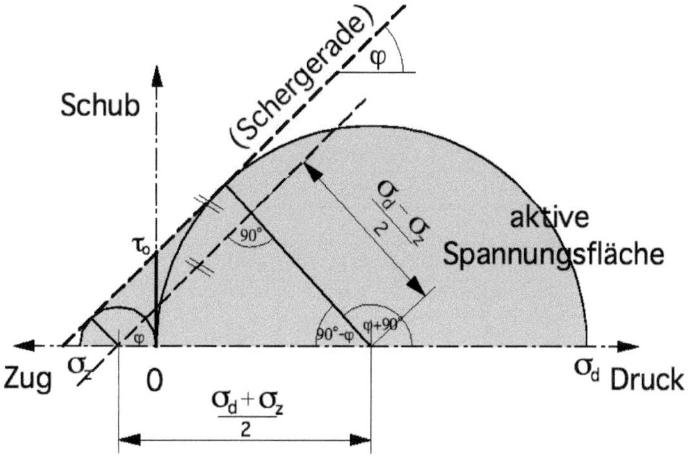

Abbildung 5.5: aktive Spannungsfläche in der Mohr'schen Darstellung

Diese markierte Spannungsfläche ist somit der Bereich, in dem Spannungen möglich sind. Spannungen außerhalb dieses Bereiches können von dem Werkstoff nicht aufgenommen werden – es kommt zum Bruch.

Die Kohäsion lässt sich auch aus der Beziehung von Coulomb errechnen. Hierbei ist als Spannung die auf die Gleitfläche aufgebrachte Normalspannung eingesetzt.

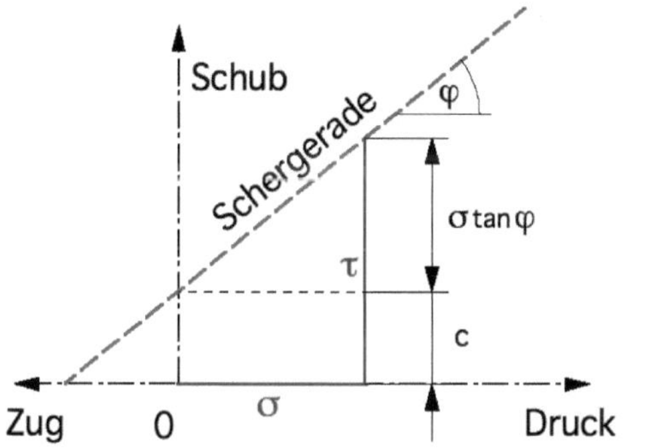

Abbildung 5.6: Bruchkriterium nach Coulomb

Die Beziehung kann mit folgendem Zusammenhang geschrieben werden.

$$\tau = c + \sigma_z \tan \varphi \tag{5.9}$$

Wobei c als Kohäsion bezeichnet wird und in der Mohr'schen Darstellung dem Wert τ_o entspricht.

In nachfolgender Tabelle sind all diese Werte für die einzelnen Betonfestigkeitsklassen ausgerechnet worden.

Betonsorte	$f_{ck} = \sigma_d$	$\sigma_z = f_{ctm,fl}$	φ	τ_o	σ_d/σ_z
C	$[N/mm^2]$	$[N/mm^2]$	$[Grad]$	$[N/mm^2]$	$[-]$
16/20	16	3,8	38,0	3,9	4,2
20/25	20	4,4	39,6	4,7	4,5
25/30	25	5,1	41,3	5,7	4,9
30/37	30	5,8	42,6	6,6	5,2
35/45	35	6,4	43,6	7,5	5,5
40/50	40	7,0	44,5	8,4	5,7
45/55	45	7,6	45,3	9,2	5,9
50/60	50	8,1	46,0	10,1	6,1
55/67	55	8,7	46,7	10,9	6,3
60/75	60	9,2	47,2	11,7	6,5

Tabelle 5.2: Betonkennwerte nach der Mohr'schen Ableitung

5.2 Stahlfasern

Hier ist noch keine normmäßige Einteilung vorgenommen worden. Man ist daher auf die Angaben der Hersteller angewiesen. Es sollte jedoch noch eine Möglichkeit der Überprüfung der Angaben der Stahlfaserhersteller geben. Da noch keine normmäßigen Prüfmethoden für die Stahlfasern bekannt sind, sollten diese baldmöglichst eingeführt werden.

Üblicherweise werden von den Faserherstellern folgende Werte angegeben:

- l...... Länge der einzelnen Stahlfaser [mm]
- d..... Durchmesser der einzelnen Stahlfaser [mm]
- f_{yk}... Stahl-Zugfestigkeit [N/mm^2]

Dies ist zwar immerhin schon etwas, eine weitere Berechnung kann man aber damit nicht anfangen, denn es werden weder Detailwerte der Formgebung noch Auskünfte über die Rauhigkeit der Oberfläche gegeben.

Da keine weiteren einheitlichen Daten von den Herstellern zu erhalten sind, wird im Kapitel Verbundwirkung der Stahlfasern ein Vorschlag gemacht, wie mit vernünftigem Aufwand die für eine Berechnung notwendigen Kennwerte ermittelt werden können. Es bedarf dazu nur standartisierter Versuche, die man gegebenenfalls ja auch einheitlich vorgeben könnte, um so eine allseits notwendige Vergleichbarkeit zu erreichen.

5.3 Abbindevorgang

Beton – ein Gemisch aus Gestein, Zement und Wasser unter Zugabe von weiteren Mitteln – fängt erst nach der Wasserzugabe an zu reagieren. Nach der Verarbeitungszeit erhärtet der Beton und kann langsam Druck- und Zugspannungen aufnehmen. In dieser Zeit treten Veränderungen im Beton auf, die sehr entscheidend für die Tragfähigkeit sind.

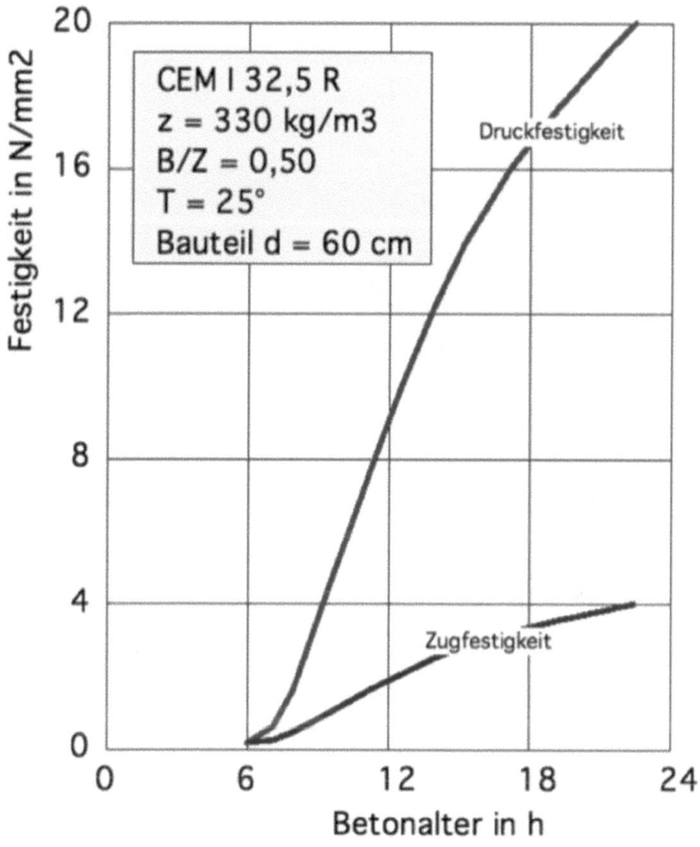

Abbildung 5.7: Beton Festigkeitsentwicklung

Sieht man sich insbesondere die erste Phase des Abbindevorganges an, so kann man sich mit den nachfolgenden Bildern eine Vorstellung von den mikroskopischen Vorgängen machen.

Der im Beton vorhandene Zement reagiert mit dem Wasser und bildet neue Kristalle, die mit der Zeit gegenseitig zusammenwachsen und so einen Verbund entstehen lassen. Dazu werden chemisch der Zement (das Zementkorn) und das Wasser als Ausgangsmaterial verwendet, und es entsteht ein neues Mineral, in dem beide Komponenten eingebunden sind. Durch diesen Prozess wird das Stoffvolumen geringfügig verringert (Kristalle haben eine höhere Dichte als Ze-

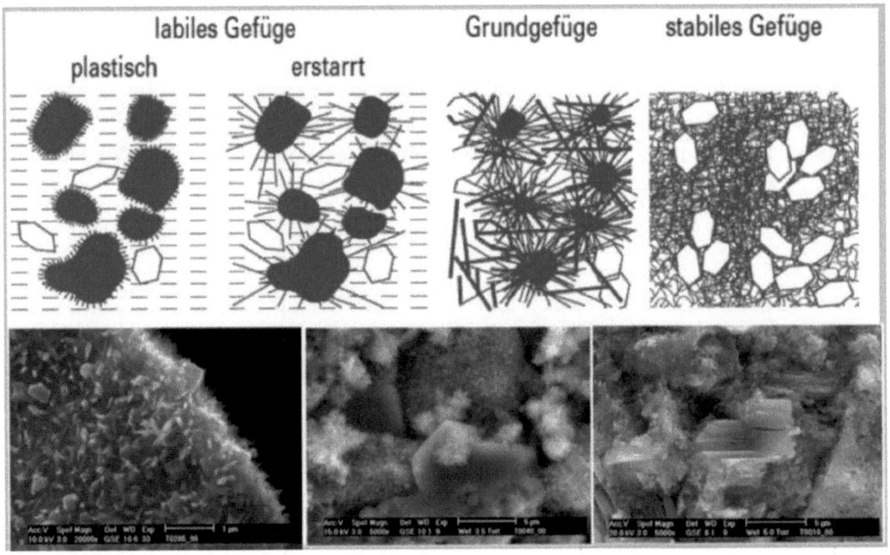

Abbildung 5.8: Entwicklung des Zementgefüges beim Abbindevorgang (Darstellungen entnommen aus VDZ Lehrbehelf: 4.Hydratation des Zementes und Gefüge des Zementsteins)

ment und Wasser zusammen). Gleichzeitig verdunstet Wasser von der Oberfläche her und lässt zusätzlich Poren entstehen. Dies führt während des Abbindevorgangs zu einer Volumsverringerung, die man Schwinden nennt. Bei dem Zusammenziehen der einzelnen Feststoffteile entstehen Zugspannungen, die als Schwindspannungen bezeichnet werden.

In der Abbindephase nehmen die verschiedenen Spannungen zu, wobei es zu einer Überschreitung der momentanen Zugfestigkeit kommt, in deren Folge dann Risse auftreten, die Schwindrisse genannt werden.

Abbildung 5.9: Beton in der Abbindephase

Beton zeichnet sich allgemein dadurch aus, dass er sehr hohe Druckspannungen aufnehmen kann, dabei jedoch nur geringe Zugspannungen zulässt. Generell sind die maximalen Zugspannungen nur ca. 1/5 der maximalen Druckspannungen. Dies variiert jedoch bei den unterschiedlichen Betonsorten. Die Entwicklung der Spannungen in der Abbindefase zeigt, dass sich die aufnehmbare Zugspannung nur sehr langsam entwickelt, wohingegen die Schwindspannung am Beginn der Abbindephase sich wesentlich schneller entwickelt. Dies führt im erhärtenden Beton zu den allseits gefürchteten Schwindrissen.

Wie aus der Graphik erkennbar, ist der kritische Zeitbereich, indem die Schwindspannung größer als die aufnehmbare Zugspannung ist, zeitlich begrenzt. Danach entstehen keine Schwindrisse mehr. Es gibt nun mehrere Methoden, diesem Schwindvorgang entgegenzuwirken:

- Betonnachbehandlung durch konstantes Befeuchten der Oberfläche
- Chemisch die Zugfestigkeit beim Abbindevorgang zu erhöhen – Ansteifen
- Zugabe von Fasern, die am Beginn der Kristallisationsphase bereits Zugspannungen übernehmen können

Betrachtet man nun den Abbindevorgang mit Fasern, so ergibt sich folgender Zusammenhang: In der Abbindephase nehmen die verschiedenen Spannungen zu, wobei es zu keiner Überschreitung der momentanen Zugfestigkeit kommt. Der Baustoff Faserbeton bildet wesentlich kleinere Makrorisse aus als der Normalbeton.

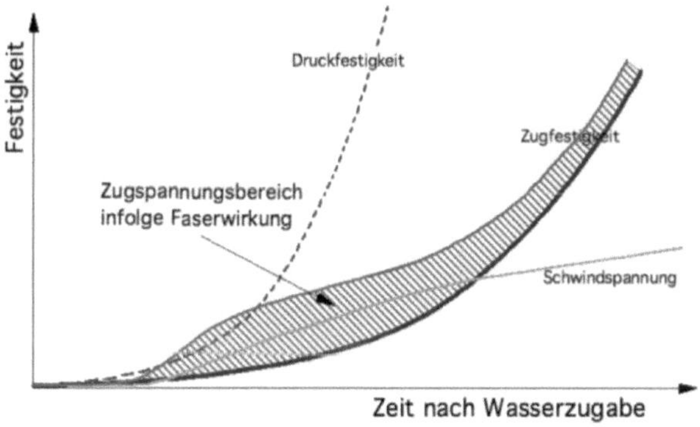

Abbildung 5.10: Faserbeton in der Abbindephase

Die Fasern im Frischbeton haben durch ihre relativ große Oberfläche einerseits ein großes Wasserbindevermögen und andererseits haben sie direkten Kontakt zu vielen Zementkörnern. Bei der Entstehung von neuen Mineralen an der Oberfläche der Zementkörner sind die Fasern sofort in Kontakt, und es können Kräfte übertragen werden. Damit erhöht sich gerade am Beginn der Abbindephase die aufnehmbare Zugspannung.

Diese durch die Fasern bedingte erhöhte aufnehmbare Zugspannung ist höher als die beim Abbindevorgang entstehende Schwindspannung. Damit ist beim Schwinden des Betons der Betonkörper in der Lage, die Schwindspannungen aufzunehmen, und es entstehen nur sehr kleine Schwindrisse. Die genaue Wirkung der Fasern ist nun von der Faserart, der Dosierung und der

Zugfestigkeit der Fasern abhängig. Es scheint logisch, dass viele kleine Fasern im Abbindevorgang durchaus einen Vorteil bieten sollten. Eine Detailuntersuchung wäre hier noch angebracht.

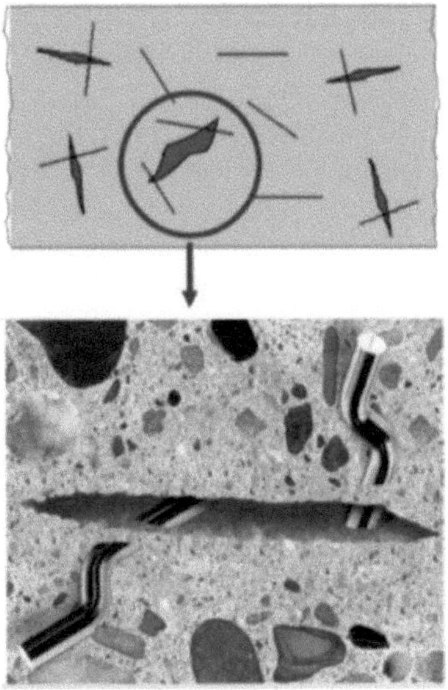

Abbildung 5.11: Schwindrisse beim Faserbeton (Bild von ArcelorMittal)

Das Schwinden des Frischbetons kann nicht verhindert werden, es sind aber infolge der Fasern die Risse sehr viel kleiner und damit auch für die Gesamteigenschaft weniger negativ in ihrer Auswirkung.

Fasern im Beton können verhindern, dass Mikrorisse sich zu einem großen Makroriss bilden und somit den Betonkörper zerteilen.

5.4 Verbundwirkung der Stahlfaser

Nun kommen wir zu den interessanten Punkten. Wie soll die Verbundwirkung zwischen Beton und den Stahlfasern eingestuft werden? Geht man den Weg, der im Stahlbetonbau vorgezeichnet ist und sich mit der Wirkung eines jeden Stahlteiles beschäftigt, oder sollte man eher versuchen, durch eine vollkommen neue Betrachtungsweise zum Ziel zu kommen? Es gibt hier also zwei Möglichkeiten bei der weiteren Bearbeitung:

- tatsächliche Verbundberechnung wie bei Pfyl [13]

- statistische Bewertung der Verbundwirkung auf Grundlage der räumlichen Verteilung der Stahlfasern in der Matrix des Betons

Es haben etliche Autoren schon versucht, wie Pfyl die Wirkungsweise der Einzelfaser zu ermitteln und von dieser dann auf die räumliche Verteilung der Fasern umzurechnen. Dies mag für eine gerade Faser gelungen sein, doch die Mehrheit der Stahlfasern sind nicht gerade und haben auch keine konstante Form des Querschnittes.

Es wird daher im Weiteren ein Weg beschritten, der sich mit der statischen Verteilung der Stahlfasern und deren Interpretation beschäftigt.

5.4.1 Ausgangssituation

Vom Faserhersteller werden folgende Angaben gegeben:

- Faserlänge (äquivalente) [mm]
- Faserdurchmesser (äquivalenter) [mm]
- Zugfestigkeit der Stahlfaser [N/mm2]

Zusätzlich ist die Dichte des Stahls bekannt mit 7,88 g/cm3.
Mit diesen Werten lässt sich nun das Gewicht einer einzelnen Faser errechnen:

Faservolumen $V_F = ld^2\pi/4$ Fasergewicht $G_F = 7,88V_F$
Faserquerschnitt $A_F = d^2\pi/4$ Faserzugkraft $F_z = A_F.f_{yk}$

Dieses wird später bei der Faserverteilung eingesetzt.

Für die Bemessung des Stahlfaserbetons ist es notwendig, den Einfluss der Stahlfaser bezüglich der auftretenden Faserspannung zu kennen. Dazu ist es notwendig, die Dosierung der Stahlfasern im Beton zu wissen. Zusätzlich ist die räumliche Ausrichtung der Stahlfasern entscheidend, da über diese die meisten Zugkräfte weitergeleitet werden.

Grundsätzlich wird davon ausgegangen, dass die Fasern im Beton räumlich gleichmäßig verteilt sind.

Um reproduzierbare Ergebnisse zu erhalten, ist es notwendig, sämtliche Versuche mit je drei Einzelversuchen durchzuführen. Damit kann man die Streuung der Versuchsergebnisse erkennen und gegebenenfalls entscheiden, ob mehr Einzelversuche durchgeführt werden müssen.

Die Durchführung einer Versuchsserie für eine Art von Stahlfasern wird mit folgenden Schritten vollzogen:

- es wird immer dieselbe Betonqualität verwendet (C25/30 Größtkorn 8 mm)
- der Beton wird mit vorbereiteter Trockenmischung mit gleichem Ausbreitmaß hergestellt
- es werden drei Versuchsserien durchgeführt
  - 1. Versuche mit reinem Beton
  - 2. Versuche mit geringer Dosierung (30 kg/m3)
  - 3. Versuche mit hoher Dosierung (70 kg/m3)

- jede einzelne Serie wird am gleichen Tag hergestellt
- nach der Herstellung werden die Proben nach 24 Stunden ausgeschalt und weitere 48 Stunden unter Wasser gelagert, dann werden sie luftgelagert ($T < 25GradCelsius$)
- die Tests werden 28 Tage nach der Herstellung durchgeführt
- die Auswertung der Tests erfolgt unmittelbar danach

5.4.2 Versuchsanordnung

Zur Untersuchung der Materialkennwerte von Stahlfaserbeton sind mehrere Möglichkeiten gegeben. In diesem Buch werden drei versuchstechnische Möglichkeiten aufgezeigt, die sich in der Geometrie der Versuchskörper und der unterschiedlichen Belastungseinrichtung unterscheiden. Zuerst wird die einfachste Versuchsanordnung beschrieben, die geometrisch und auch versuchstechnisch möglich ist. Anschließend die daraus verbesserte Lösung, die von der Fa. ArcelorMittal gewählt wurde. Danach wird die Möglichkeit, wie sie in den diversen deutschen und auch österreichischen Richtlinien für den Faserbeton auch vorgegeben ist, aufgezeigt.

Die einfacheren geometrischen Versuchsanordnungen bieten gegenüber der Standardanordnung den Vorteil, dass sich der während des Versuchs entstehende Riss immer an der möglichst gleichen Stelle einstellt und somit besser dokumentiert werden kann.

5.4.2.1 Einfacher Biegebalken

Die erste Möglichkeit, versuchstechnisch die Materialkennwerte zu ermitteln, ist der einfache Biegebalken. Hier wird beim Balken mit den Abmessungen 150/150/600 mm die Belastung über eine Belastungsstelle vorgenommen. Bei den Abmessungen wird sich an den Vorschlag der Untersuchungen für den Faserbeton der Richtlinien für Faserbeton von Deutschland und Österreich gehalten. Die generelle Größenordnung der Prüfkörper ist einerseits von den Zuschlägen des Betons und andererseits von der Länge der Stahlfasern abhängig. Die hier gewählten Dimensionen sind für Größtkorn von 22 mm und mit einer Faserlänge von 60 mm als ausreichend zu betrachten.

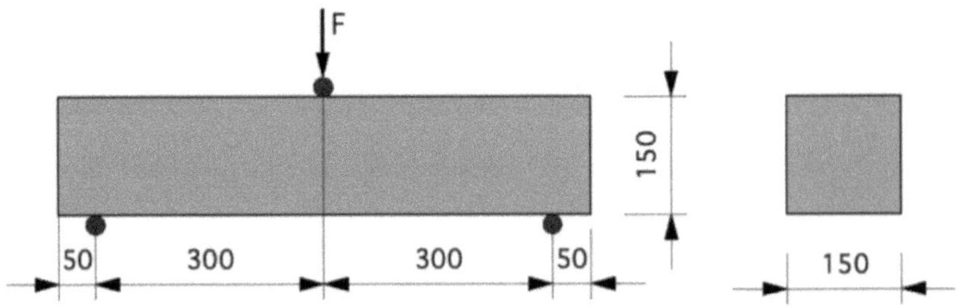

Abbildung 5.12: Einfacher Biegebalken für die Versuchsdurchführung

Bei dieser Konfiguration ist die Belastungseinrichtung einfach und damit weniger fehleranfällig. Der entstehende Riss ist im Bereich der Balkenmitte und somit nicht mehr frei, sondern durch die Belastungsanordnung einigermaßen fixiert.

Mit dieser einfachen Konfiguration ist der Riss nun grob fixiert, und es ergibt sich damit die Möglichkeit, den Riss in seiner Entstehung während des Versuches genau zu verfolgen und auch zu dokumentieren. Es werden die künftigen dokumentierten Versuche über die Rissentstehung und dessen Ausbreitung im Detail Auskunft geben können, wie auch die Situation des Versagens des Biegebalkens genauer nachzuvollziehen ist.

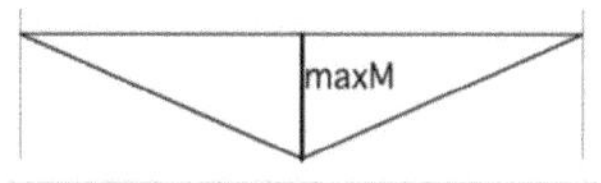

Abbildung 5.13: Momentenlinie infolge einfacher Belastung

Die Momentenlinie zeigt das maximale Moment in Balkenmitte. Dieses errechnet sich zu:

$$maxM = 300F/2 \text{ [Nmm]}$$

Der entstehende Riss sollte eigentlich bei kleineren Lasten wie beim Standartbalken entstehen, da das Moment durch den größeren Randabstand beeinflusst wird.

5.4.2.2 Einfacher Biegebalken mit Kerbe

Auf Vorschlag der Fa. ArcelorMittal wurde der einfache Biegebalken etwas variiert, indem man eine Kerbe in den Balken schneidet, damit der Riss exakt an dieser Kerbe beginnen muss. Die geometrische Größe wurde auch etwas verändert, der Balken wurde 300 mm breit ausgeführt. Grund für diese Veränderung war, dass bei der Herstellung der Probekörper die Stahlfasern sich meist am Boden ausgerichtet hatten und dadurch nicht mehr die räumliche Verteilung der Stahlfasern gegeben erschien. Es war der Wunsch, diese Randeinflüsse unbedingt bei der Ermittlung von Materialkennwerten ausschließen zu können. Die Tiefe der Kerbe mit 30 mm wurde so gewählt, dass die räumliche Verteilung der Fasern unbedingt gegeben war. Auch die Breite der Prüfkörper wurde auf 300 mm vergrößert, um damit auch seitliche Einflüsse der Randabschalung zu unterbinden.

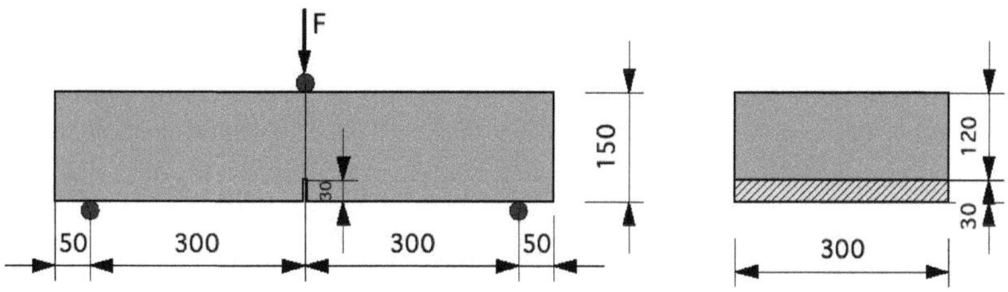

Abbildung 5.14: Einfacher Biegebalken mit Kerbe für die Versuchsdurchführung

Somit sind die Randeinflüsse bei der Stahlfaseranordnung noch geringer, und der Balken zeigt schon einen Übergang zur Platte. Mit dieser verbesserten Konfiguration wird der Riss nun exakt fixiert, und es ergibt sich damit die Möglichkeit, den Riss in seiner Entstehung während des Versuches sehr genau zu verfolgen, zu messen und auch zu dokumentieren. Es werden die künftigen dokumentierten Versuche über die Rissentstehung und dessen Ausbreitung im Detail Auskunft geben können, wie auch die Situation des Versagens des Biegebalkens genauer nachzuvollziehen ist.

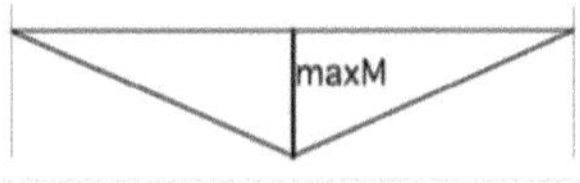

Abbildung 5.15: Momentenlinie infolge einfacher Belastung

Die Momentenlinie gleicht der beim einfachen Balken, nur bei der Berechnung der Randspannungen muss die um die Kerbe verminderte Balkenhöhe berücksichtigt werden.

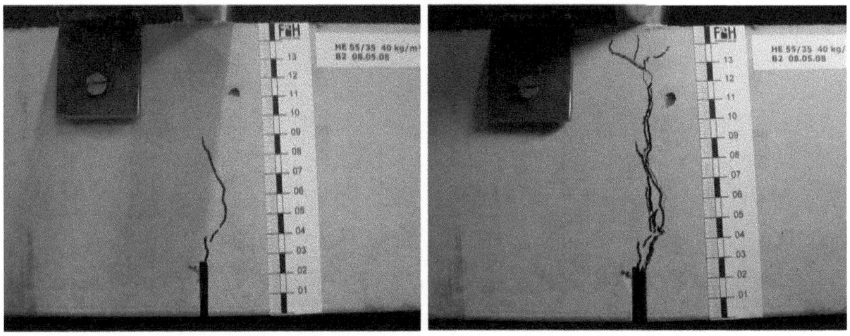

Abbildung 5.16: Biegebalken Rissentwicklung (Bild: FH Aachen)

In den gezeigten beiden Bildern ist die Rissentwicklung bei einem Biegeversuch sehr genau zu erkennen. Der Riss geht von der Kerbe zum Belastungsbalken und kann nun auch genauer untersucht werden. Es lässt sich die Rissentwicklung im Laufe der Belastung sehr gut nachvollziehen.

Damit ist bewiesen, dass es sich hier bei Stahlfaserbeton nicht um einen Sprödbruch handelt, sondern der Einfluss der Stahlfasern verändert entscheidend das Verhalten des Verbundbaustoffes Stahlfaserbeton. Dies zeigt einen entscheidenden Unterschied zu Beton und auch Stahlbeton im Materialverhalten, der sich besonders in der praktischen Anwendung als vorteilhaft erweist. Dieser Unterschied kommt beim Versagen des Baustoffes Stahlfaserbeton zum tragen. Es gibt hier nicht den befürchteten Sprödbruch, sondern es entwickelt sich erst ein Riss, der sich dann entsprechend der weiteren Belastung fortsetzt. Die Fortsetzung des Risses hängt dann wesentlich von den Fasereigenschaften und der Dosierung der Fasern im Beton ab.

Mit dieser Versuchsart lässt sich somit auch die Deformation entlang des Risses genauer verfolgen.

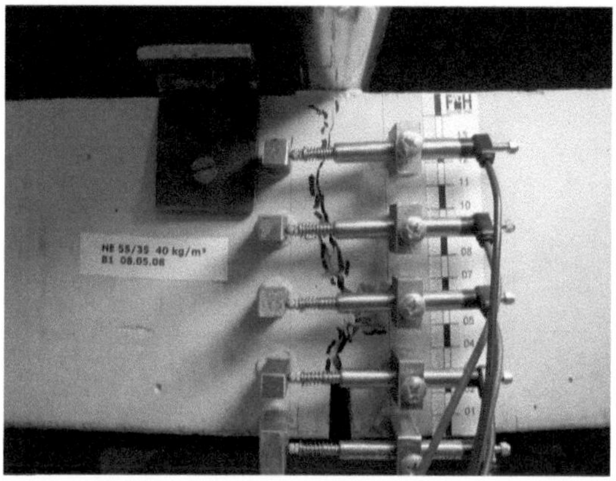

Abbildung 5.17: Biegebalken Rissmessung (Bild: FH Aachen)

Mit der gezeigten Anordnung der Messgeber lassen sich über den gesamten Versuchsverlauf die Deformationen in den einzelnen Trägerhöhen eigens betrachten und auch auswerten. Dies gibt eine zusätzliche Information über den Zustand 1–2 und seinen Rissverlauf. Es kann somit die Rissentwicklung mit der Krafteinwirkung und somit dem Momentenverlauf exakt nachvollzogen werden.

Abbildung 5.18: Biegebalken Rissflächen (Bild: FH Aachen)

Nachfolgend abgebildet sind die beiden aufgeklappten Rissflächen des Stahlfaserbetonbalkens nach dem Biegeversuch.

5.4.2.3 Standardbiegebalken

Zur Durchführung der Untersuchungen wird von einem Standardbiegebalken ausgegangen, wie er von den Richtlinien für den Faserbeton vorgegeben wird, der in nachfolgendem Bild gezeigt ist. Diese Versuchseinrichtung wird von den meisten deutschen und österreichischen Richtlinien empfohlen, ist aber von Seiten der Ermittlung der Materialkennwerte nicht zwingend gegeben.

Bei dem Biegebalken im Bild sieht man die Rissbildung an einer Seite der doppelten Belas-

Abbildung 5.19: Biegebalken für die Versuchsdurchführung (Bild: Fa. KrampeHarex Fibrin GmbH)

tung. Dies ist die maßgebende Stelle, die sich frei einstellt. Es kann sich also bei diesem Versuch der Riss vollkommen frei zwischen den beiden Belastungspunkten einstellen, da die örtliche Beanspruchung zwischen den beiden Belastungspunkten gleich ist.

Die vermaßte zeichnerische Darstellung des Versuches wird in der nächsten Abbildung aufgezeigt.

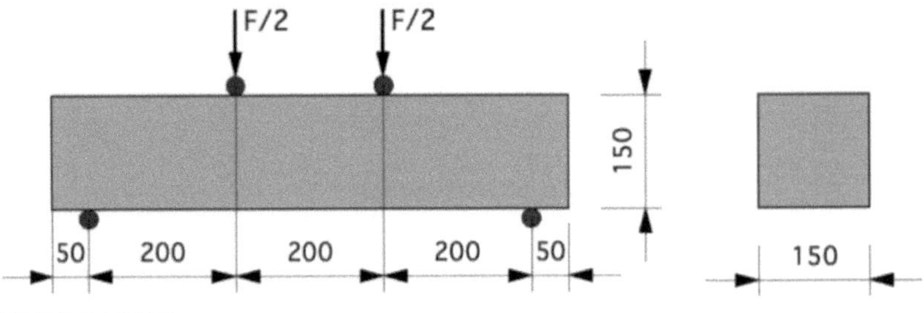

Abbildung 5.20: Biegebalken für die Versuchsdurchführung

Durch die Belastung des Balkens an zwei Stellen wird erreicht, dass das größte im Balken entstehende Moment über ein Drittel der Länge des Balkens wirkt und somit die räumliche Faserverteilung durchaus zum Tragen kommen muss. Es wird sich demnach an der schwächsten Stelle von Seiten der Materialbeschaffenheit der Riss frei zwischen den beiden Belastungen einstellen.

In der nachfolgenden Abbildung wird die Momentenlinie gezeigt, die mit der Belastung entsteht. Das maximale Moment reicht über den mittleren Bereich des Biegebalkens und erreicht den folgenden Wert:

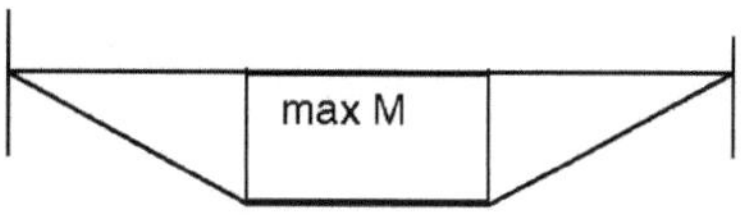

Abbildung 5.21: Momentenlinie infolge Belastung

$maxM = 200F/2$ [Nmm]

Die einzelnen Versuche sollten weggesteuert durchgeführt werden, damit eine genaue Aufzeichnung der Last und der Verformung des Biegebalkens möglich ist. Als Deformationsweg sollte dabei die gemittelte Deformation der Lastpunkte gegenüber den Auflagern gemessen werden. Dies ist üblicherweise der Weg des Belastungskolbens gegenüber den Auflagern.

Gerade in den letzten Laststufen ist es notwendig, die Risstiefe im Faserbeton zu beobachten. So sollte diese auch protokolliert werden. Wünschenswert wäre dabei, zu wissen, bei welcher Last die Risstiefe von 50 bis 90 Prozent der Balkenhöhe erreicht wird, wobei die Daten in Schritten von 10 Prozent angegeben werden sollten. Es wird dafür vorgeschlagen, diese Balkenhöhen mit Bleistiftstrichen vor dem Versuch zu markieren.

5.4.3 Versuchsablauf

Es wäre wünschenswert, wenn eine Versuchsserie an einem Tag und von einer Versuchsmannschaft durchgeführt wird. Dies deshalb, um eine Reproduzierbarkeit zu erreichen.

Bei der Betonwahl sollte immer die gleiche Betonsorte C25/30 mit Größtkorn 8 mm verwendet werden. Dabei werden Fertigmischungen empfohlen, denn dann sind die einzelnen Mischungsverhältnisse der Körnungen immer konstant. Es ergeben sich dann daraus keine oder nur untergeordnete Messdifferenzen. Der Trockenmischung ist Wasser zuzugeben bis ein W/B-Wert von 0,5 erreicht ist. Dabei sollte möglichst ein Ausbreitmaß von 450 mm erreicht werden, um so eine gute Verarbeitbarkeit zu erreichen.

Für die Herstellung der Versuchskörper sind folgende Volumina zu erreichen:

- Ein Versuchskörper = 15,75 dm^3 bzw. 16 Liter entspricht ca. 38 kg
- Eine Versuchsreihe = 3 Versuchskörper = 47,25 dm^3 bzw. 48 Liter entspr. ca. 114 kg
- Eine Versuchsserie = 3 Versuchsreihen = 142 dm^3 bzw. 142 Liter entspricht ca. 342 kg

Die Aufteilung der Stahlfasern sollte bei den einzelnen Versuchsreihen wie folgt sein:

- Erste Versuchsreihe = 48 Liter Beton, keine Stahlfasern
- Zweite Versuchsreihe = 48 Liter Beton bzw. 1,44 kg Stahlfasern bei 30 kg/m3.

- Dritte Versuchsreihe = 48 Liter Beton bzw. 3,36 kg Stahlfasern bei 70 kg/m3.

Der Beton ist mit den beigemengten Stahlfasern in einem Zug in die jeweilige Schalung einzubringen und am Rütteltisch so lange zu rütteln, bis keine Verdichtung mehr stattfindet. Danach ist der frisch betonierte Balken mit feuchtem Tuch abzudecken und vor Sonneneinstrahlung zu schützen. Nach 24 Stunden ist auszuschalen und der Balken in ein Wasserbad zu legen, wo er 48 Stunden verbleibt, bevor er an frischer Luft ohne Sonneneinstrahlung bei Temperaturen von 5 bis 25 °C die restlichen 25 Tage Zeit zum Aushärten hat. Erst dann werden die Belastungsversuche durchgeführt.

Bei der Herstellung der Balken werden jeweils folgende Daten gesammelt:

- geometrische Daten (Länge, Breite, Höhe)
- Betonangaben (Sieblinie, Herkunft des Zuschlages, Zementgehalt, Zementart)
- Betontrockengewicht
- Wasserzugabe
- Stahlfaserzugabe
- Gewicht des Frischbetons mit Schalung
- Gewicht nach 28 Tagen mit Schalung
- Gewicht des Balkens ohne Schalung

Nach der Aushärtungszeit von 28 Tagen werden die einzelnen Versuchskörper im Biegeversuch belastet. Es wird die Verformung in kleinen Schritten erhöht und die jeweilige zugehörige Last gemessen. Dies wird den gesamten Versuch über durchgeführt, bis die jeweilige Probe mindestens 90 Prozent der Höhe eingerissen ist. Im entsprechenden Protokoll werden die Verformung, die Last und die aufgetretene Risstiefe aufgenommen.

Bei der ersten Versuchsreihe (ohne Stahlfaser) wird der Versuch nach dem Bruch beendet, denn der Bruch geht durch den gesamten Querschnitt und die Tragfähigkeit ist schlagartig beendet.

In der zweiten und dritten Versuchsreihe tritt nach dem ersten Bruch eine Veränderung der Last bei zunehmender Verformung ein, wobei die Risstiefe verformungsabhängig zunimmt. Hier wird so lange der Versuch weitergeführt, bis der bzw. die Risse ca. 90 Prozent der Balkenhöhe erreicht haben. Wesentlich bei der Protokollierung ist die Aufnahme der Risstiefe. Es ist jeweils der tiefste Riss zu verfolgen. Selbst wenn mehrere Risse auftreten, ist der tiefste Riss zu protokollieren, denn hier sind die für den Gesamtquerschnitt maßgeblichen Spannungen vorhanden.

5.4.4 Auswertung der Messdaten

Die einzelnen drei Versuchsreihen müssen gleichzeitig mit derselben Betonmischung hergestellt und auch durchgeführt werden, um so eine absolute Vergleichbarkeit zu erreichen. Nur damit kann erreicht werden, dass der Einfluss der Stahlfasern aus den Versuchen reproduzierbar ermittelt werden kann.

Es wird also empfohlen, den Beton für die gesamte Versuchsserie anzumachen und in die vorbereiteten Schalungen einzubauen. Dies verlangt zwar eine große Anzahl von Schalungen, es ist aber dadurch gewährleistet, dass wirklich vom gleichen Beton ausgegangen werden kann. Damit sind die Unterschiede in den verschiedenen Versuchsserien dann wirklich nur mehr auf die Dosierung und den Fasertyp zurückzuführen.

Versuchsreihe 1: Beton ohne Stahlfasern

Die nicht mit Fasern durchsetzte, sondern nur aus reinem Beton bestehende Probe wird gleichmäßig langsam belastet und dabei die Deformation gemessen. Im ersten Bereich sollte ein lineares Spannungs-Dehnungsverhalten erkannt werden. Dieser Bereich endet mit dem abrupten Bruch der Probe.

Aus den Messdaten ist die maximale Kraft F direkt vor dem Bruch erkennbar. Mit dieser Kraft lässt sich das maximal tragbare Moment M_1 errechnen:

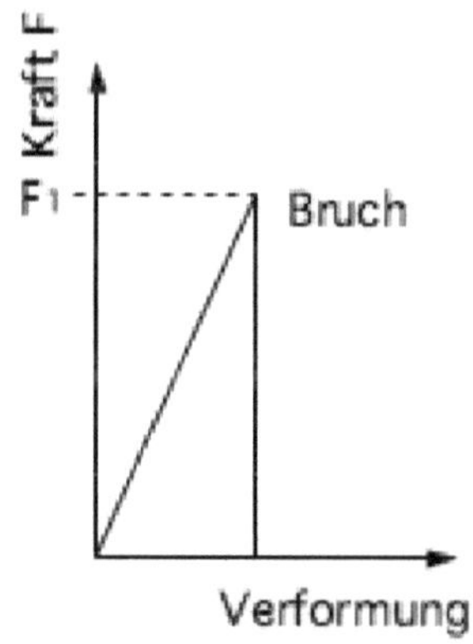

Abbildung 5.22: Verformung infolge Belastung

$$M_1 = 100F_1 \ [Nmm]$$

Damit dann auch:

$$\sigma_d = \sigma_z = 6M_1/(bh^2) \ [N/mm^2]$$

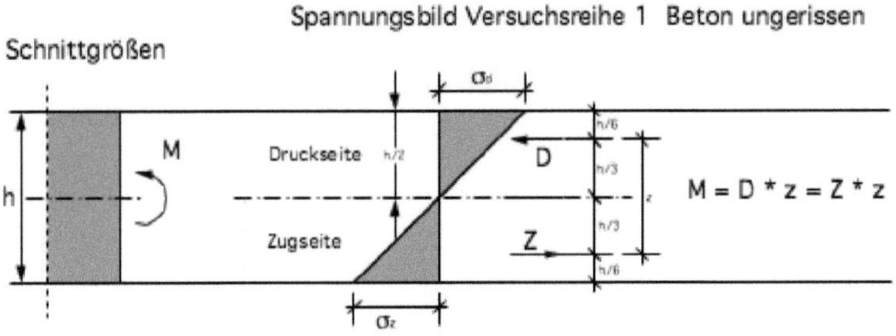

Abbildung 5.23: Spannungsbild Reihe 1

Es wird hiermit die maximal aufnehmbare Zugspannung im Beton erkannt. Diese Zugspannung ist dann der charakteristischen Betonbiegespannung gleichzusetzen.

$$f_{ctk,fl} = \sigma_z [N/mm^2]$$

Diese Betonbiegespannung ist in den weiteren Versuchsauswertungen zu übernehmen.

Versuchsreihe 2: Beton mit 30 kg/m^3 Stahlfasern

Aus den Messdaten ist die maximale Kraft F_2 direkt vor dem Bruch erkennbar. Anschließend wird der Versuch fortgesetzt und der bzw. die Risse werden größer, bis diese 90 Prozent der Höhe des Balkens erreicht haben. Die Kraft hat sich bis dahin verändert (verringert) und den Wert F_3 erreicht.

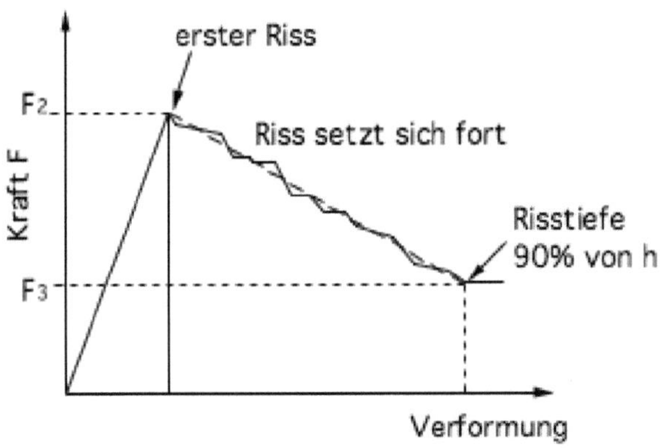

Abbildung 5.24: Verformung infolge Belastung bei Reihe 2

Mit den somit ermittelten Kräften lassen sich die entsprechenden Momente ermitteln, die für die weiteren Auswertungen benötigt werden:

$M_2 = 100F_2$ [Nmm] und auch $M_3 = 100F_3$ [Nmm]

Für die Auswertung des Zustandes 1 beim Entstehen des ersten Risses ist die folgende Spannungsverteilung im Querschnitt zu beachten:

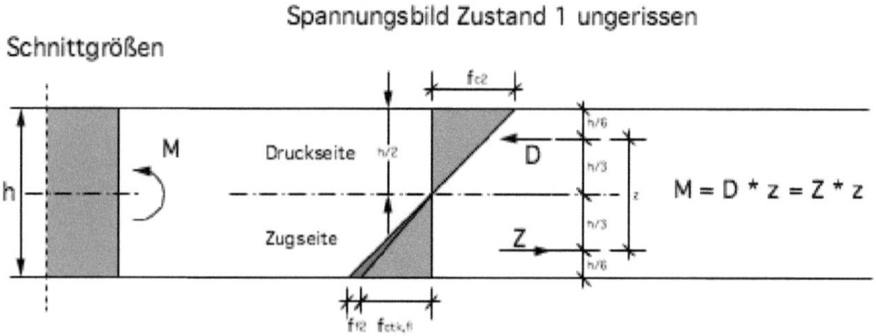

Abbildung 5.25: Spannungsbild Reihe 2 für Zustand 1

Randspannungen: $\sigma_{d2} = \sigma_{z2} = 12M_1/(bxh^2)$ [N/mm^2]

Auf der Druckseite besteht folgender Zusammenhang:

$\sigma_{d2} = f_{c2} \leq f_{cd}$ d. h. die Betondruckspannung ist noch nicht ausgenützt.

Auf der Zugseite kann man Folgendes ermitteln:

$\sigma_{z2} = f_{ctk,fl} + f_{f2}$

Mit der Biegezugspannung $f_{ctk,fl}$ aus der Versuchsreihe 1 ergibt sich dann die Spannung, welche die Fasern übernehmen, zu:

$f_{f2} = \sigma_{z2} - f_{ctk,fl}$

Das ist der Spannungsanteil der Fasern, der bis zur Bruchdehnung des Betons entsteht. Dieser Anteil ist auch bei den weiteren Spannungszuständen zu verwenden.

Beim Erreichen des gerissenen Zustandes mit einer Risstiefe von 90 Prozent der Balkenhöhe ist folgender Zusammenhang angenommen:

Das nachfolgende Spannungsbild mit der Abminderung gemäß SIA auf der Druckseite.

Die Zugseite wird vereinfacht als gleichmäßige Spannung angenommen. Es entstehen somit die nachfolgenden geometrischen Zusammenhänge.

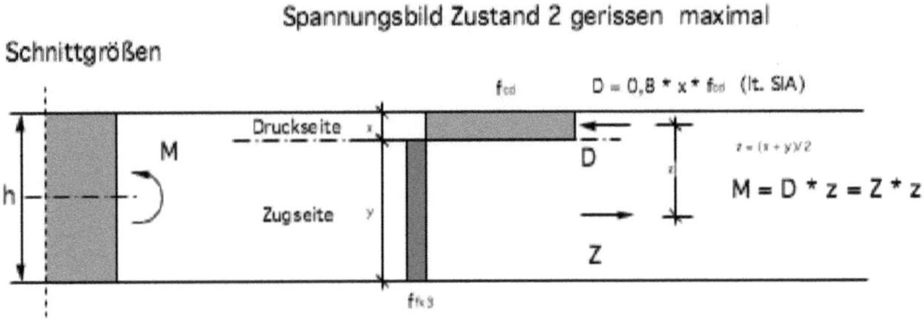

Abbildung 5.26: Spannungsbild Reihe 2 für Zustand 2

x = 0,1 * h und y = 0,9 * h sowie z = (x + y)/2 = h/2

Zug- und Druckkraft für Moment: $D_3 = Z_3 = M_3/z$

$\sigma_{d3} = D_3/x = M_3/(z * y) = M_3/(0,45h^2)$ [N/mm²]

$\sigma_{z3} = Z_3/y = M_3/(z * x) = M_3/(0,05h^2)$ [N/mm²]

$\sigma_{d3} \leq 0,8 f_{cd}$

damit ist die Forderung gemäß SIA erfüllt

$f_{fk3} = \sigma_{z3}$

somit ist die spezifische Faserspannung für eine definierte Dosierung ermittelt.

Versuchsreihe 3: Beton mit 70 kg/m³ Stahlfasern

Aus den Messdaten ist die maximale Kraft F_4 direkt vor dem Bruch erkennbar. Anschließend wird der Versuch fortgesetzt und der bzw. die Risse werden größer, bis diese 90 Prozent der Höhe des Balkens erreicht haben. Die Kraft hat sich bis dahin verändert (vergrößert) und den Wert F_5 erreicht.

Mit den somit ermittelten Kräften lassen sich die entsprechenden Momente ermitteln, die für die weiteren Auswertungen benötigt werden:

$M_4 = 100F_4$ [Nmm] und auch $M_5 = 100F_5$ [Nmm]

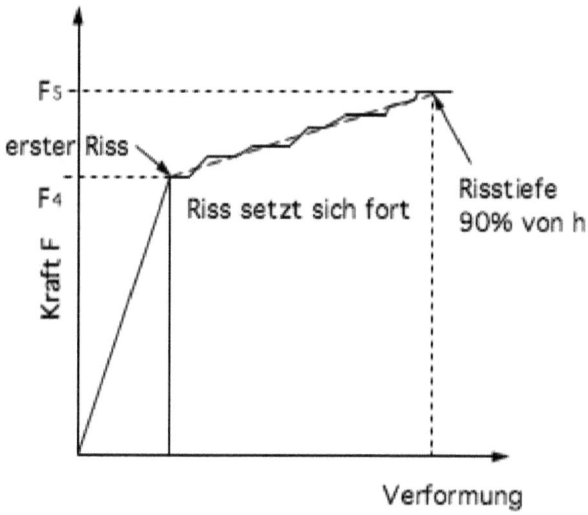

Abbildung 5.27: Verformung infolge Belastung bei Reihe 3

Für die Auswertung des Zustandes 1 beim Entstehen des ersten Risses ist die folgende Spannungsverteilung im Querschnitt zu beachten:

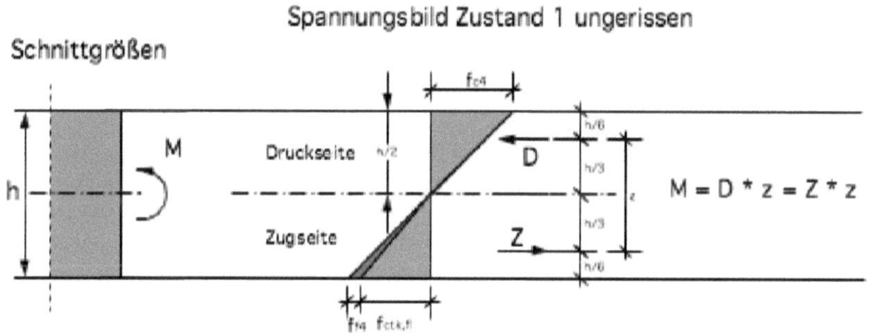

Abbildung 5.28: Spannungsbild Reihe 3 für Zustand 1

Randspannungen: $\sigma_{d4} = \sigma_{z4} = 12M_4/(bh^2)$ [N/mm^2]

Auf der Druckseite besteht folgender Zusammenhang:

$\sigma_{d4} = f_{c4} \leq f_{cd}$

d. h. die Betondruckspannung ist noch nicht ausgenützt.

Auf der Zugseite kann man Folgendes ermitteln:

$$\sigma_{z4} = f_{ctk,fl} + f_{f4}$$

Mit der Biegezugspannung $f_{ctk,fl}$ aus der Versuchsreihe 1 ergibt sich dann die Spannung, welche die Fasern übernehmen, zu:

$$f_{f4} = \sigma_{z4} - f_{ctk,fl}$$

Das ist der Spannungsanteil der Fasern, der bis zur Bruchdehnung des Betons entsteht. Dieser Anteil ist auch bei den weiteren Spannungszuständen zu verwenden.

Beim Erreichen des gerissenen Zustandes mit einer Risstiefe von 90 Prozent der Balkenhöhe ist folgender Zusammenhang angenommen:

Das nachfolgende Spannungsbild mit der Abminderung gemäß SIA auf der Druckseite.

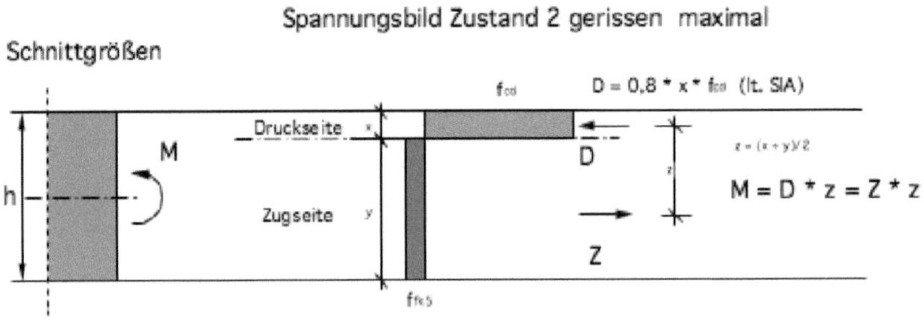

Abbildung 5.29: Spannungsbild Reihe 3 für Zustand 2

Die Zugseite wird vereinfacht als gleichmäßige Spannung angenommen. Es entstehen somit die nachfolgenden geometrischen Zusammenhänge.

x = 0,1 * h und y = 0,9 * h sowie z = (x + y)/2 = h/2

Zug- und Druckkraft für Moment: $D_5 = Z_5 = M_5/z$

$$\sigma_{d5} = D_5/y = M_5/(z*y) = M_5/(0,45h^2) \text{ [N/mm}^2\text{]}$$

$$\sigma_{z5} = Z_3/x = M_5/(z*x) = M_3/(0,05h^2) \text{ [N/mm}^2\text{]}$$

$$\sigma_{d5} \leq 0,8 f_{cd}$$

damit ist die Forderung gemäß SIA erfüllt

$f_{fk5} = \sigma_{z5}$

somit ist die spezifische Faserspannung für eine definierte Dosierung ermittelt.

5.4.5 Ergebnisse der Versuchsreihen

Die nachfolgende Zusammenstellung zeigt die Ergebnisse der einzelnen Versuchsreihen auf.

Werte	Reihe 1	Reihe 2	Reihe 3
Dosierung	0	30	70
M1	x		
M2		x	
M3		x	
M4			x
M5			x
$f_{ctk,fl}$	x		
f_{f2}		x	
f_{fk3}		x	
f_{f4}			x
f_{fk5}			x

Tabelle 5.3: Auflistung der Messergebnisse

Mit diesen Ergebnissen können nun die weiteren Schritte vollzogen werden.
Nun muss man die Fasern betrachten und deren Lastabtragung. Aus dem Einzelfasergewicht F_g und der Dosierung D_f lässt sich die Faserdichte df errechnen.

$d_f = D_f/F_g$ [Fasern/mm^3]

Wären nun alle Fasern in einer Richtung ausgerichtet, ergibt sich die Faserdichte auf die Einheitsfläche mm^2. Mit der Zugkraft einer Einzelfaser F_z kann man die mögliche Faserspannung f_{f0} ermitteln:

$f_{f0} = d_f * F_z$ [N/mm^2]

Da zwei unterschiedliche Dosierungen in der Reihe 2 und 3 untersucht wurden, ergeben sich entsprechend auch zwei unterschiedliche Faserspannungen:

Versuchsreihe 2: $f_{f0,2}$

Versuchsreihe 3: $f_{f0,3}$

Betrachtet man nun die Ergebnisse der Versuchsreihen, so ergeben sich folgende Zusammenhänge:

Verhältniszahlen:	**Versuchsreihe 2**	**Versuchsreihe 3**
Zustand 1:		
Faseranteil/Faserspannung	$m_{1,2} = f_{f2}/f_{f0,2}$	$m_{1,3} = f_{f4}/f_{f0,3}$
Zustand 2:		
Faseranteil/Faserspannung	$m_{2,2} = f_{fk3}/f_{f0,2}$	$m_{1,3} = f_{fk5}/f_{f0,3}$

Tabelle 5.4: Auflistung der Verhältniszahlen

Vorerst wird angenommen, dass die Verhältniswerte für die unterschiedlichen Dosierungen im Zustand 1 ähnlich sind und somit gemittelt werden können. Ebenso betrifft dies die Verhältniswerte von Zustand 2.

$m_{f1} = (m_{f1,2} + m_{f1,3})/2$ und

$m_{f2} = (m_{f2,2} + m_{f2,3})/2$

5.4.6 Ermittlung der Faserkennwerte

Um eine Vorstellung der ermittelten Verhältniszahlen zu erhalten, wird eine geometrische Darstellung gewählt.

Die Fasern sind im Raum gleichmäßig verteilt. Jede Faser im Raum durchstößt eine Kugel an zwei gegenüberliegenden Punkten. Man braucht daher nur eine Halbkugel betrachten, denn bei dieser durchstößt die Faser die Oberfläche nur an einem Punkt. Die Oberfläche der Halbkugel stellt somit die Fläche alle Durchstoßpunkte der im Beton befindlichen Fasern dar.

Werden nun nicht alle Fasern zur Kraftabtragung benutzt, sondern nur ein Teil davon, so kann man auch interpretieren, dass nur ein Teil der Oberfläche aktiv ist. Die ermittelten Verhältniszahlen mf1 und mf2 sind das Oberflächenverhältnis.

Rechnet man sich nun die Oberfläche einer Halbkugel und die Oberfläche einer Kugelkappe aus, so ergeben sich folgende Formeln:

$O_H = 2R^2\pi$ für die Halbkugel

$O_k = 2Rh\pi$ für die Kugelkappe

$h = R - a = R - Rcos(\alpha) = R(1 - cos(\alpha))$

$$O_k = 2R^2\pi(1 - cos(\alpha))$$

$$m_f = O_k/O_H = 1 - cos(\alpha)$$

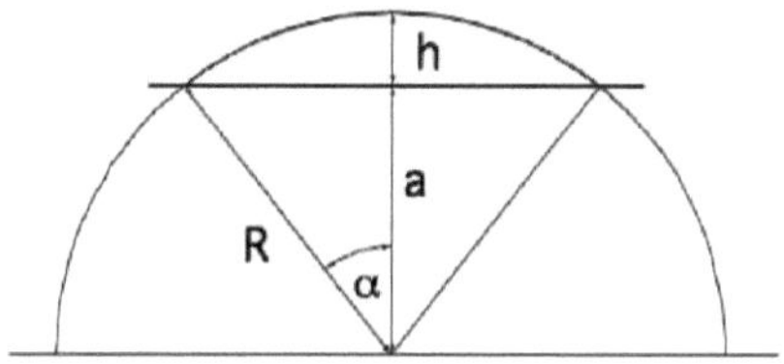

Abbildung 5.30: Winkel und Längen der Halbkugel

Somit kann die Verhältniszahl auch als Raumwinkel α angesehen werden. Der Winkel gibt an, in welcher Richtung, vergleichend zur Zugrichtung, die Fasern die Zugkräfte übernehmen. Man erkennt somit auch optisch, wie groß die Fasertragwirkung im Stahlfaserbeton ist.

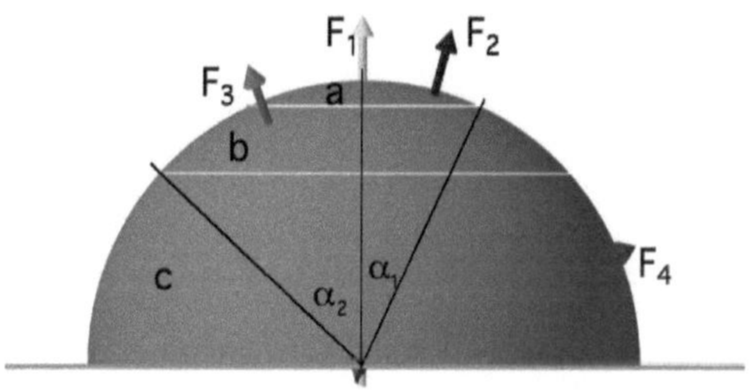

Abbildung 5.31: Ansicht der Halbkugel mit Fasern

Mit Hilfe dieses Materialkennwertes kann nun die Stahlfaserspannung für die jeweilige Dosierung der Stahlfasern im Beton berechnet werden. Damit kann die eigentliche Bemessung des Stahlfaserbetons durchgeführt werden.

Der Winkel α wird nun für den Zustand 1 und Zustand 2 getrennt ermittelt:

$cos\alpha_1 = 1 - m_{f1}$ für den Zustand 1 und

$cos\alpha_2 = 1 - m_{f2}$ für den Zustand 2.

Damit kann jeweils der Winkel α_1 und α_2 ermittelt werden, die als Faserkennwerte übernommen werden. Es handelt sich hier um räumliche Winkel, die vom Mittelpunkt einer Halbkugel ausgehen und somit generell drei Bereiche an der Oberfläche angeben.

In den Darstellungen mit der Halbkugel erkennt man die Bereiche a, b und c, die die unterschiedlichen Flächenverhältnisse und somit für die Faser auch Spannungsverhältnisse darstellen.

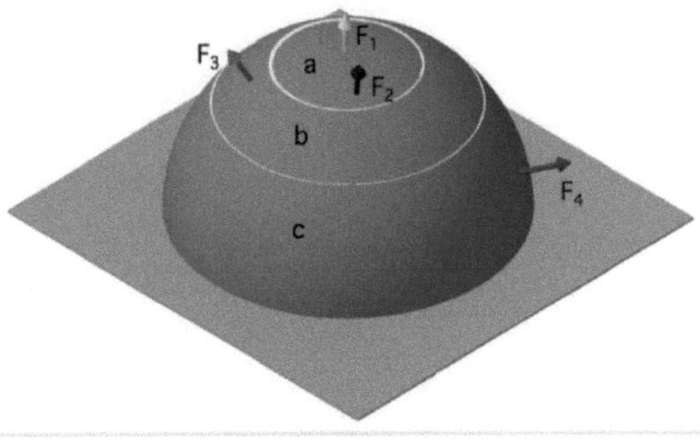

Abbildung 5.32: Perspektive der Halbkugel mit Fasern

a... alle Fasern übernehmen Last im Zustand 1
b... alle Fasern übernehmen Last im Zustand 2
c... die Fasern übernehmen keine Last

Mit Hilfe dieses Materialkennwertes kann nun die Stahlfaserspannung für die jeweilige Dosierung der Stahlfasern im Beton berechnet werden. Damit kann die eigentliche Bemessung des Stahlfaserbetons durchgeführt werden.

Der Winkel α wird nun für den Zustand 1 und Zustand 2 getrennt ermittelt:

$cos\alpha_1 = 1 - m_{f1}$ für den Zustand 1 und $cos\alpha_2 = 1 - m_{f2}$ für den Zustand 2.

Damit kann jeweils der Winkel α_1 und α_2 ermittelt werden, die als Faserkennwerte übernommen werden.
Zusammenfassend kann man nun die Liste der notwendigen Faserkennwerte mit deren Dimensionen angeben (siehe nächste Seite).

Mit diesen Faserkennwerten können nun bei jedem Stahlfaserbeton die entsprechenden Kennwerte errechnet werden, indem die Dosierung jeweils berücksichtigt wird.
Selbstverständlich sind nun für jede Art von Fasern aufgrund der Stahlgüte und der unterschiedlichen geometrischen Formen die Faserkennwerte eigens zu untersuchen. Dies sollte möglichst bei gleichbleibenden Verhältnissen geschehen, um wirklich die Kennwerte der Faser alleine zu erhalten und nicht eine Mischung aus Betoneigenschaften und Fasereigenschaften.

5.4.7 Materialkennwerte Stahlfaserbeton

Auf Grundlage der in den vorbeschriebenen Punkten durchgeführten Versuche kann man die Materialkennwerte von Stahlfaserbeton wie folgt nochmals zusammenfassen:

Kennwert	Dimension	Bezeichnung
l_f	mm	Faser-Länge
d_f	mm	Faser-Durchmesser
A_F	mm^2	Faser-Querschnitt
f_{yk}	kN/cm^2	Stahlfaserspannung an Streckgrenze
α_1	$^\circ$	Fasereinflusswinkel für Zustand 1
α_2	$^\circ$	Fasereinflusswinkel für Zustand 2
D_f	kg/m^3	Dosierung der Stahlfasern

Tabelle 5.5: Notwendige Faserkennwerte für die Bemessung von Stahlfaserbeton

- d..... Durchmesser der einzelnen Stahlfaser [mm]
- l...... Länge der einzelnen Stahlfaser [mm]
- α_1... Raumwinkel der aktiven Stahlfasern für ungerissenen Zustand
- α_2... Raumwinkel der aktiven Stahlfasern für gerissenen Zustand
- f_{yk}... Stahl-Zugfestigkeit [N/mm^2]
- D_f... Dosierung der Fasern im Beton [kg/m^3]

Mit Hilfe dieser Kennwerte kann nun die spezifische Faserzugspannung f_{fk} errechnet werden, die für den gegebenen Berechnungsfall die maximal mögliche Faserzugspannung angibt. Zuerst muss man jedoch die Fasern selbst berechen, und zwar:

Faser-Einzelvolumen:	$V_F = d^2 * \pi/4 * l \quad [mm^3]$
Faser-Querschnitt:	$A_F = d^2 * \pi/4 \quad [mm^2]$
Faser-Zugkraft:	$F_z = A_F * f_{yk} \quad [N]$
Faser-Einzelgewicht:	$G_F = V_F * 0,00788 \quad [g]$
Faser-Dichte:	$d_f = D_f/G_F \quad [Fasern/mm^3]$

Damit kann man nun die eigentliche spezifische Faserzugspannung errechnen:

Zuerst für den ungerissenen Querschnitt Zustand 1:

$$f_{fk,1} = F_z\, d_f\, (1 - cos\alpha_1) \;\; [N/mm^2] \tag{5.10}$$

Dann für den gerissenen Querschnitt Zustand 2:

$$f_{fk,2} = F_z\, d_f\, (1 - cos\alpha_2) \;\; [N/mm^2] \tag{5.11}$$

Mit diesen Faserkennwerten kann nun der ungerissene Zustand 1 weiter betrachtet werden.

Da der Baustoff Stahlfaserbeton zwar ein aus mehreren Einzelteilen zusammengesetzter aber trotzdem zusammenhängender Baustoff ist, kann dieser auch als gleichmäßiges Kontinuum entsprechend den Mohr'schen Bedingungen berechnet werden. Dies gilt zumindest im ungerissenen Zustand. Also betrachten wir vorerst lediglich den Zustand 1.

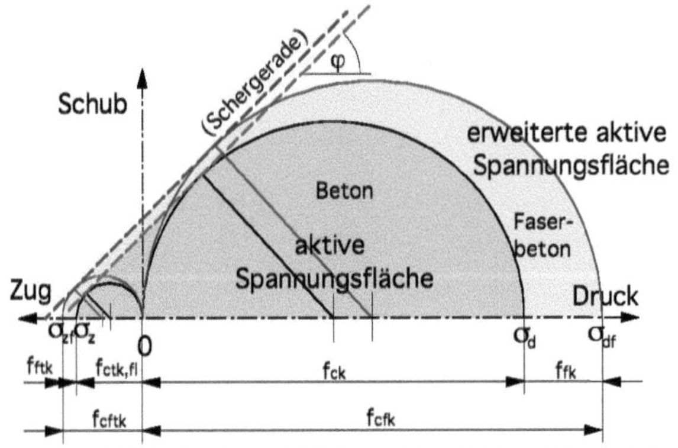

Abbildung 5.33: Mohr'scher Spannungskreis für Stahlfaserbeton

Mit den Betonkennwerten haben wir die maximale Zugspannung $f_{ctk,fl}$ und den maximalen Druck f_{ck} als Druckfestigkeit. Zeichnet man nun den Kreis zwischen der Spannung 0 und der Druckfestigkeit f_{ck}, so kann man von der Zugspannung $f_{ctk,fl}$ eine Tangente an den Kreis legen. Dies ist die Mohr'sche Hüllgerade (Schergerade), die unter dem Winkel φ gegen die Spannungsachse (horizontal) ansteigt. Alle Lastzustände unterhalb dieser Linie sind möglich, die Linie stellt den Grenzfall zum Bruch hin dar.

Wird nun aufgrund der Stahlfasern im Beton die Zugspannung um das Maß f_{fk1} erhöht, so kann man die Schergerade parallel zu diesem neuen Zugspannungspunkt verschieben. Somit ist der Grenzzustand etwas nach oben in der Mohr'schen Darstellung verschoben worden. Man kann nun den Kreis mit dem Anfangspunkt Spannung 0 und tangierend an die Schergerade konstruieren und erhält einen Endpunkt auf der Spannungsachse, der eine Erweiterung der Betondruckspannung f_{ck} um das Maß f_{fk} erhält. Die Mohr'sche Konstruktion zeigt eine klare Verbesserung von Baustoff Beton zu Stahlfaserbeton. Bei diesem neuen Baustoff sind im ungerissenen Zustand die folgenden Kennwerte maßgeblich:

- f_{cftk} ... charakteristische Zugfestigkeit des Stahlfaserbetons
- f_{cfk} .... charakteristische Druckfestigkeit des Stahlfaserbetons

Dies gilt nun für den ungerissenen Zustand. Im Zustand gerissen sind zwar die Werte vom ungerissenen Querschnitt weiter gültig, jedoch ist es im Bereich des Risses nur noch die Stahlfaser, die eine Zugkraft übertragen kann. Somit kann im Bereich des Risses nur noch mit der ermittelten Stahlfaserspannung $f_{fk,2}$ als alleiniger zugübertragender Spannung gerechnet werden.

6 Bemessung

Mit Hilfe der statischen Berechnung werden die Kräfte und Momente in einem System (Bauwerk oder Bauteil) ermittelt, das in die Natur umgesetzt werden soll. Es ist also die Anforderung der Belastung aus der Statik bekannt, es muss jetzt nur noch der richtige Werkstoff und dessen Dimension gefunden werden, der diesen Anforderungen entspricht. Diese Umsetzung der Kräfte und Momente in Materialien und deren Abmessungen nennt man Bemessung.

Natürlich ist die Bemessung eines Bauteiles entscheidend für seine Tragfähigkeit und auch Lebensdauer. Ausgehend von reinen Erfahrungswerten früherer Baumeister hat sich irgendwann auch die detaillierte Betrachtung einzelner Baustoffe durchgesetzt und man hat mit Versuchen deren Eigenschaften wie Festigkeit und Verformungsverhalten studiert. Es sind damit dann Grundlagen für die Berechnung des Querschnittes bzw. der Bemessung aufgestellt worden, die später auch in Normen der einzelnen Länder fixiert wurden.

6.1 Bemessungsverfahren

Die Bemessung eines Bauteiles ist nicht nur von den auf dieses Bauteil einwirkenden Kräften abhängig, sondern zusätzlich von den zu verwendenden Werkstoffen. So sind hierbei die Werkstoffeigenschaften, wie sie im letzten Kapitel für Stahlfaserbeton ermittelt wurden, von großer Bedeutung.

Bei der Bemessung eines Querschnittes eines Bauteiles werden folgende unterschiedliche Systeme miteinander in Beziehung gebracht:

- die statischen Kräfte und Momente
- die Werkstoffeigenschaften
- die notwendige Sicherheit

Abgesehen von der Ermittlung der Kräfte und Momente in einem Querschnitt, die ja in der Statik mit mehr oder weniger großem Aufwand ermittelt werden, sind die Materialkennwerte über Untersuchungen in Labors zu ermitteln. Diese ermittelten Werte unterliegen natürlich einer Streuung, und man muss bei der Festlegung der zu verwendenden Materialwerte diese Streuung berücksichtigen. Dies wird in den diversen Vorschriften zur Ermittlung der Kennwerte in den zuständigen Normen vorgeschrieben.

Zusätzlich muss die Sicherheit definiert werden. Diese ist als Faktor zu verstehen, der angibt, um wieviel der betrachtete Wert eigentlich größer sein sollte, um alle Eventualitäten und Zufälle abzudecken. Dieser Faktor ist abhängig von dem vorstellbaren Risiko und der Bereitschaft, dieses Risiko ingenieurmäßig zu bewerten.

Es werden hier die historisch entstandenen Bemessungsverfahren angesprochen, um ein Verständnis für die heutige Art der Bemessung von Stahlfaserbeton zu erhalten.

6.1.1 Gebrauchslastverfahren

Das älteste und am längsten gebräuchliche Verfahren ist der **Vergleich der Spannungen**. Es werden die Lasten zusammengerechnet (Gebrauchslast) und im jeweiligen Bauteil die dadurch entstehenden Spannungen ermittelt. Diese werden dann den zulässigen Spannungen der jeweiligen Baustoffe gegenübergestellt.

$$_{vorh}\sigma \leq_{zul} \sigma$$

Die zulässige Spannung der einzelnen Baustoffe wurde jeweils mit einem Sicherheitsfaktor gegenüber dem Bruchzustand abgesichert.

$$_{zul}\sigma = \frac{\sigma_{Bruch}}{\eta}$$

Die Sicherheit wird als Wert nur dem Baustoff zugeordnet. Somit sind alle Risken mit dem einen Sicherheitsfaktor abgegolten.

Dieser Sicherheitsfaktor η war für jeden Baustoff eigens definiert.

Baustoff	**Sicherheit η**
Beton	2,50
Stahl	1,70
Holz	2,00

Tabelle 6.1: Sicherheiten beim Gebrauchslastverfahren

Somit ist bzw. war eine Bemessung relativ einfach durchzuführen, dies hatte jedoch den Nachteil, dass über die Sicherheit eigentlich keine zufriedenstellende Aussage gemacht werden konnte.

In einigen Bereichen des Bauwesens wird noch immer mit diesem Gebrauchslastverfahren gerechnet, allerdings nur dort, wo nur ein einziger Baustoff zur Anwendung kommt. Bei Verbundbaustoffen wurde von dieser Bemessungsart abgegangen.

6.1.2 Traglastverfahren

Da Beton bei Biegung im Druckbereich ein nichtlineares Verformungsverhalten aufweist, wurde ab 1953 ein neues Bemessungsverfahren eingeführt, das diesen speziellen Spannungsverlauf bei Beton berücksichtigt. Dabei werden den einzelnen Baustoffen Grenzdeformationen zugewiesen, die nicht überschritten werden dürfen. Beim Erreichen dieser Grenzdeformationen im Beton und Stahl wird im Querschnitt die sogenannte **Traglast** erreicht.

Als Grenzdeformationen der einzelnen Baustoffe wurde dabei definiert:

Betonstauchung	$\varepsilon_b = 0,002$ oder 2 Promill
Stahldehnung	$\varepsilon_s = 0,004$ oder 4 Promill

Die Spannungs-Dehnungslinie im Druckbereich des Betons wurde als Parabel definiert, und somit kann man bei einem Querschnitt eine **Traglast** S^* errechnen. Stellt man nun diese Traglast den aus der statischen Berechnung ermittelten Lasten, die **Gebrauchslast S**, gegenüber, so sieht die Bemessungsgleichung wie folgt aus:

$$\nu * S \leq S^*$$

Dabei ist ν die Sicherheit des Traglastverfahrens und wird der Belastung zugeordnet.
Dieser Sicherheitsfaktor ν ist für Stahlbeton eigens definiert.

Baustoff	**Sicherheit ν**
Stahlbeton	1,75

Tabelle 6.2: Sicherheiten beim Traglastverfahren

Diese starre Zuordnung der Sicherheitswerte entweder zum Baustoff oder zur Belastung kann zwar akzeptiert werden, führt aber immer wieder zu Unsicherheiten in der Beurteilung eines Zustandes. Daher wurde in den letzten Jahren immer mehr zum nächsten Verfahren übergegangen, das doch etwas mehr dem ingenieurmäßigen Verständnis der Zuordnung von Sicherheit entspricht.

6.1.3 Bemessung mit Teilsicherheitsfaktoren

Aus der Diskussion der Sicherheit beim Traglastverfahren hat man die Sicherheiten nun den einzelnen Bereichen direkt zugeordnet und kann somit jeweils die Situation besser beurteilen. Sowohl die Lasten als auch die Baustoffe werden mit den entsprechenden Sicherheitswerten belegt. Es ergibt sich somit folgende Bemessungsgleichung:

$$\nu_L * S \leq \frac{S^*}{\nu_R}$$

Die entsprechenden Sicherheitsfaktoren für die auf das statische System wirkenden Kräfte sind dabei folgendermaßen eingeführt worden:

Kräfte	**Sicherheit ν_L**
ständige Lasten	1,35
eine veränderliche Last	1,50
mehrere veränderliche Lasten	1,35

Tabelle 6.3: Sicherheiten der Kräfte beim Traglastverfahren

Es sind also bereits bei der Lastaufstellung der statischen Berechnung die unterschiedlichen Sicherheiten zu berücksichtigen, um die Belastung des Querschnittes als ein Gesamtwert zu errechnen. Da die Sicherheiten bereits in den verschiedenen Lastkombinationen mit zu berücksichtigen ist, wird der Einsatz der Sicherheit der Kräfte bereits in der statischen Berechnung berücksichtigt, so dass bei der eigentlichen Bemessung eines Querschnittes diese bereits behandelt sind.

Jedenfalls ist in der Statik ausdrücklich anzugeben, ob die Sicherheiten bereits berücksichtigt worden sind oder doch nicht.

Es sind somit nur mehr die Sicherheiten für die unterschiedlichen Baustoffe zu berücksichtigen.

Baustoffe	**Sicherheit ν_R**
Beton	1,50
Stahl	1,15
Vorschlag für Stahlfaser	1,35

Tabelle 6.4: Sicherheiten der Baustoffe beim Traglastverfahren

Diese Sicherheiten sind bei Einsatz des entsprechenden Baustoffes einzusetzen. Mangels normmäßiger Festlegung für die Stahlfaser wird hier ein eher konservativer Wert vorgeschlagen, der so lange eingesetzt werden sollte, bis sich ein anderer Wert in der Praxis als angebracht zeigt.

Rechnet man sich die Gesamtsicherheit aus, so ergibt diese den im Traglastverfahren angesetzten Wert.

$$\nu = \nu_L * \nu_R$$

Somit ist die Gesamtsicherheit gegeben, jedoch ist eine wesentlich größere Transparenz bei den einzelnen Zuständen erreicht.

6.2 Zuverlässigkeitskonzepte

Wie kommt man nun zu den Sicherheitsfaktoren? Sie werden sicherlich nicht zufällig angenommen. Es wird auch hier ein nachvollziehbares System erwartet. Dieses System sind die Zuverlässigkeitskonzepte. Hier werden die Werte für die erforderlichen einzelnen Sicherheiten festgelegt. Es gibt unterschiedliche Methoden, diese Werte zu erhalten. Diese werden in den nächsten Punkten etwas genauer beschrieben.

6.2.1 Deterministisches Zuverlässigkeitsprinzip

Die Sicherheitswerte werden aufgrund von Erfahrung festgelegt. Die Höhe wird frei bestimmt und gibt für die jeweilige Situation die dazugehörigen Sicherheiten. Dieses Prinzip beruht also ausschließlich auf Erfahrungswerten, die natürlich durch besondere Ereignisse immer wieder angeglichen werden.

Gerade bei neuen Baustoffen wird diese Sicherheitsfestlegung auf Grundlage vergleichbarer Baustoffe vorgenommen, um zumindest eine Anfangssicherheit zu haben. Später werden auf Grundlage der Erfahrungen und auch Messungen diese Werte verbessert.

Für Stahlfasern im Baustoff Stahlfaserbeton wird hier anfangs eine Sicherheit von ν_R = 1,35 vorgeschlagen. Diese liegt etwas höher als die vergleichbare Stahlsicherheit von 1,15. Nach einer Einführungszeit von 3 bis 5 Jahren sollte dieser deterministische Wert nochmals überprüft, bzw. durch einen probabilistischen Wert ersetzt werden.

Dieses System der deterministischen Sicherheitswerte ist schwer nachvollziehbar und wird daher immer weniger eingesetzt bzw. durch die nachfolgenden Prinzipien ersetzt.

6.2.2 Probabilistisches Zuverlässigkeitsprinzip

Hier werden die Werte der Sicherheit mit Hilfe von Wahrscheinlichkeitsverfahren ermittelt. Dies betrifft insbesondere die Sicherheiten der Baustoffe, da die Güte doch einer mehr oder weniger großen Streuung unterliegt. Es werden die Streuung der Messwerte und deren Häufigkeitsverteilung gemessen und daraus die erforderliche Sicherheit abgeleitet.

Für ein Bauwerk muss der größte zu erwartende Belastungsfall immer kleiner als der geringste Widerstand von Seiten der Baustoffe sein. Überdies sollte noch ein Abstand zwischen diesen beiden Größen erreicht werden können.

Das Problem dabei ist, dass alle Werte von statistischen Berechnungen (Materialwerte) abgeleitet werden und die zu errechnende Zuverlässigkeit mit Hilfe von Wahrscheinlichkeitsüberlegungen (Lasten) festgelegt wird.

6.2.3 Semiprobabilistisches Zuverlässigkeitsprinzip

Bei diesem Prinzip werden die im Wahrscheinlichkeitsverfahren ermittelten Werte durch in Vorschriften festgelegte **charakteristische Werte** ersetzt. Auch die Teilsicherheitsbeiwerte werden als Fixwerte festgesetzt.

Damit erhält der Bemesser eine durchaus übersichtliche Methode der Berechnung, da alle Sicherheitsbeiwerte nachvollziehbaren Ursprungs sind und auch ein vergleichbares Niveau erreichen.

Es werden dabei zwei Konzepte unterschieden, die jeweils nachzuweisen sind:

6.2.3.1 Nachweis der Tragsicherheit

Dieser gilt als erbracht, wenn nachfolgende Gleichung eingehalten ist:

$$S_d \leq R_d$$

dabei bedeutet:

S_d ... den Bemessungswert der Beanspruchung (Lasten) und
R_d ... den Bemessungswert des Widerstandes (Materialien).

Der Bemessungswert der Beanspruchung ist das Produkt aller Lasteinflüsse multipliziert mit den jeweiligen Teilsicherheitswerten γ_s.

$$S_d = \gamma_s * S_k$$

Die Teilsicherheiten für die Beanspruchung können der folgenden Tabelle entnommen werden.

Auch der Bemessungswert des Widerstandes, der von den Baustoffen ausgeht, ist der Grenzwert des Widerstandes der Materialbelastung dividiert durch die entsprechenden Teilsicherheitsbeiwerte.

Lasteinwirkung	ungünstig	günstig
ständig	1,35	
veränderlich nur eine Last	1,50	
veränderlich mehrere Lasten	1,35	
Vorspannung	1,00	1,00

Tabelle 6.5: Teilsicherheiten für Lastbeanspruchung

$$R_d = \frac{R_k}{\gamma_R}$$

Auch hierfür sind die Teilsicherheiten nachfolgend angegeben:

Teilsicherheit	Beton γ_c	Stahl γ_y	Stahlfaser γ_f
Grundkombination	1,50	1,15	1,35
Außergewöhnliche Kombination	1,30	1,00	1,15

Tabelle 6.6: Teilsicherheiten für den Materialwiderstand

In obiger Tabelle sind die Sicherheiten für die Stahlfaser als deterministische Werte angegeben. Nach einer Anwendungszeit von 3 bis 5 Jahren sollten diese Werte durch einen Messwert ersetzt werden, so dass eine gleichwertige Sicherheitsbeurteilung vorliegt.

Mit diesen Teilsicherheiten für die Lasten und auch für die Materialien kann nun die Bemessung der einzelnen Querschnitte vorgenommen werden.

6.2.3.2 Nachweis der Gebrauchstauglichkeit

Beim Nachweis der Gebrauchstauglichkeit wird überprüft, ob die Bauteile (Materialien) tatsächlich die Lasteinwirkungen schadensfrei aufnehmen können. Dies nennt man die Gebrauchstauglichkeit.

Es wird dabei meist die Deformation in Form von Durchbiegung oder auch Rissbreiten nachgerechnet. Hier gibt es in den unterschiedlichen Normen jeweils die maximal zulässigen Werte der Deformationen, die je nach Bauteil und auch Baumaterial unterschiedlich angegeben sind.

7 Bemessungstheorie

Mit den unter Abschnitt 4 ermittelten Kennwerten für den Stahlfaserbeton wird nun die Bemessung vorgenommen.

Für die eigentliche Bemessung eines Bauteiles stehen generell zwei Möglichkeiten offen. Zum ersten wird nach der Dosierung, also nach der Materialzusammensetzung, des Bauteils gesucht, zum zweiten wird bei gegebener Materialzusammensetzung nach dem erforderlichen Querschnitt eines Bauteiles gesucht. Beide Verfahren sind in der konstruktiven Bemessungstechnik bekannt. So wird die Materialzusammensetzung im Stahlbetonbau verwendet und die Querschnittssuche im Holz- und Stahlbau.

7.1 Bemessung für Materialwahl – Dosierung

7.1.1 Biegung

7.1.1.1 Zustand 1

Die Biegebemessung, die für Träger und Platten vorgesehen ist, kann nach dem folgenden Rechengang durchgeführt werden. In Anlehnung an [19] und [9] werden die einzelnen Berechnungsschritte nun mit Unterstützung von graphischen Darstellungen vorgenommen.

Der Stahlfaserbeton ist ein Verbundbaustoff bestehend aus Beton und den Stahlfasern. Im Zustand 1, also ungerissen, ist dieser Baustoff als Kontinuum zu betrachten, das nach den Materialeigenschaften eines Festkörpers reagiert.

Beim Zustand 1 sind alle Spannungsverläufe im Querschnitt linear. Da die Druckspannung f_{c1} meist weit unterhalb der maximal zulässigen Druckfestigkeit f_{cfk} liegt, ist ein linearer Spannungsverlauf jedenfalls gegeben.

Die nun folgende Spannungsbetrachtung erfolgt mit den möglichen Grenzspannungen. Dies bedeutet, man schaut sich den Querschnitt unter den maximal möglichen Spannungen an. Dies ist bei Zustand 1 der Grenzzustand, der kurz vor dem Einreißen des Querschnittes herrscht.

Mit dem Zugspannungsanteil aus dem Stahlfaserbeton kann nun die Zugkraft im Querschnitt ermittelt werden:

$$Z = f_{cftk} * h/2 \tag{7.1}$$

Aus Gleichgewichtsgründen muss nun die Druckkraft gleich groß sein und in entgegengesetzter Richtung wirken. Nun kann man mit dem in der Abbildung gezeigten Zusammenhang das Moment ausrechnen, das bei Zustand 1 maximal auftreten kann, bzw. dieses Moment kann der vorgegebene Querschnitt höchstens im Zustand 1 aufnehmen.

$$M = 2/3 * Z * h \tag{7.2}$$

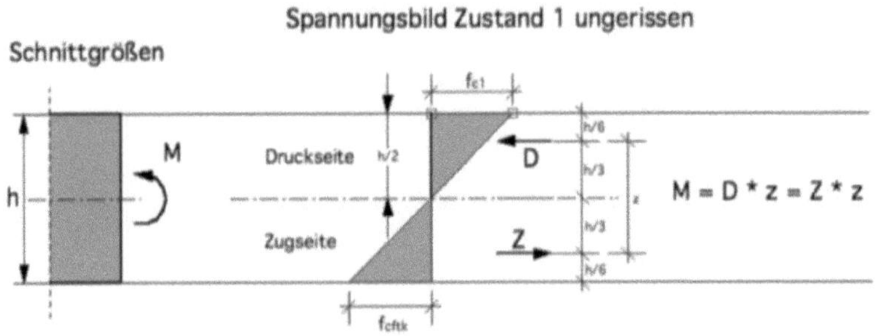

Abbildung 7.1: Zustand 1 Beton ist ungerissen

In den meisten Fällen ist aus der statischen Berechnung das Moment vorgegeben und man wird nun die Stahlfasermenge so lange verändern, bis man einen Überblick über die aufnehmbaren Momente im Zustand 1 erreicht hat. Es wird daher vorgeschlagen, diese Berechnungen mit einer Variation der Dosierung der Stahlfasern von $D_f = 20\ bis\ 100\ [kg/m^3]$ durchzuführen.

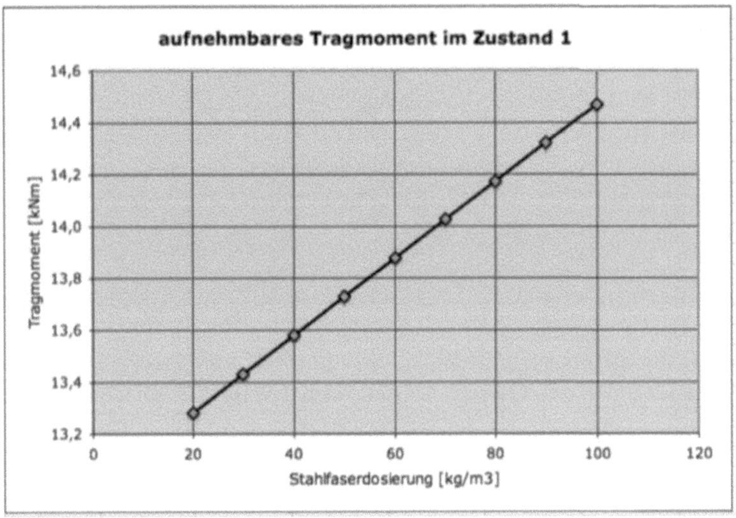

Abbildung 7.2: Tragmomente für Zustand 1 in Abhängigkeit der Dosierung

Einen Eindruck über die aufnehmbaren Tragmomente im Zustand 1 gibt die vorstehende Abbildung. Dabei wurde für eine 15 cm dicke Stahlfaserbetondecke C25/30 mit einer Stahlfaser das Tragmoment im Zustand 1 ermittelt. Die Daten für die verwendete Stahlfaser wurden aus Rückrechnung von Beispielen aus der Praxis gewonnen. Die Berechnung im Detail wird im nächsten Kapitel genauer gezeigt.

7.1.1.2 Zustand 1–2

Wird das ermittelte Tragmoment von Zustand 1 überschritten, reißt der Verbundbaustoff Stahlfaserbeton. Dieser Riss geht jedoch nicht plötzlich vor sich, sondern wegen der überall vorhandenen Stahlfasern reißt der Beton langsam von seiner Zugseite her bis über die Bauteilmitte hin auf.

Im Unterschied zum Stahlbeton, wo in der Berechnung der gerissene Zustand 2 als maximal gerissen angenommen wird, muss man beim Stahlfaserbeton die einzelnen Teilschritte des fortschreitenden Betonrisses eigens betrachten. Dies führt dazu, dass zuerst ein kleiner Riss angenommen wird, der dann immer größer wird, bis der mögliche Endzustand erreicht ist. Da sich dabei das Kräftesystem der inneren Kräfte ändert, ist es sinnvoll, diese einzelnen Teilschritte besonders zu beachten.

Im Zustand 1-2 werden die Spannungen ebenso wie im Zustand 1 als linear verteilt angenommen. Die Betonspannung f_{c2} kann einen Wert bis zu f_{cfk} annehmen. In einer ersten Betrachtung ist der Riss noch klein, so dass der Beton noch eine dreieckige Spannungsverteilung hat und auch noch Zugspannungen aufnehmen kann. Das Spannungsbild ähnelt dem von Zustand 1, nur dass im Bereich des Risses nur noch die Stahlfasern tragen. Hier übernehmen die Fasern die jeweils volle spezifische Faserspannung $f_{fk,2}[N/mm^2]$.

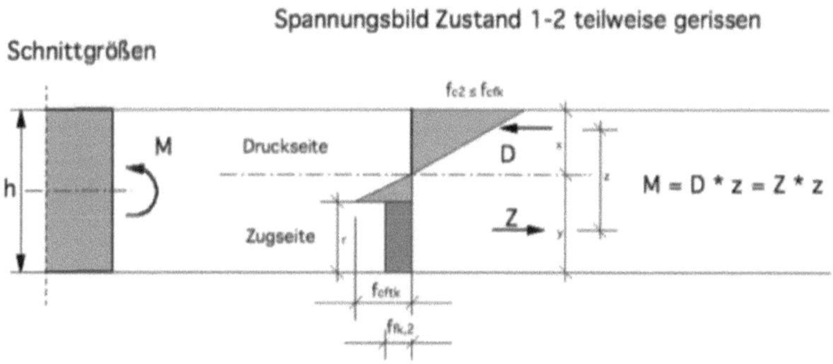

Abbildung 7.3: Zustand 1-2, Beton ist teilweise gerissen

Um hier zu der Zug- bzw. Druckkraft zu kommen, müssen zuerst x,y und f_{c2} errechnet werden. Aus den geometrischen Verhältnissen, wie sie in der Zeichnung angegeben sind, lassen sich folgende Zusammenhänge ableiten:

$$h = x + y \tag{7.3}$$

$$y = r + (y - r) \tag{7.4}$$

$$D = f_{c2}\,\frac{x}{2} = f_{cftk}\,\frac{x^2}{2(h-x-r)} \tag{7.5}$$

$$Z_c = f_{cftk}\,\frac{h-x-r}{2} \tag{7.6}$$

$$Z_f = f_{fk,2}\,r \tag{7.7}$$

$$D = Z_c + Z_f \tag{7.8}$$

Aus diesen Gleichungen lässt sich mittels Umformung nun die Höhe der Druckzone mit folgender Gleichung errechnen:

$$x = \frac{f_{cftk}(h^2 - 2hr + r^2) + 2f_{fk,2}(hr - r^2)}{2f_{cftk}(h-r) + 2f_{fk,2}r} \tag{7.9}$$

In die vorhergehenden Gleichungen eingesetzt, lassen sich D und Z errechnen. Der Hebelsarm des Momentes errechnet sich zu:

$$e = \frac{2x}{3} + \frac{Z_c\frac{2(y-r)}{3} + Z_f(\frac{r}{2} + y - r)}{Z_c + Z_f} \tag{7.10}$$

und damit das aufnehmbare Tragmoment zu:

$$M = D * e \tag{7.11}$$

Man kann nun mit wachsendem Riss die Veränderung des Tragmomentes errechnen.

Wenn der Riss so groß wird, dass die Betonrandspannung f_{c2} größer wird als f_{cfk}, muss diese Berechnung abgebrochen werden und der vollkommene Risszustand im Zustand 2 ermittelt werden.

7.1.1.3 Zustand 2

Die diesbezügliche graphische Darstellung ist in nachfolgender Abbildung aufgezeigt. Dieser Zusammenhang ist der SIA [4] entnommen.

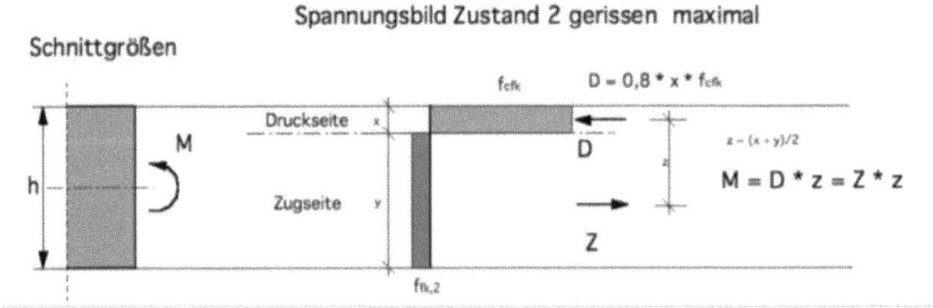

Abbildung 7.4: Zustand 2, Beton ist maximal gerissen

Die Berechnung des Druck- und Zugbereiches errechnet sich zu:

$$D = 0,8 * f_{cfk} * x \tag{7.12}$$

$$Z = f_{fk,2} * y \tag{7.13}$$

und die gerissene Zone zu:

$$y = \frac{h}{1 + \frac{f_{fk,2}}{0,8 f_{cfk}}} \tag{7.14}$$

Und nun das Tragmoment für den maximal eingerissenen Querschnitt zu:

$$M = D * e \tag{7.15}$$

Um die Eigenschaften des Querschittes bei veränderlicher Dosierung zu erkennen, werden nun die Momente für die verschiedenen Dosierungen durchgerechnet. Es ist nicht so, dass der Querschnitt mit Riss weniger trägt als im Zustand 1; dies hängt wesentlich von der Dosierung ab. So kann man mit der Dosierung der Stahlfasern durchaus soweit nachsteuern, bis das erforderliche Tragmoment erreicht wird.

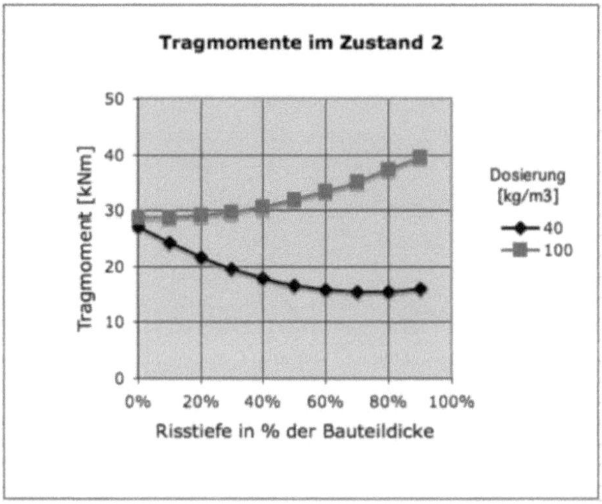

Abbildung 7.5: Tragmomente für Zustand 2 in Abhängigkeit der Dosierung

Einen Eindruck über die aufnehmbaren Tragmomente im Zustand 2 gibt die vorstehende Abbildung. Dabei wurde für eine 20 cm dicke Stahlfaserbetondecke C25/30 mit einer Stahlfaser das Tragmoment im Zustand 2 ermittelt. Die Daten für die verwendete Stahlfaser wurden aus der Rückrechnung von Beispielen aus der Praxis gewonnen. Die Berechnung im Detail wird im nächsten Kapitel genauer gezeigt.

7.1.2 Biegung mit Längskraft

Als Längskraft wird hier nur die Druckkraft betrachtet. Die Bemessung für dieZugkraft wird derzeit noch nicht angeraten, da der Berechnungsweg noch nicht erarbeitet wurde und der Baustoff Stahlfaserbeton für Zugkräfte wenig geeignet erscheint. In diesem Fall wird zu anderen Baustoffen, wie z. B.Stahl, geraten.

Die Biegung mit Längskraft wird den unterschiedlichen Berechnungen entsprechend in drei unterschiedliche Teile getrennt. Entsprechend der Ausmitte der Druckkraft kann man diese, wie bereits auch im Stahlbeton üblich, in:

- kleine Ausmitte: Querschnitt ist ungerissen; linearer Spannungszustand
- mittlere Ausmitte: Querschnitt ist ungerissen, nichtlinearer Spannungszustand
- große Ausmitte: Querschnitt ist gerissen, nichtlinearer Spannungszustand

Die einzelnen Berechnungen werden in den folgenden Unterpunkten genauer angesehen.

7.1.2.1 Kleine Ausmitte

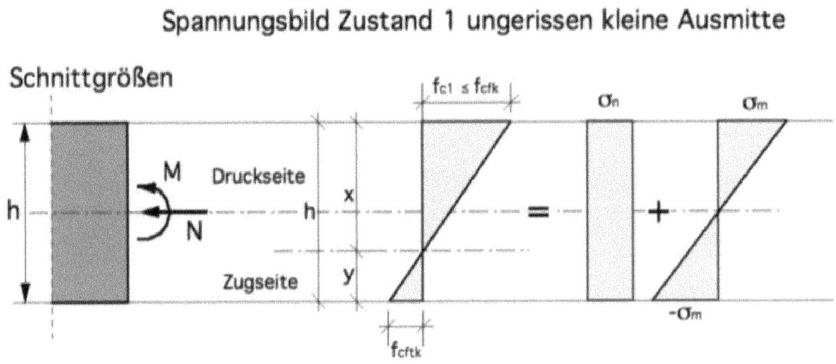

Abbildung 7.6: Spannungszustand bei kleiner Ausmitte

Der im Zustand 1 ungerissene Querschnitt zeigt aufgrund seiner niederen Exzentrizität der Drucklast nur lineare Spannungszustände. Es wird hier der Grenzzustand berechnet, wobei kleinere Momente immer zugelassen werden können.

Entsprechend der in der Abbildung gezeigten Spannungsverteilung können folgende Zusammenhänge erkannt werden:

$$f_{c1} = \sigma_n + \sigma_m \tag{7.16}$$

$$f_{cftk} = -(\sigma_n - \sigma_m) \tag{7.17}$$

Aus der Normalkraft lässt sich die Spannung σ_n errechnen, indem man die Last durch die Querschnittsfläche dividiert. Nun kann man die Spannung σ_m aus eine der beiden Spannungen des Stahlfaserbetons ermitteln:

$$\sigma_{m1} = f_{cfk} - \sigma_n \tag{7.18}$$

$$\sigma_{m2} = f_{cftk} + \sigma_n \tag{7.19}$$

Bei der Gegenüberstellung der errechneten Spannungen σ_{m1} und σ_{m2} ergeben sich 3 Möglichkeiten:

- $\sigma_{m1} > \sigma_{m2}$ zulässig; Normalkraft könnte erhöht werden
- $\sigma_{m1} = \sigma_{m2}$ zulässig; Normalkraft ist ausgenutzt
- $\sigma_{m1} < \sigma_{m2}$ es muss mit mittlerer Ausmitte gerechnet werden

In den ersten beiden Fällen kann mit kleiner Ausmitte weitergerechnet werden. Es wird nun das aufnehmbare Moment aus den Randspannungen errechnet:

$$M = \sigma_{m2} * \frac{b * h^2}{6} \tag{7.20}$$

Aus der Variation der Dosierung der Stahlfasern kann man nun das jeweils zugehörige Moment errechnen. Da die Werte f_{cfk} und f_{cftk} sich mit zunehmender Dosierung langsam steigern, muss jede Dosierung eigens durchgerechnet werden.

Der Vergleich mit dem aus der statischen Berechnung erforderlichen Moment ergibt dann die Dosierung des Stahlfaserbetons.

7.1.2.2 Mittlere Ausmitte

Wenn im Zustand 1 der ungerissene Querschnitt auf der Druckseite eine nichtlineare Spannungsverteilung, ähnlich der Spannungsverteilung beim Beton im Zustand 2, hat, so ist mit mittlerer Ausmitte zu rechnen.

Sieht man sich dabei den Grenzzustand an, so sind die Randspannungen:

$$\sigma_{md} = f_{cfk} - \sigma_n \tag{7.21}$$

$$\sigma_{mz} = f_{cftk} + \sigma_n \tag{7.22}$$

Um auch in diesem Spannungszustand das aufnehmbare Moment zu errechnen, sind mehrere Zwischenschritte notwendig, die sich aus untenstehender Abbildung ableiten lassen.

$$h = a + b + c \tag{7.23}$$

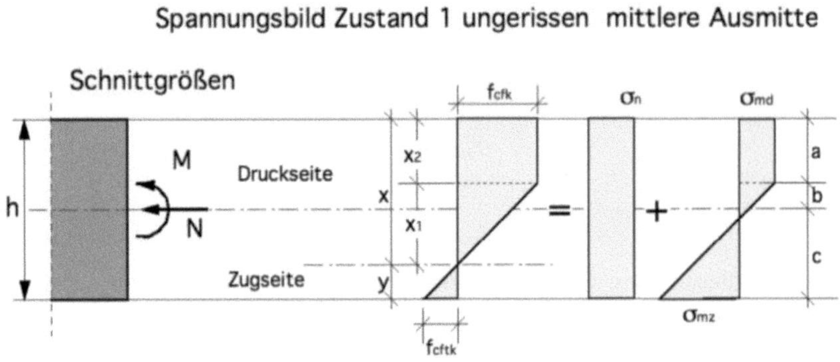

Abbildung 7.7: Spannungszustand bei mittlerer Ausmitte

$$D = \sigma_{md} * (a + \frac{b}{2}) = Z = \sigma_{mz} * c \tag{7.24}$$

$$\frac{\sigma_{md}}{b} = \frac{\sigma_{mz}}{c} \tag{7.25}$$

Aus der letzten Gleichung (7.25) kann man b ermitteln:

$$b = \frac{c * \sigma_{md}}{\sigma_{mz}} \tag{7.26}$$

Wenn man nun b in die erste Gleichung (7.23) einsetzt, so kann man diese nach a auflösen:

$$a = h - c * (1 + \frac{\sigma_{md}}{\sigma_{mz}}) \tag{7.27}$$

Dieses Ergebnis, nun letztendlich in die zweite Gleichung (7.24) eingesetzt, ergibt:

$$c = \frac{h * \sigma_{md}}{\sigma_{md} + \frac{\sigma_{md}^2}{2 * \sigma_{mz}} + \frac{\sigma_{mz}}{2}} \tag{7.28}$$

Mit diesen drei Längen a, b und c lassen sich nun die Druckkraft und auch die gleich große Zugkraft errechnen:

$$D = \sigma_{md} * (a + \frac{b}{2}) \qquad Z = \sigma_{mz} * \frac{c}{2} \tag{7.29}$$

Achtung, hierbei ist auch noch die Trägerbreite zu berücksichtigen. Dies ist in der obigen Formel nicht aufgezeigt, da normalerweise bei Platten die Breite mit 1 m berechnet wird. Bei anderen Trägerbreiten ist diese entsprechend einzusetzen. Der Hebelsarm zwischen Zug- und Druckkraft z wird anteilsmäßig jeweils zur neutralen Linie hin für die Druckkraft z_d und für die Zugkraft z_z extra gerechnet und anschließend zum Gesamthebelsarm addiert. Zuerst der Hebelsarm für die Druckkraft:

$$z_d = \frac{\sigma_{md} * a * (b + \frac{a}{2}) + \sigma_{md} * \frac{b}{2} * \frac{2*b}{3}}{\sigma_{md} * (a + \frac{b}{2})} \tag{7.30}$$

Und jetzt der Hebelsarm für die Zugkraft:

$$z_z = \frac{2}{3} * c \tag{7.31}$$

Somit errechnet sich der Gesamthebelsarm für das Moment zu:

$$z = z_d + z_z \tag{7.32}$$

Mit diesen Größen kann man nun das vom Querschnitt aufnehmbare Tragmoment errechnen:

$$M = D * z = Z * z \tag{7.33}$$

Aus der Variation der Dosierung der Stahlfasern kann man nun das jeweils zugehörige Moment errechnen. Da die Werte f_{cfk} und f_{cftk} sich mit zunehmender Dosierung langsam steigern, muss jede Dosierung eigens durchgerechnet werden.

Der Vergleich mit dem aus der statischen Berechnung erforderlichen Moment ergibt dann die Dosierung des Stahlfaserbetons.

7.1.2.3 Große Ausmitte

Sobald die Spannung f_{cftk} auf der Zugseite überschritten wird, reißt der Stahlfaserbeton ein. Es tritt somit eine neue Art der Spannungsverteilung im Querschnitt auf. Um eine Abgrenzung zu den Systemen im ungerissenen Zustand zu erreichen, wird der gerissene Zustand für Biegung mit Längskraft (Druck) als Lastfall der großen Ausmitte bezeichnet.

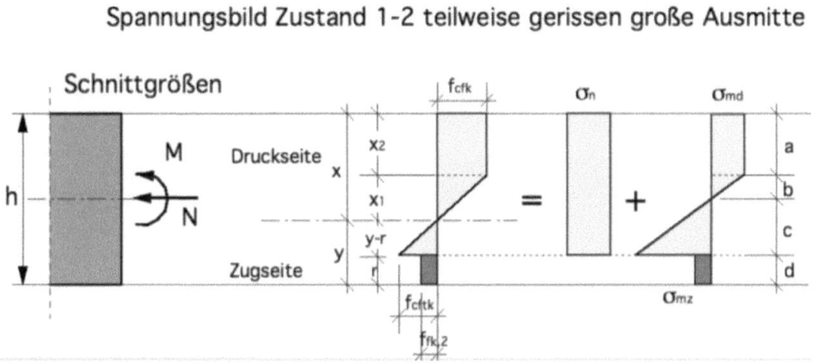

Abbildung 7.8: Spannungszustand bei großer Ausmitte

Von einer Durchrechnung dieses Lastfalles wird vorerst abgesehen, denn es existieren einige Gründe dafür, warum man solche Querschnitte nicht zulassen sollte.

- Druckbauteile wie Säulen sollten keine Risse haben
- Kellerwände sollten wegen der Feuchtigkeitsabdichtung keine Risse haben
- grissene Wände und Säulen erzeugen eine Unsicherheit bei Benutzern

Es bleibt einer zukünftigen Bearbeitung dieses Kapitels vorbehalten, die mathematischen und statischen Detailberechnungen für diesen Lastfall zu vollziehen.

7.1.3 Druckstäbe

Eine Besonderheit der Belastung sind reine Druckstäbe. Die aufnehmbare Belastung hängt nicht nur von dem Grundmaterial ab, sondern es muss noch zusätzlich das Ausknicken des gedrückten Querschnittes untersucht werden.

Das Ausknicken des geraden Druckstabes wird sehr ausführlich bei Fritsch [11] sowie auch Lohmeyer [8] erläutert. Es wird empfohlen, bei genauerer Bearbeitung von Druckstäben sich in diese Statik-Literatur einzulesen. Die Definition des stabilen, indifferenten und labilen Gleichgewichtes ist die Grundlage zur Einführung der unterschiedlichen Belastungsfälle. Es werden hier die vier Euler-Knickfälle eingeführt, die bei allen Druckstäben berücksichtigt werden müssen.

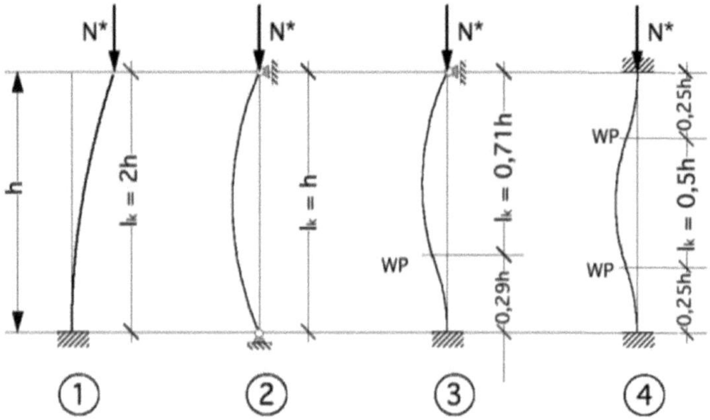

Abbildung 7.9: Knickfälle nach Euler

Die mathematisch-statische Lösung führt über Differenzialgleichungen zu relativ komplexen Lösungen, die zusätzlich noch von den unterschiedlichen Materialien abhängen. Daher sind bei den Berechnungen der Knickfälle die unterschiedlichen Materialeigenschaften zu berücksichtigen. Für Beton muss zusätzlich zum elastischen Spannungsbereich auch noch der plastische Spannungsbereich berücksichtigt werden. Die Lösung dafür hat Engesser[1] erarbeitet und ist bei

[1] F. Engesser 1848-1931; TH-Karlsruhe

Valentin[19] nachzulesen. Das Ergebnis führt zu dem bekannten ω–Verfahren, bei dem die vertikale Knicklast zur vertikalen Traglast ausgehend von den Materialkennwerten ins Verhältnis gesetzt wird.

$$N^* = \frac{N_k}{\omega} \tag{7.34}$$

Der Zusammenhang für ω wird in nachfolgender Formel aufgezeigt.

$$\omega = 1 + 0,1 * [6 + (\frac{\lambda}{100})^2] * (\frac{\lambda}{100})^2 \tag{7.35}$$

Die dabei vorkommende Zahl λ ist die Schlankheit des Druckstabes. Diese hängt von der Knicklänge l_k nach Euler und dem Trägheitsradius i des Querschnittes ab.

$$\lambda = \frac{l_k}{i} \tag{7.36}$$

$$i = \sqrt{\frac{I}{A}} \tag{7.37}$$

Hierbei ist I das Trägheitsmoment des Querschnittes und A die zugehörige Querschnittsfläche.

	ω–Werte				
$\lambda = l_k/i$	0	2	4	6	8
0	1,00	1,00	1,00	1,00	1,00
10	1,01	1,01	1,01	1,02	1,02
20	1,02	1,03	1,03	1,04	1,05
30	1,05	1,06	1,07	1,08	1,09
40	1,10	1,11	1,12	1,13	1,14
50	1,16	1,17	1,18	1,20	1,21
60	1,23	1,25	1,26	1,28	1,30
70	1,32	1,34	1,36	1,38	1,40
80	1,42	1,45	1,47	1,50	1,52
90	1,55	1,58	1,61	1,64	1,67
100	1,70	1,73	1,77	1,80	1,84
110	1,87	1,91	1,95	1,99	2,03
120	2,07	2,11	2,16	2,20	2,25

Tabelle 7.1: Knickwerte ω für Beton

Für einen Druckstab kann nun die Knicklast mit folgender Formel ermittelt werden:

$$N^* = \frac{A * f_{cfk}}{\omega} \tag{7.38}$$

Da der Wert f_{cfk} sich mit zunehmender Dosierung langsam steigert, muss jede Dosierung eigens durchgerechnet werden. Berücksichtigt man dann noch die entsprechenden Teilsicherheiten, kann die Dosierung für das Druckbauteil ermittelt werden.

7.1.4 Schubnachweis

Betrachtet man den Verlauf der inneren Kräfte bei einem Einfeldträger, so wird zuerst die Querkraft ermittelt, die angibt, wie die vertikalen Kräfte in einem Träger verlaufen, und anschließend die Momente. Betrachtet man beide zusammen, wie dies in nachfolgender Abbildung möglich ist, so sieht man, dass die beiden Kurven recht unterschiedlich sind. Dort wo bei der Querkraft ein Maximum ist, zeigt sich bei der Momentenlinie ein Minimum und umgekehrt. Das bedeutet: Beim größten Moment ist die kleinste Querkraft. Geht man vom größten Moment Richtung Auflager, so verringert sich das Moment bei gleichzeitiger Zunahme der Querkraft.

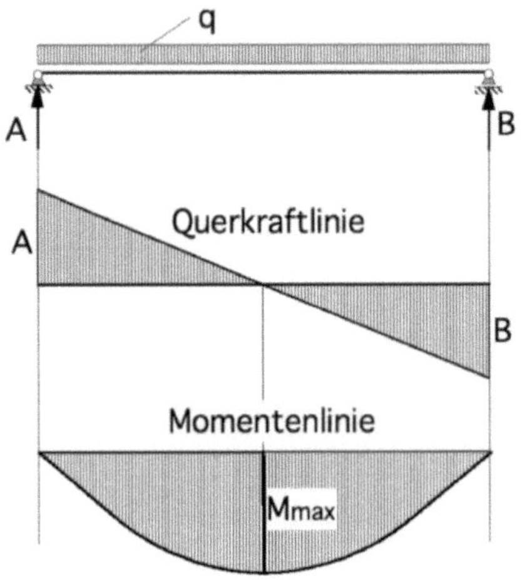

Abbildung 7.10: Einfeldträger Querkraft- und Momentenlinie

Betrachtet man nun die Wirkung des Momentes auf den Querschnitt, so entsteht das bereits bekannte Bild der Spannungsverteilung im Querschnitt. Jedes Moment erzeugt Spannungen im Querschnitt, die sich wiederum zu Kräften zusammenführen lassen und mit dem Hebelsarm das jeweilige Moment ergeben. Bei dem maximalen Moment entstehen somit die Spannungen σ_d und σ_z. Wird das Moment kleiner, man bewegt sich mehr zum Auflager hin, so entstehen kleinere Spannungen σ_o bzw. σ_u. Bei all diesen Spannungen kann jeweils eine zugehörige Schubspannung τ aufgenommen werden. Nach dem Coulomb'schen Stoffgesetz errechnen sich diese zu:

$$\tau = \tau_c + \sigma * tan(\varphi) \tag{7.39}$$

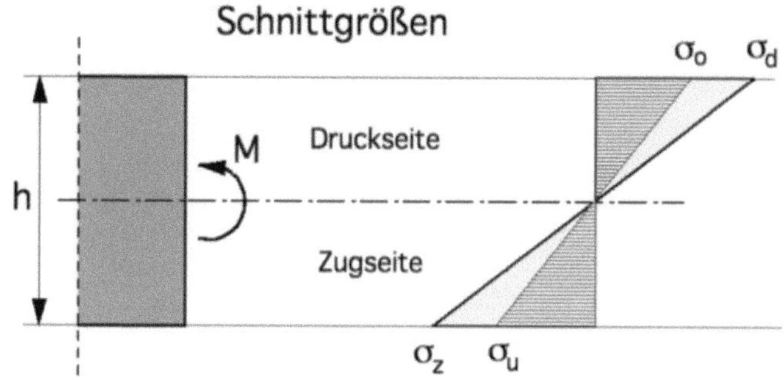

Abbildung 7.11: Spannungsverteilung im Träger

Die Schubspannung τ_c ist die Scherfestigkeit eines Materials und kann ausgehend von der Druckfestigkert f_{cfk} mit folgender Formel berechnet werden:

$$\tau_c = \frac{f_{cfk}}{2} * tan(45 - \frac{\varphi}{2}) \tag{7.40}$$

Diese Zusammenhänge werden in der Darstellung des Mohr'schen Kreises deutlich und können dort nachvollzogen werden.

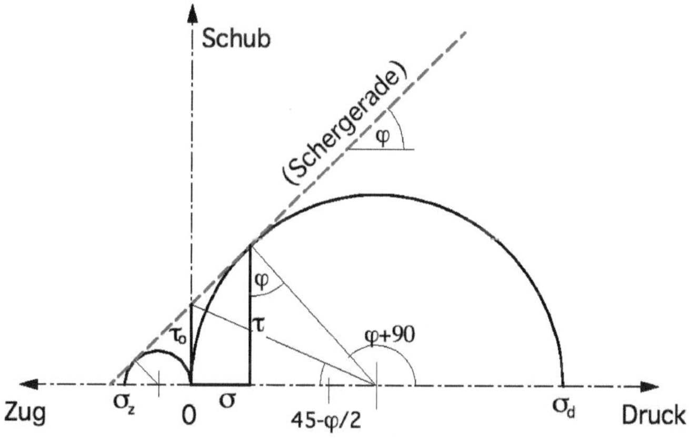

Abbildung 7.12: Mohr'scher Spannungskreis mit Schubspannung

Wenn man nun also für jede Spannung σ eine zugehörige Scherspannung τ erhält, ist dies im ersten Moment verwirrend, jedoch bei Betrachtung eines linearen Spannungsverlaufes im Querschnitt entsteht ein einfaches Bild.

Im Zustand 1 (ungerissener Querschnitt) sind die beiden äußeren Spannungen im Betrag gleich groß, nur haben sie unterschiedliche Vorzeichen. Sie pendeln um den 0-Punkt und erzeugen somit

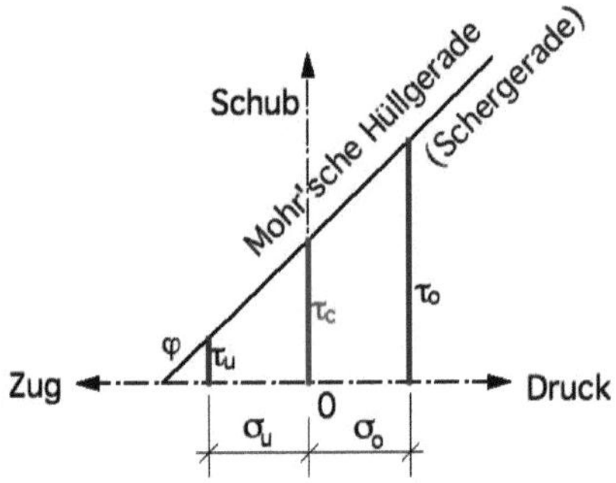

Abbildung 7.13: Schubspannungen im Querschnitt nach Coulomb

Schubspannungen, die im Mittel auch um die Scherfestigkeit τ_c pendeln.

Man kann also für einen Querschnitt im Zustand 1 durchaus den Mittelwert τ_c über den gesamten Querschnitt verwenden. Somit ergibt sich die aufnehmbare Schubkraft in einem Querschnitt zu:

$$Q_k = A * \tau_c \tag{7.41}$$

wobei A die Querschnittsfläche des betrachteten Bauteiles ist. Es ergibt sich nun die aufnehmbare Querkraft eines Querschnittes in Abhängigkeit von der Druckfestigkeit zu:

$$Q_k = A * \frac{f_{cfk}}{2} * tan(45 - \frac{\varphi}{2}) \tag{7.42}$$

Da sich nun die beiden Werte f_{cfk} und φ ausgehend von den Betonkennwerten mit zunehmender Dosierung von Stahlfasern verändern und somit die aufnehmbaren Querkräfte sich steigern, muss die jeweilige Scherfestigkeit ermittelt werden.

7.1.5 Ausbruch eines Auflagers

Bei einem Auflager eines Trägers oder auch einer Platte werden alle Kräfte umgeleitet. Dabei entstehen im Nahebereich des Auflagers Situationen, die zum Ausbrechen des Auflagers führen können. Dies kann generell durch zwei unterschiedliche Arten des Versagens erfolgen:

- Durchstanzen - Versagen durch Überschreitung der Querkraft beim Auflagerschnitt
- Ausbruch - Versagen durch Überschreiten der Zugkraft in einer schrägen Bruchfuge

Der Fall des Durchstanzens wird beim Querkraftnachweis durchgeführt, muss also hier nicht mehr weiter betrachtet werden.

Beim Ausbruch wird eine geneigte Bruchlinie bzw. Bruchfläche betrachtet. Es ist dabei eine Bruchlinie bzw. Bruchfläche zu finden, die die geringste Sicherheit für die aufzunehmenden

Kräfte besitzt. Sieht man sich die Situation nun an, so ist die Lage der Bruchfläche eine wichtige Annahme in der Berechnung.

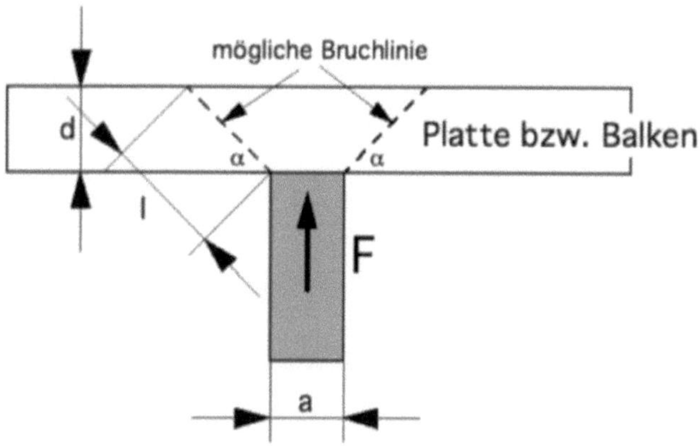

Abbildung 7.14: mögliche Bruchsituation bei einem Auflager

Mit der Wahl des Bruchwinkels α verändert sich die Länge der Bruchfläche. Dies ist in der Überprüfung der Kräfte und dabei auftretenden Spannungen zu berücksichtigen.

$$l = \frac{d}{cos\alpha} \tag{7.43}$$

Mit dieser schrägen Länge kann nun die Bruchfläche A_b sowohl bei einem Balken als auch bei einer Platte ermittelt werden.

Betrachtet man nun die möglichen Kräfte in der Bruchfläche, so wird die Auflagerkraft in eine zur Bruchfläche parallel wirkende Schubkraft und senkrecht zur Bruchfläche stehende Zugkraft aufgeteilt.

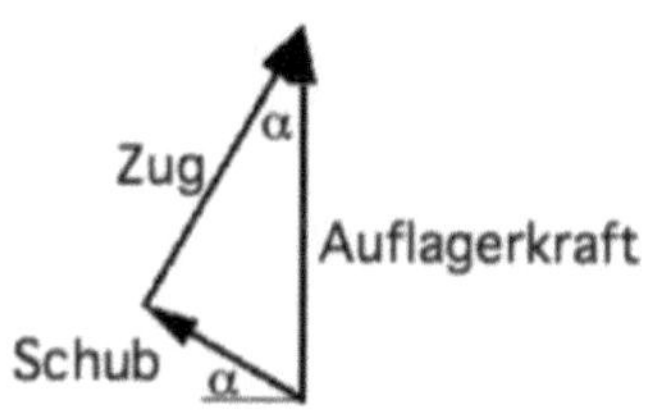

Abbildung 7.15: Krafteck in der schrägen Bruchfuge unter dem Winkel α

Diese in der Bruchfläche auftretenden Kräfte können in die entsprechenden Spannungen umgerechnet werden:

$$\tau = A * sin(\alpha) \qquad \sigma = A * cos(\alpha) \tag{7.44}$$

Diese beiden Spannungen müssen bei beliebigen Winkeln aufgenommen werden. Die Schubspannung τ ist sicherlich nicht das Problem, da diese bereits auf eine kleinere Fläche für das Durchstanzen mit der Querkraft nachgewiesen wurde. So muss nun die mögliche Zugspannung in der Bruchfuge nachgewiesen werden.

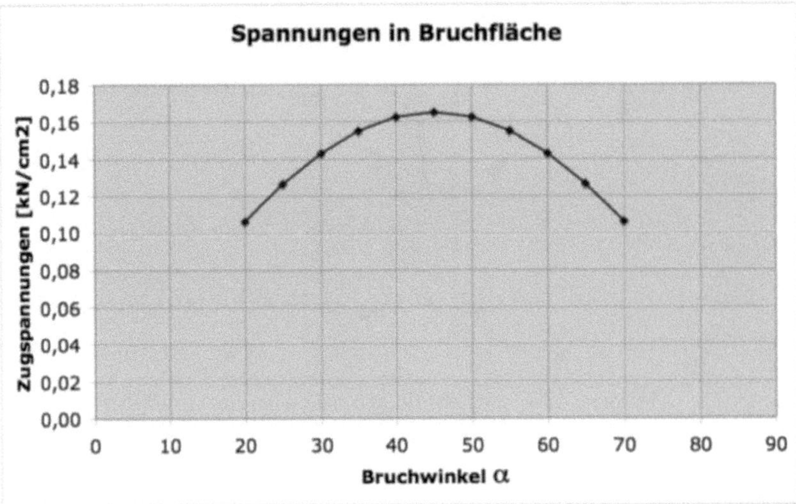

Abbildung 7.16: Verteilung der Zugspannungen in Abhängigkeit vom Bruchwinkel bei einem Beispiel

In einem praktischen Beispiel wurde bei einem Träger die auftretende Zugspannung bei der Bruchfuge unter sich veränderndem Bruchwinkel nachgerechnet, und es ergab sich bei einem Winkel $\alpha = 45°$ ein Maximum. Also ist die Zugspannung für diesen Bruchwinkel nachzuweisen.

Bei der hier auftretenden Zugspannung handelt es sich um eine reine Zugspannung und nicht um Biegezug. Bei Beton wird dabei ein Unterschied gemacht. So ist die Biegezugfestigkeit doppelt so groß wie die reine Zugfestigkeit (siehe 5.1 Betoneigenschaften). Also muss im vorliegenden Fall mit der reinen Betonzugfestigkeit gerechnet werden.

Es werden nun die auftretenden Zugspannungen den aufnehmbaren Zugspannungen zum Vergleich gegenübergestellt:

Die auftretende Zugspannung muss als Bemessungswert der Beanspruchung nun mit der Teilsicherheit für die Lasten multipliziert werden:

$$\sigma_d = \sigma * \nu_L \qquad \sigma_r = (f_{ctk} + f_{fk1}) * \nu_B \tag{7.45}$$

Der aus dem Material errechenbare Bemessungswert des Widerstandes wird errechnet mit der Summe der Materialfestigkeiten.

Es muss nun die Bemessungsspannung der Beanspruchung kleiner als die Bemessungsspannung des Widerstandes sein.

$$\sigma_d < \sigma_r \tag{7.46}$$

7.2 Bemessung für Querschnittswahl – Höhe

Bei der Bemessung für die Materialwahl hat sich gezeigt, dass der berechnete Querschnitt im ungerissenen Zustand die beste Tragfähigkeit besitzt. Eine Steigerung der Tragfähigkeit in den gerissenen Zustand hinein ist nur mit einer recht großen Dosierung mit Stahlfasern zu erreichen. Dann ist jedoch wegen der Berücksichtigung der Sicherheiten der Zustand des Querschnittes immer noch im ungerissenen Zustand, da die maximale Zunahme der möglichen Belastung kleiner ist als die Sicherheit dann wieder wegnimmt. Es stellt sich somit die Frage, ob es wirtschaftlich ist, überhaupt im gerissenen Zustand bei Stahlfaserbeton zu rechnen oder nicht.

In den folgenden Berechnungen für die Bemessung hat der Baustoff Stahlfaserbeton gegenüber Stahlbeton den entscheidenden Vorteil, dass der gesamte Querschnitt für die Wasserdichtheit z. B. bei Kelleraußenwänden zur Verfügung steht. Damit kann sich die Stärke der Kelleraußenwand auf das statisch notwendige Maß verringern und braucht nicht mehr 30 cm wie beim Stahlbeton sein.

7.2.1 Biegung

Die Bemessung eine Querschnittes für den Beanspruchungsfall Biegung geht jenem Grenzfall aus, bei dem die Zugspannung die maximal mögliche Spannung erreicht. Mit dieser Voraussetzung wird dann die notwendige Höhe des Querschnittes ermittelt.

Der Verbundbaustoff Stahlfaserbeton kann im ungerissenen Zustand als Kontinuum betrachtet werden. Da die maximal zulässigen Spannungen unterschiedlich für Zug und Druck sind, muss die geringere Spannung für den Beanspruchungsfall Biegung als maßgebend betrachtet werden. Im vorliegenden Fall ist dies die Zugspannung.

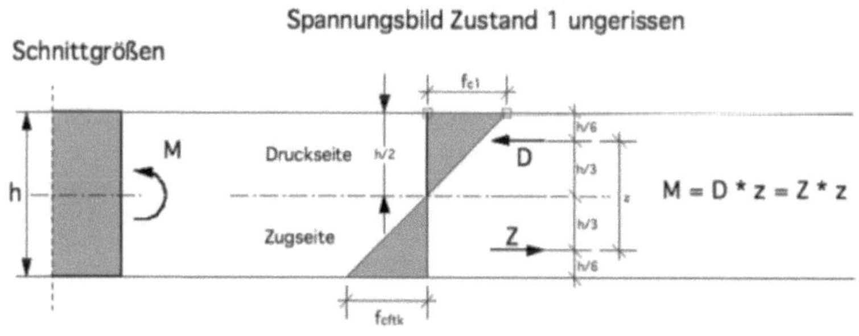

Abbildung 7.17: Zustand 1 Beton ist ungerissen

Das Material wird in seiner Zusammensetzung festgelegt. Somit sind die Betonfestigkeitsklasse und die Wahl der Stahlfaser mitsamt der notwendigen Dosierung als gegeben vorausgesetzt. Es lässt sich mit diesen Materialwerten die Zugfestigkeit des Verbundbaustoffes $f_{cftk}[kN/cm^2]$ errechnen. Da im ungerissenen Zustand die beiden Randspannungen gleich sein müssen, ergeben sich damit folgende Zusammenhänge:

$$f_{c1} = f_{cftk} \tag{7.47}$$

$$M = Z * z = f_{cftk} * \frac{bh}{4} * \frac{2h}{3} = f_{cftk} * \frac{bh^2}{6} \tag{7.48}$$

Damit kann man nun die erforderliche Höhe des Querschnittes errechnen zu:

$$h_{min} = \sqrt{\frac{6M}{bf_{cftk}}} \tag{7.49}$$

Berücksichtigt man nun zusätzlich die erforderlichen Teilsicherheiten für die Lasten γ_s = 1,35 und die Teilsicherheit für Stahlfaserbeton γ_{cf} = 1,50, so ergibt sich folgender Formelzusammenhang:

$$h_{erf} = \sqrt{\frac{6M\gamma_s\gamma_{cf}}{bf_{cftk}}} \tag{7.50}$$

Diese Höhe muss mindestens eingehalten werden, um das geforderte Moment aufnehmen zu können.

7.2.2 Biegung mit Längskraft

Als Längskraft wird hier nur die Druckkraft betrachtet. Die Bemessung für die Zugkraft wird derzeit noch nicht angeraten, da der Berechnungsweg noch nicht erarbeitet wurde, und der Baustoff Stahlfaserbeton für Zugkräfte wenig geeignet erscheint. In diesem Fall wird zu anderen Baustoffen, wie z. B. Stahl, geraten.

Die Biegung mit Längskraft wird den unterschiedlichen Berechnungen entsprechend in drei unterschiedliche Teile getrennt. Entsprechend der Ausmitte der Druckkraft kann man diese, wie bereits auch im Stahlbeton üblich, in:

- kleine Ausmitte: Querschnitt ist ungerissen; linearer Spannungszustand
- mittlere Ausmitte: Querschnitt ist ungerissen, nichtlinearer Spannungszustand
- große Ausmitte: Querschnitt ist gerissen, nichtlinearer Spannungszustand

Die einzelnen Berechnungen werden in den folgenden Unterpunkten genauer angesehen, wobei auf den Zustand mit großer Ausmitte hier verzichtet wird, da bei diesem Zustand der Querschnitt teilweise gerissen und somit nicht mehr voll wirksam ist.

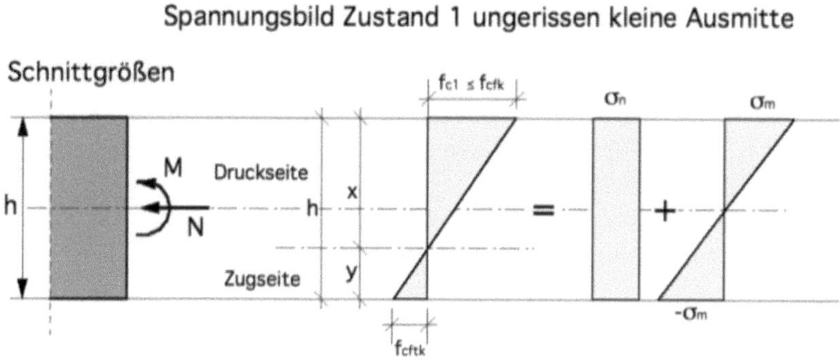

Abbildung 7.18: Spannungszustand bei kleiner Ausmitte

7.2.2.1 Kleine Ausmitte

Der ungerissene Querschnitt zeigt aufgrund seiner niederen Exzentrizität der Drucklast nur lineare Spannungszustände. Es wird hier der Grenzzustand berechnet, wobei kleinere Momente immer zugelassen werden können.

Entsprechend der in der Abbildung gezeigten Spannungsverteilung können folgende Zusammenhänge erkannt werden:

$$f_{c1} = \sigma_n + \sigma_m \tag{7.51}$$

$$f_{cftk} = -(\sigma_n - \sigma_m) \tag{7.52}$$

Dabei sind die Spannungen σ_n und σ_m aus den angegebenen Beanspruchungen zu rechnen. Mit der dabei noch unbekannten Querschnittshöhe h sind die Spannungen ermittelbar:

$$\sigma_n = \frac{N}{bh} \tag{7.53}$$

$$\sigma_m = \frac{M}{W} = \frac{M}{\frac{bh^2}{6}} = \frac{6M}{bh^2} \tag{7.54}$$

Setzt man nun diese beiden Gleichungen in die Gleichung 7.48 für f_{c1} ein, so erhält man folgenden Ausdruck:

$$f_{cftk} = \frac{6M}{bh^2} - \frac{N}{bh} \tag{7.55}$$

Nach Umformung dieser Gleichung, indem man mit bh^2 multipliziert, erhält man:

$$h^2 b f_{cftk} + hN - 6M = 0 \tag{7.56}$$

Diese quadratische Gleichung kann man lösen, und es ergibt sich die Höhe h zu:

$$h = \frac{-N + \sqrt{N^2 + 24Mbf_{cftk}}}{2bf_{cftk}} \tag{7.57}$$

Mit dieser Höhe müssen nun die Spannungen σ_n und σ_m errechnet werden und damit die Randspannung f_{c1}. Ist der Wert von f_{c1} kleiner als f_{cfk}, so ist die Höhe h ausreichend, und es ist die Bemessung damit abgeschlossen.

Ist jedoch der Wert der Randspannung f_{c1} größer als f_{cfk}, so ist die Randspannung überschritten, und es muss die Höhe mit der mittleren Ausmitte errechnet werden.

7.2.2.2 Mittlere Ausmitte

Bei relativ hohen Druckkräften kann es vorkommen, dass am Druckrand die maximal mögliche Spannung von f_{cfk} erreicht bzw. auch überschritten wird. Diese Druckspannung, die über f_{cfk} hinausreicht, kann nicht aufgenommen werden, und der Beton kommt in eine Kriechbewegung. Diese ist so lange aufrecht, bis das Momentengleichgewicht einen Spannungszustand einnimmt, bei der die Randspannung den Wert f_{cfk} nicht überschreitet.

So ist der Querschnitt derart zu bemessen, dass nur die Druckspannung f_{cfk} auf einem Rand auftritt, und am anderen Rand die Zugspannung f_{cftk}. Die Verteilung der Spannungen im Querschnitt geht aus nachfolgender graphischer Darstellung hervor.

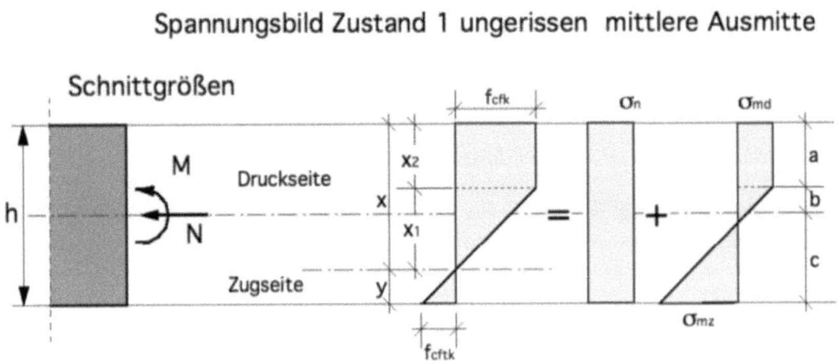

Abbildung 7.19: Spannungszustand bei mittlerer Ausmitte

Dieser Zustand ist ein Grenzfall, der bislang noch nicht in seiner vollen Konsequenz durchgearbeitet wurde. Es ist dabei zu bedenken, dass die Druckkraft ihr Maximum erreicht hat und wie beim Grenzfall im Stahlbeton am Rande nicht mehr ein lineares Spannungs-Deformationsverhalten hat. Es wird in der gezeigten Darstellung ein linearer Zusammenhang angegeben, der jedoch eine Näherung ist. Weiters ist es nicht klar, wie weit dieser abgeminderte Spannungsbereich (in der Darstellung das Maß a) reicht.

Selbst mit diesen derzeit noch sehr unsicheren Randbedingungen ergeben sich relativ komplizierte Gleichungssysteme für die Bestimmung der Höhe H bei gegebener Dosierung, die noch nicht einer Lösung zugeführt wurden.

Es wird daher vorgeschlagen, diesen Bemessungsfall für die Dimensionierung auszuschließen und mit den aufgezeigten Zusammenhängen für die kleine Ausmitte zu rechnen. Es ergeben sich dabei nur etwas größere Höhen, die auf der sicheren Seite liegen.

7.2.3 Druckstäbe

Eine weitere Art der Belastung sind reine Druckstäbe. Die aufnehmbare Belastung hängt nicht nur von dem verwendeten Grundmaterial ab, sondern es muss noch zusätzlich das Ausknicken des gedrückten Querschnittes untersucht werden.

Das Ausknicken des geraden Druckstabes wird sehr ausführlich bei Fritsch [11] sowie auch Lohmeyer [8] erläutert. Es wird empfohlen, sich bei genauerer Bearbeitung von Druckstäben in diese Statik-Literatur einzulesen. Die Definition des stabilen, indifferenten und labilen Gleichgewichtes ist die Grundlage zur Einführung der unterschiedlichen Belastungsfälle. Es werden hier die vier Euler-Knickfälle eingeführt, die bei allen Druckstäben berücksichtigt werden müssen.

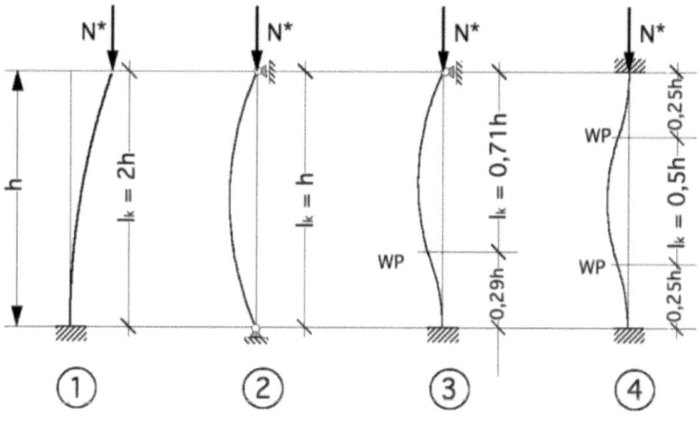

Abbildung 7.20: Knickfälle nach Euler

Die mathematisch-statische Lösung führt über Differenzialgleichungen zu relativ komplexen Lösungen, die zusätzlich noch von den unterschiedlichen Materialien abhängen. Daher sind bei den Berechnungen der Knickfälle die unterschiedlichen Materialeigenschaften zu berücksichtigen. Für Beton muss zusätzlich zum elastischen Spannungsbereich auch noch der plastische Spannungsbereich berücksichtigt werden. Die Lösung dafür hat Engesser[2] erarbeitet und ist bei Valentin[19] nachzulesen. Das Ergebnis führt zu dem bekannten ω-Verfahren, bei dem die vertikale Knicklast zur vertikalen Traglast ausgehend von den Materialkennwerten ins Verhältnis gesetzt wird.

[2]F. Engesser 1848-1931; TH-Karlsruhe

$$N^* = \frac{N_k}{\omega} \tag{7.58}$$

Der Zusammenhang für ω wird in nachfolgender Formel aufgezeigt.

$$\omega = 1 + 0,1 * [6 + (\frac{\lambda}{100})^2] * (\frac{\lambda}{100})^2 \tag{7.59}$$

Die dabei vorkommende Zahl λ ist die Schlankheit des Druckstabes. Diese hängt von der Knicklänge l_k nach Euler und dem Trägheitsradius i des Querschnittes ab.

$$i = \sqrt{\frac{I}{A}} \tag{7.60}$$

Mit dieser Schlankheit kann nun unter Berücksichtigung der Knicklänge, die sich entsprechend dem jeweiligen Euler-Fall ergibt, die Schlankheit des Druckstabes ermittelt werden.

$$\lambda = \frac{l_k}{i} \tag{7.61}$$

Hierbei ist I das Trägheitsmoment des Querschnittes und A die zugehörige Querschnittsfläche. Mit diesem Wert der Schlankheit kann nun entweder mit Formel 7.55 der notwendige Knickwert ω errechnet, oder auch aus nachfolgender Tabelle der Knickbeiwert ω entnommen werden, wobei Zwischenwerte auch interpoliert werden können.

	ω-Werte				
$l = l_k/i$	0	2	4	6	8
0	1,00	1,00	1,00	1,00	1,00
10	1,01	1,01	1,01	1,02	1,02
20	1,02	1,03	1,03	1,04	1,05
30	1,05	1,06	1,07	1,08	1,09
40	1,10	1,11	1,12	1,13	1,14
50	1,16	1,17	1,18	1,20	1,21
60	1,23	1,25	1,26	1,28	1,30
70	1,32	1,34	1,36	1,38	1,40
80	1,42	1,45	1,47	1,50	1,52
90	1,55	1,58	1,61	1,64	1,67
100	1,70	1,73	1,77	1,80	1,84
110	1,87	1,91	1,95	1,99	2,03
120	2,07	2,11	2,16	2,20	2,25

Tabelle 7.2: Knickwerte ω für Beton

Für einen Druckstab kann nun die Knicklast mit folgender Formel ermittelt werden:

$$N^* = \frac{A * f_{cfk}}{\omega} \tag{7.62}$$

Für die Bemessung muss nun der Querschnitt so lange variiert werden, bis das Ergebnis den Erfordernissen entspricht. Dies bedeutet, dass bei jeder Annahme der Trägheitsradius und die Schlankheit eigens ermittelt werden müssen, bevor die Knicklast dieses Querschnittes errechnet wird.

7.2.4 Schubnachweis

Betrachtet man den Verlauf der inneren Kräfte bei einem Einfeldträger, so wird zuerst die Querkraft ermittelt, die angibt, wie die vertikalen Kräfte in einem Träger verlaufen, und anschließend die Momente. Betrachtet man beide zusammen, wie dies in nachfolgender Abbildung möglich ist, so sieht man, dass die beiden Kurven recht unterschiedlich sind. Dort wo bei der Querkraft ein Maximum ist, zeigt sich bei der Momentenlinie ein Minimum und umgekehrt. Das bedeutet: Beim größten Moment ist die kleinste Querkraft. Geht man vom größten Moment Richtung Auflager, so verringert sich das Moment bei gleichzeitiger Zunahme der Querkraft.

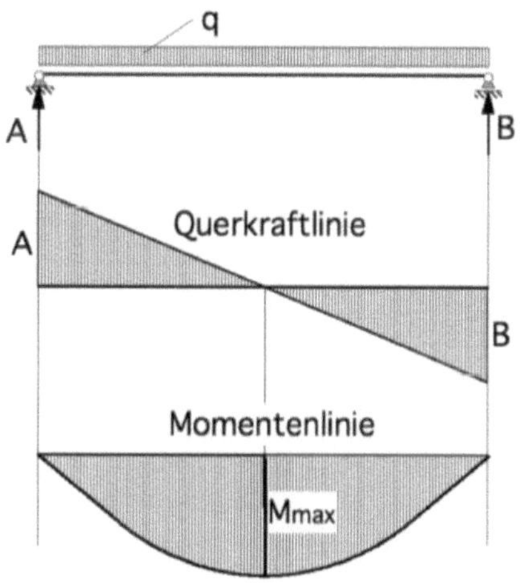

Abbildung 7.21: Einfeldträger Querkraft- und Momentenlinie

Betrachtet man nun die Wirkung des Momentes auf den Querschnitt, so entsteht das bereits bekannte Bild der Spannungsverteilung im Querschnitt. Jedes Moment erzeugt Spannungen im Querschnitt, die sich wiederum zu Kräften zusammenführen lassen und mit dem Hebelsarm das jeweilige Moment ergeben. Bei dem maximalen Moment entstehen somit die Spannungen σ_d und σ_z. Wird das Moment kleiner, man bewegt sich mehr zum Auflager hin, so entstehen kleinere Spannungen σ_o bzw. σ_u. Bei all diesen Spannungen kann jeweils eine zugehörige Schubspannung τ aufgenommen werden. Nach dem Coulomb'schen Stoffgesetz errechnen sich diese zu:

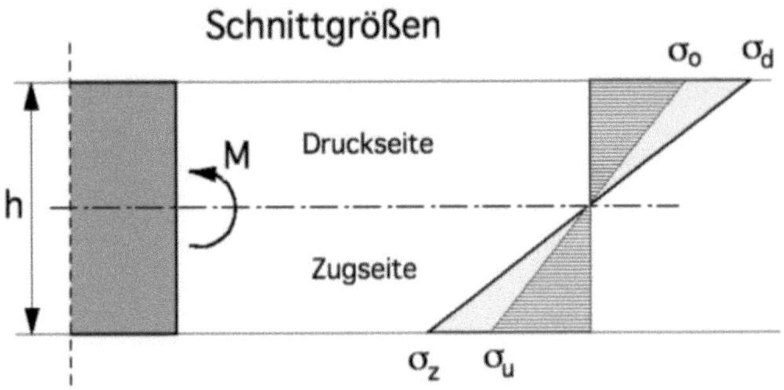

Abbildung 7.22: Spannungsverteilung im Träger

$$\tau = \tau_c + \sigma * tan(\varphi) \tag{7.63}$$

Die Schubspannung τ_c ist die Scherfestigkeit eines Materials und kann ausgehend von der Druckfestigkert f_{cfk} mit folgender Formel berechnet werden:

$$\tau_c = \frac{f_{cfk}}{2} * tan(45 - \frac{\varphi}{2}) \tag{7.64}$$

Diese Zusammenhänge werden in der Darstellung des Mohr'schen Kreises deutlich und können dort nachvollzogen werden.

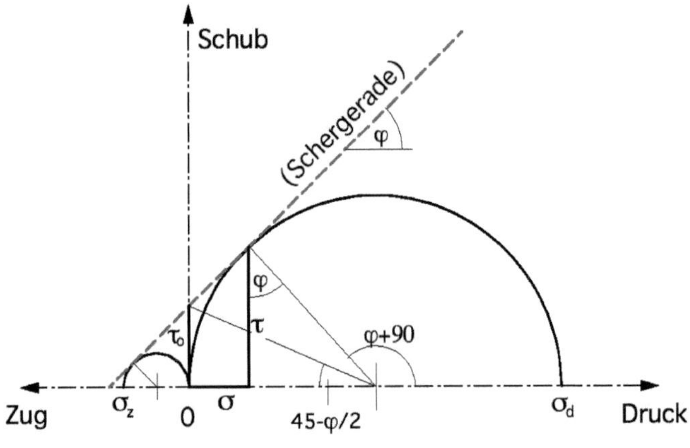

Abbildung 7.23: Mohr'scher Spannungskreis mit Schubspannung

Wenn man nun also für jede Spannung σ eine zugehörige Scherspannung τ erhält, ist dies im ersten Moment verwirrend, jedoch bei Betrachtung eines linearen Spannungsverlaufes im Querschnitt entsteht ein einfaches Bild.

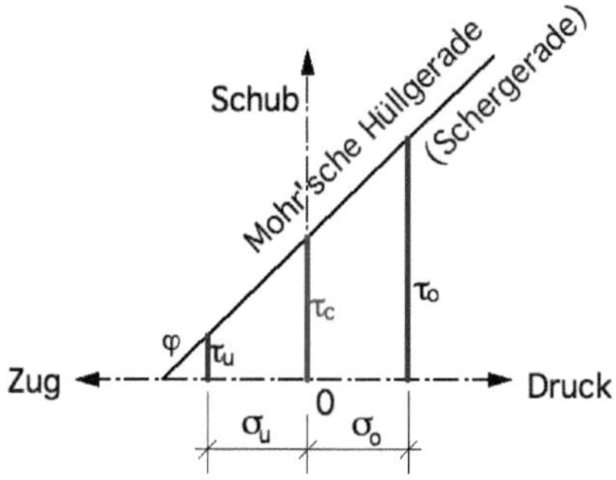

Abbildung 7.24: Schubspannungen im Querschnitt nach Coulomb

Im Zustand 1 (ungerissener Querschnitt) sind die beiden äußeren Spannungen im Betrag gleich groß, nur haben sie unterschiedliche Vorzeichen. Sie pendeln um den 0-Punkt und erzeugen somit Schubspannungen, die im Mittel auch um die Scherfestigkeit τ_c pendeln.

Man kann also für einen Querschnitt im Zustand 1 durchaus den Mittelwert τ_c über den gesamten Querschnitt verwenden. Somit ergibt sich die aufnehmbare Schubkraft in einem Querschnitt zu:

$$Q_k = A * \tau_c \tag{7.65}$$

wobei A die Querschnittsfläche des betrachteten Bauteiles ist. Es ergibt sich nun die aufnehmbare Querkraft eines Querschnittes in Abhängigkeit von der Druckfestigkeit zu:

$$Q_k = A * \frac{f_{cfk}}{2} * tan(45 \quad \frac{\varphi}{2}) \tag{7.66}$$

Da sich die beiden Werte f_{cfk} und φ ausgehend von den Betonkennwerten mit vorgegebener Dosierung von Stahlfasern nicht verändern, kann bei gegebener Querkraft die notwendige Querschnittsfläche errechnet werden.

$$A = \frac{2Q_k}{f_{cfk} * tan(45 - \frac{\varphi}{2})} \tag{7.67}$$

Ausgehend von dieser Querschnittsfläche kann man nun bei einem Träger mit der Breite b die Höhe ermitteln:

$$h = \frac{A}{b} \tag{7.68}$$

Es kann auch die Querkraft als Durchstanzkraft bei Deckenauflagern auftreten. Dann ist die Querschnittsfläche als Fläche des Rundschnittes um das Auflager zu sehen, und diese errechnet sich aus der Umfangslänge des Auflagers U und der Deckenhöhe h. Auch hier kann man wiederum die notwendige Höhe der Decke ermitteln zu:

$$h = \frac{A}{U} \tag{7.69}$$

Somit ist auch der Nachweis des Durchstanzens bei Decken nachweisbar.

7.2.5 Ausbruch eines Auflagers

Dieser Nachweis sollte zusätzlich zum Nachweis des Durchstanzens durchgeführt werden. Er erfolgt in der unter Kapitel 7.1.5 beschriebenen Art und Weise .

8 Bemessungsanwendung

Der Wunsch, den Baustoff Stahlfaserbeton allgemein einzusetzen, ist groß. Es soll hier gezeigt werden, dass, ähnlich wie der Stahlbeton, der Stahlfaserbeton nicht einfach zu bemessen ist, sondern man muss hier doch einige Schritte in der Berechnung ausführen. Dies liegt an der Materialeigenschaft des Verbundbaustoffes Stahlfaserbeton.

In der Praxis bestehen für den Stahlfaserbeton folgende Anwendungsmöglichkeiten:

- Estriche
- Sohlplatten und Wannen
- Streifen und Punktfundamente
- Decken, umfangs- und punktgelagert
- Wände
- Pfähle und Stützen

8.1 Bemessung für Materialwahl – Dosierung

8.1.1 Allgemeines

Wie bereits bei der Ermittlung der Materialkennwerte erkennbar, muss der Stahlfaserbeton in drei Zuständen betrachtet werden.

Zustand	Beschreibung
1	der gesamte Querschnitt ist ungerissen und es besteht lineare Spannungsverteilung
1-2	der Querschnitt ist teilweise gerissen und es besteht lineare Spannungsverteilung
2	der Querschnitt ist maximal gerissen und es besteht nichtlineare Spannungsverteilung

Tabelle 8.1: Mögliche Zustände bei der Bemessung von Stahlfaserbeton

Für sämtliche Bemessungsarten sind nun die einzelnen Querschnitte auf die drei möglichen Zustände zu überprüfen. Die jeweilige Belastungsart gibt an, mit welchem Bemessungsrechengang zu arbeiten ist. Die einzelnen Zusammenhänge wurden im letzten Kapitel ausführlich beschrieben.

Es wird hier an Beispielen, die in der Reihenfolge dem Aufbau der Bemessungstheorie folgen, die Bemessung des Stahlfaserbetonquerschnittes gezeigt. Die Beispiele entstammen der Praxis und sind somit auch teilweise schon ausgeführt worden.

Da der Baustoff Stahlfaserbeton als Ganzes für ein Bauteil gemischt wird, ist bei der Bemessung eines Bauteiles jeweils die maximale Beanspruchung am gesamten Bauteil zu untersuchen. Dabei wird von einer gleichen Querschnittsform ausgegangen. Sobald sich der Querschnitt ändert, muss die Bemessung mit dem neuen Querschnitt wieder durchgeführt werden. Dies hat zur Folge, dass mit Hilfe von Querschnittsänderungen ein Angleichen an die statischen Kräfte vollzogen werden kann.

8.1.2 Biegung

Für Baustoffe, die im konstruktiven Ingenieurbau verwendet werden sollen, ist der Lastfall der Biegung besonders wichtig. Da der Querschnitt beim Stahlfaserbeton gleichmäßig mit Fasern durchmischt ist, ist auch die Richtung des Momentes nebensächlich, da der Baustoff in jeder Richtung bei gleichem Querschnitt auch dieselben Momente aufnehmen kann.

An den Materialeigenschaften erkennt man, ob ein Baustoff den statischen und dynamischen Beanspruchungen ausgesetzt werden kann. Im Bereich des Bauwesens sind dies vornehmlich Baustoffe, die keine zeitabhängigen Deformationen zeigen. Dies ist beim Stahlfaserbeton der Fall.

Nachfolgend werden Beispiele gerechnet, die der Praxis entnommen wurden und auch stellvertretend für die Anwendung stehen sollen.

8.1.2.1 Platten und Decken

Die Fa. ARCELOR hat im Jahre 2004 eine punktgestützte Stahlfaserbetonplatte hergestellt und diese einem Belastungsversuch unterzogen. Die Platte bestand aus insgesamt 9 quadratischen Feldern von jeweils 6 x 6 m. Es wurden die Felder im Quadrat 3 x 3 angeordnet, so dass in jeder Richtung drei Felder durchgehend waren. Die Platte war in jedem Eckpunkt von einer Stahlstütze unterstützt, so dass von einer punktförmigen Unterstellung gesprochen werden muss. Die Plattenstärke wurde mit durchgehend gleichmäßigen 20 cm ausgeführt. Es wurde nur Stahlfaserbeton verwendet, auch bei den Auflagerbereichen wurden keine zusätzlichen Maßnahmen getroffen.

Es wird hier mit der Bemessung gezeigt, dass diese Platte mit den dort vorgegebenen Randbedingungen allen Sicherheitsbedürfnissen entspricht.

Die Belastung wurde im Mittelfeld aufgebracht, indem Wasserbehälter langsam gefüllt wurden und dabei die Deformationen der Platte sehr genau registriert wurde. Bei einer aufgebrachten Belastung durch die Wassertanks von 8 kN/m^2 des Mittelfeldes wurden die größten vertikalen Deformationen der Platte mit 12 mm gemessen, wobei noch keine Risse auftraten.

Die statische Nachberechnung der Versuchsplatte ergab folgende Werte, die in die Bemessung von Stahlfaserbeton eingingen:

- Systemlängen 6,0 m
- Gesamtbelastung $q = 11 kN/m^2$

- maximales Biegemoment M = 16,9 kNm
- Plattenstärke 20 cm
- Betonsorte C25/30
- Stahlfaser TABIX

Die geometrische Anordnung und auch der Querschnitt der Versuchsplatte ist in den beiden nächsten Abbildungen aufgezeigt.

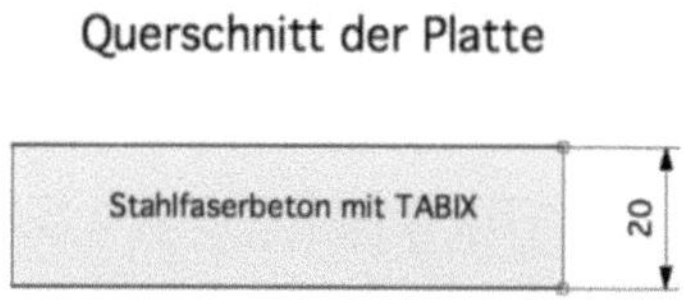

Abbildung 8.1: Versuchsplatte Querschnitt

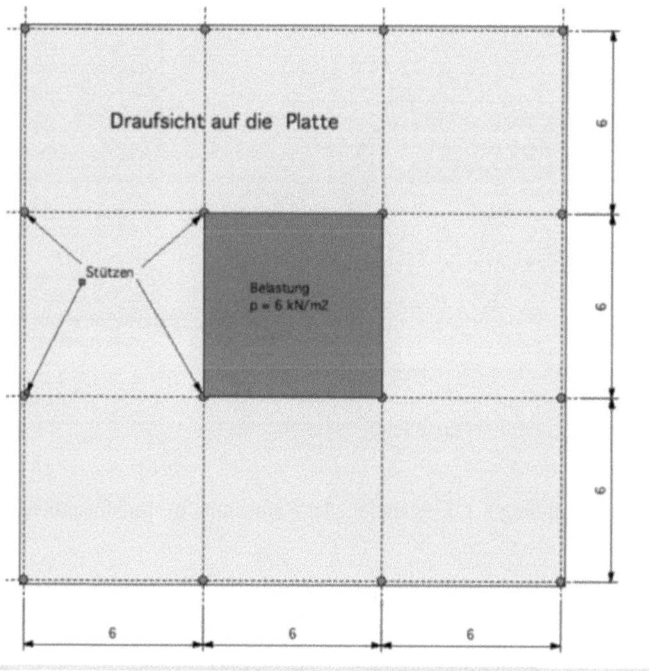

Abbildung 8.2: Versuchsplatte Draufsicht

In der nächsten Abbildung ist die detaillierte Eingabe für die mittels einer in EXCEL-Tabelle durchgeführten Berechnung aufgezeigt.

Nach der Eingabe der zu verwendenden Stahlfaser **TABIX 1/30** werden die entsprechenden Faserkennwerte angegeben. Danach wird die Betonsorte **C25/30** eingegeben, und es erfolgt die Angabe der entsprechenden Betonkennwerte. Anschließend werden die Höhe und Breite des zu bemessenden Querschnittes eingegeben. Letztendlich wird das abzudeckende Moment mit der erforderlichen Sicherheit angegeben, dann kann die eigentliche Berechnung durchgeführt werden.

Biegebemessung von Stahlfaserbeton

Baustelle: Testplatte Bissen 2004
Schnitt: Biegebemessung für max. Belsatung

Datum: 6.3.08
Bearbeiter: Wietek

diese Felder sind Eingabefelder

Wahl der Stahlfaser: TABIX 1/30

Durchmesser	d =	1	mm
Fläche	Af =	0,79	mm2
Länge	l =	30	mm
Volumen	v =	23,6	mm3
Gewicht	gf =	0,19	g
Zugfestigkeit	fy =	1000	N/mm2
Faserzugkraft	Fz =	785	N

Wahl der Betonsorte: C 25/30

Druckfestigkeit	fcd =	2,5	kN/cm2
Zugfestigkeit	fctk =	0,256	kN/cm2
Biegezugfestigk	fctk,fl =	0,487	kN/cm2
E-Modul	Ec =	3.050	kN/cm2

Eingabe der Geometrie:

Höhe	h =	20	cm
Breite	b =	100	cm

Eingabe des Momentes und der erforderlichen Sicherheit:

Moment	Md =	16,9	kNm
Sicherheit SFB	eta =	1,35	
Sicherheit Last	eta =	1,5	

Legende:

Zustand 1:
Querschnitt ist ungerissen, Zug- und Druckkräfte werden vom Beton und den eingebauten Stahlfasern übertragen.

Zustand 2:
Querschnitt ist im Zugbereich vollkommen gerissen Spannungsbild nach SIA 162/6

Rissbreite variabel:
Querschnitt ist im Zugbereich teilweise gerissen, demnach ist das Spannungsbild eine Kombination zwischen Zustand 1 und Zustand 2

Abbildung 8.3: Eingabefeld der Bemessung für Stahlfaserbeton

Im Anschluss an die Eingabe erfolgt die Berechnung der einzelnen Zustände. Dazu wird zuerst der Zustand 1 (ungerissen), dann der gerissene Zustand mit jeweils größer werdender Risstiefe und zum Schluss der Endfall des Zustandes 2 durchgerechnet. Es wird für jeden Fall das aufnehmbare Tragmoment ohne Sicherheit berechnet. In der letzten Spalte ist dann das zulässige Tragmoment angegeben, bei dem die Sicherheit berücksichtigt wurde.

Diese Lastfälle werden nun für insgesamt 9 Dosierungen durchgerechnet, wobei die erste Dosierung eingegeben werden muss, aller weiteren Dosierungen werden in Schritten von 10 kg/m^3 Zunahme erhöht. Aus dieser Tabelle kann nun die erforderliche Dosierung der Stahlfasern für den berechneten Querschnitt errechnet werden und ebenso die Sicherheit gegenüber dem Zustand 1. Mit diesem Wert lässt sich abschätzen, ob der Querschnitt dann auch tatsächlich im gerissenen Zustand ist oder ob er wegen der Einrechnung der geforderten Sicherheit im noch nicht gerissenen Zustand ist.

Errechnete Werte für zunehmende Stahlfaserdosierung:

	Zustand 1	Rissbreite in % von h			Zustand 2		
Dosierung	M1	20	40	60	M2	max M	zul Md
[kg/m3]	[kNm]	M20	M40	M60	[kNm]	[kNm]	[kNm]
20	33,0	23,3	15,9	11,0	8,5	33,0	24,5
30	33,3	24,5	18,1	14,0	12,2	33,3	24,7
40	33,5	25,8	20,2	16,9	15,8	33,5	24,8
50	33,8	27,0	22,3	19,8	19,4	33,8	25,0
60	34,1	28,2	24,4	22,7	23,0	34,1	25,2
70	34,3	29,5	26,6	25,6	26,6	34,3	25,4
80	34,6	30,7	28,7	28,5	30,3	34,6	25,6
90	34,9	32,0	30,8	31,5	33,9	34,9	25,8
100	35,1	33,2	33,0	34,4	37,5	37,5	27,8

Dosierung für Querschnitt:	70	kg/m3
Sicherheit bei Zustand 1:	2,03	-

Abbildung 8.4: Ergebnis der Bemessung für Stahlfaserbeton

Mit der graphischen Darstellung wird nun der Vergleich des zulässigen Momentes mit dem erforderlichen Moment gemacht. Hier kann man graphisch sehr schön erkennen, welchen Einfluss die Dosierung im gegebenen Querschnitt hat.

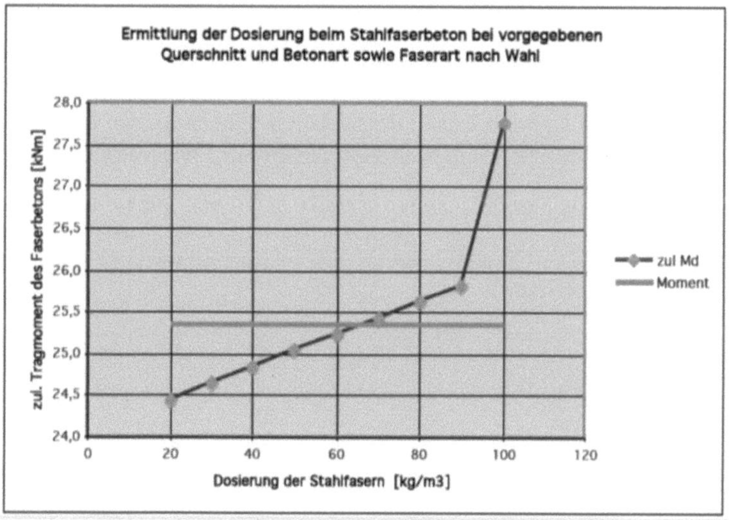

Abbildung 8.5: Abhängigkeit des zulässigen Momentes von der Dosierung

Man kann aus der nachfolgenden graphischen Zusammenstellung sehr gut den Einfluss der Dosierung erkennen. Zuerst zeigen die Kurven einen Anstieg des Tragmomentes bis der Zustand

1 erreicht ist. Danach entstehen Risse und mit zunehmendem Riss fällt das aufnehmbare Tragmoment, bis es letztendlich im Zustand 2 (maximal möglicher Riss) seine geringste Tragfähigkeit erreicht.

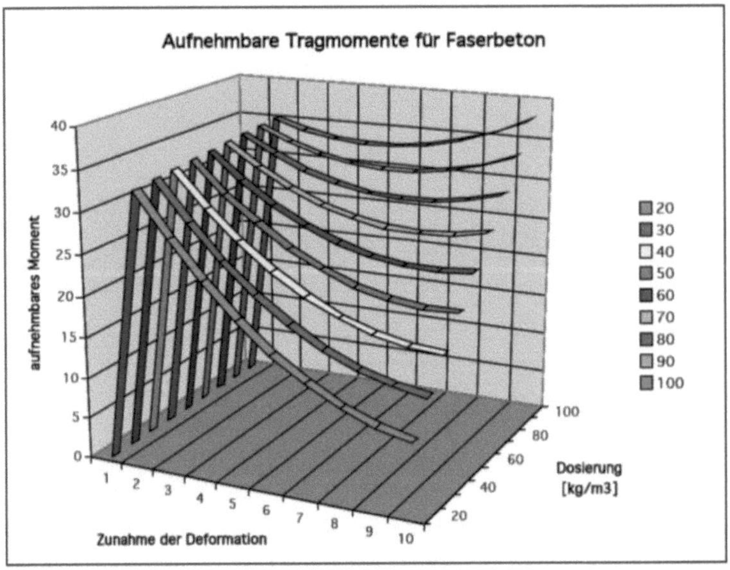

Abbildung 8.6: Zusammenstellung der aufnehmbaren Tragmomente für Stahlfaserbeton

Mit Zunahme der Dosierung ist eine geringe Verbesserung für Zustand 1 erkennbar. Im gerissenen Zustand 2 zeigt sich mit zunehmender Dosierung eine wesentliche Verbesserung des aufnehmbaren Tragmomentes, wobei dann der Endzustand bei maximal gerissenem Beton auch eine höhere Momentenaufnahme erreichen kann, als dies der ungerissene Zustand ermöglicht. Somit kann man aus dieser Grafik die mögliche Momententragfähigkeit eines Querschnittes erkennen.

Diese aufgezeigten Grafiken hängen von folgenden Randbedingungen ab:

- Querschnittsgeometrie
- Typ der Stahlfaser
- Betonsorte

Somit muss für jede Veränderung einer dieser Randbedingungen der Zusammenhang neu errechnet werden.

Die angegebene Stahlfaserplatte wurde im Jahr 2004 von der Fa. Arcelor als Versuchsplatte hergestellt und einer ausführlichen Belastungsprobe unterzogen.

Die Ergebnisse der vorliegenden Berechnung zeigen nun auch rechnerisch den Nachweis der Tragfähigkeit in einer sehr gut reproduzierbaren Form, die in der Praxis für die meisten Anwendungsfälle eingesetzt werden kann.

Abbildung 8.7: Versuchsplatte 1 und Belastung 2 des Versuches Bissen 2004; Bild: ArcelorMittal

Die beiden Bilder zeigen die Stahlfaserbetonplatte zuerst unbelastet und im rechten Bild mit der aufgebrachten Belastung durch die Wasserkanister.

8.1.2.2 Träger

Zwischen zwei im Abstand von 6,7 m stehenden Bauwerken soll ein Fußgängerübergang mit einer Breite von 3,0 m in der Höhe von 4,8 m über der darunterliegenden Straße hergestellt werden. Als Alternative ist auch an einen Stahlfaserbetonträger als alleiniger Träger gedacht, an den der Gehsteig aufmontiert wird.

Die Belastung des Trägers wird folgendermaßen angenommen:

Plattenbelag für Gehbereich: $g_1 = 3\ [kN/m^2]$
Eigengewicht des Trägers: $g_2 = 11\ [kN/m^2]$
Nutzlast im Gehbereich: $p = 5\ [kN/m^2]$

Diese Flächenbelastung muss auf eine Linienlast in Einbeziehung der Gehsteigbreite umgerechnet werden:

Linienlast auf Träger: $q = 3 * 8 + 11 = 35\ [kN/m]$

Bei einem Auflager von jeweils 40 cm ergibt sich für die statische Berechnung eine Spannweite von 7,40 m. Damit kann man das aufzunehmende Moment rechnen zu:

$$M = \frac{q * l^2}{8} = \frac{35 * 6,85^2}{8} = 206kNm \tag{8.1}$$

Für dieses Moment wird nun ein Stahlfaserbetonträger bemessen. Es werden folgende Materialien verwendet:

Beton: C25/30
Stahlfaser: TABIX

Der Träger wird mit einer Breite von b = 40 cm und einer Höhe von h = 90 cm in die Bemessung eingeführt.

Biegebemessung von Stahlfaserbeton

Baustelle: Fußgängerübergang
Schnitt: Träger max. Beanspruchung

Datum: 6.3.08
Bearbeiter: Wietek

Wahl der Stahlfaser: TABIX 1/30

diese Felder sind Eingabefelder

Durchmesser	d =	1	mm
Fläche	Af =	0,79	mm2
Länge	l =	30	mm
Volumen	v =	23,6	mm3
Gewicht	gf =	0,19	g
Zugfestigkeit	fy =	1000	N/mm2
Faserzugkraft	Fz =	785	N

Wahl der Betonsorte: C 25/30

Druckfestigkeit	fcd =	2,5	kN/cm2
Zugfestigkeit	fctk =	0,256	kN/cm2
Biegezugfestigk	fctk,fl =	0,487	kN/cm2
E-Modul	Ec =	3.050	kN/cm2

Eingabe der Geometrie:

Höhe	h =	110	cm
Breite	b =	40	cm

Eingabe des Momentes und der erforderlichen Sicherheit:

Moment	Md =	206,0	kNm
Sicherheit SFB	eta =	1,35	
Sicherheit Last	eta =	1,5	

Legende:

Zustand 1:
Querschnitt ist ungerissen, Zug- und Druckkräfte werden vom Beton und den eingebauten Stahlfasern übertragen.

Zustand 2:
Querschnitt ist im Zugbereich vollkommen gerissen Spannungsbild nach SIA 162/6

Rissbreite variabel:
Querschnitt ist im Zugbereich teilweise gerissen, demnach ist das Spannungsbild eine Kombination zwischen Zustand 1 und Zustand 2

Abbildung 8.8: Eingabe für den Träger

Im Anschluss an die Eingabe erfolgt die Berechnung der einzelnen Zustände. Dazu wird zuerst der Zustand 1 (ungerissen), dann der gerissene Zustand mit jeweils größer werdender Rissbreite und zum Schluss der Endfall des Zustandes 2 durchgerechnet. Es wird für jeden Fall das aufnehmbare Tragmoment ohne Sicherheit berechnet. In der letzten Spalte ist dann das zulässige Tragmoment angegeben, bei dem die Sicherheit berücksichtigt wurde.

Diese Lastfälle werden nun für insgesamt 9 Dosierungen durchgerechnet, wobei die erste Dosierung eingegeben werden muss, aller weiteren Dosierungen werden in Schritten von 10 kg/m^3 Zunahme erhöht. Aus dieser Tabelle kann nun die erforderliche Dosierung der Stahlfasern für den berechneten Querschnitt errechnet werden und ebenso die Sicherheit gegenüber dem Zustand 1. Mit diesem Wert lässt sich abschätzen, ob der Querschnitt dann auch tatsächlich im

Errechnete Werte für zunehmende Stahlfaserdosierung:

	Zustand 1	Rissbreite in % von h			Zustand 2		
Dosierung	M1	20	40	60	M2	max M	zul Md
[kg/m3]	[kNm]	M20	M40	M60	[kNm]	[kNm]	[kNm]
20	399,5	281,6	193,0	133,5	103,3	399,5	295,9
30	402,7	296,6	218,7	168,9	147,1	402,7	298,3
40	405,9	311,7	244,4	204,2	190,9	405,9	300,7
50	409,1	326,7	270,1	239,5	234,8	409,1	303,0
60	412,3	341,7	295,8	274,8	278,6	412,3	305,4
70	415,5	356,7	321,6	310,1	322,4	415,5	307,8
80	418,7	371,7	347,3	345,4	366,2	418,7	310,1
90	421,9	386,7	373,0	380,8	410,0	421,9	312,5
100	425,1	401,7	398,7	416,1	453,8	453,8	336,1

Dosierung für Querschnitt:	80	kg/m3
Sicherheit bei Zustand 1:	2,03	-

Abbildung 8.9: Ergebnis der Trägerbemessung

gerissenen Zustand ist oder ob er wegen der Einrechnung der geforderten Sicherheit im noch nicht gerissenen Zustand ist.

Mit der graphischen Darstellung wird nun der Vergleich des zulässigen Momentes mit dem erforderlichen Moment gemacht. Hier kann man graphisch sehr schön erkennen, welchen Einfluss die Dosierung im gegebenen Querschnitt hat.

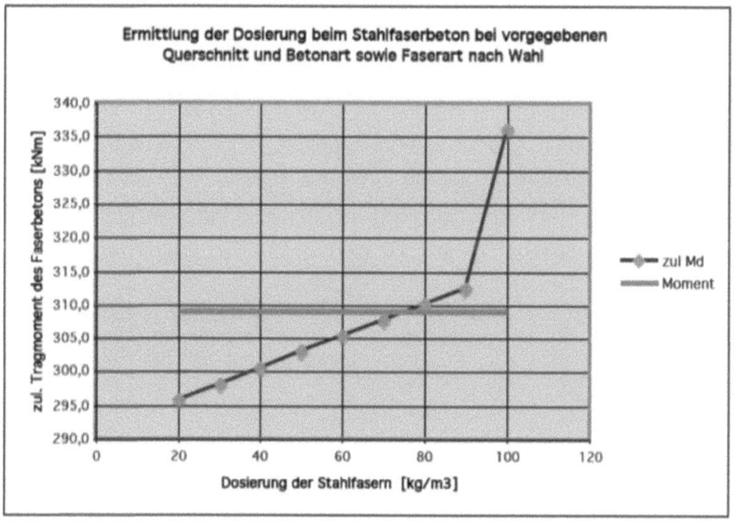

Abbildung 8.10: Abhängigkeit des Tragmomentes von der Dosierung

Man kann aus der nachfolgenden graphischen Zusammenstellung sehr gut den Einfluss der Dosierung erkennen. Zuerst zeigen die Kurven einen Anstieg des Tragmomentes bis der Zustand 1 erreicht ist. Danach entstehen Risse und mit zunehmendem Riss fällt das aufnehmbare Tragmoment, bis es letztendlich im Zustand 2 (maximal möglicher Riss) seine geringste Tragfähigkeit erreicht.

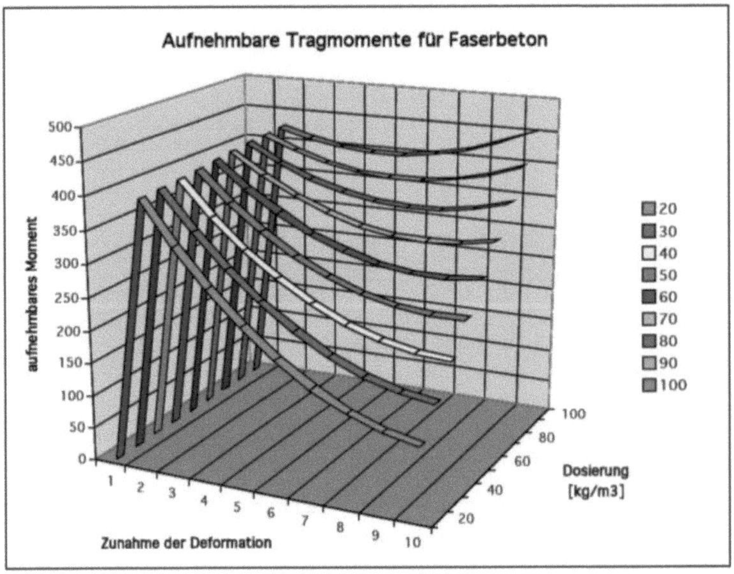

Abbildung 8.11: Zusammenstellung der aufnehmbaren Tragmomente für Stahlfaserbeton

Mit Zunahme der Dosierung ist eine geringe Verbesserung für Zustand 1 erkennbar. Im gerissenen Zustand 2 zeigt sich mit zunehmender Dosierung eine wesentliche Verbesserung des aufnehmbaren Tragmomentes, wobei dann der Endzustand bei maximal gerissenem Beton auch eine höhere Momentenaufnahme erreichen kann, als dies der ungerissene Zustand ermöglicht. Somit kann man aus dieser Grafik die mögliche Momententragfähigkeit eines Querschnittes erkennen.

Mit den beiden aufgezeigten Beispielen für die Bemessung auf Biegung wurde gezeigt, dass sich der Baustoff Stahlfaserbeton bestens auch für diese Beanspruchung eignet und deshalb auch in Zukunft vermehrt für derart beanspruchte Bauteile eingesetzt werden sollte.

8.1.3 Biegung mit Längskraft

Als Nächstes kommt in der Beanspruchung der Bauteil mit Druckkraft und einer Biegung. Diese Biegung kann entweder durch die Konstruktion selbst, wie bei einem angeschlossenen biegesteifen Träger, eingeleitet werden oder durch aufgebrachte Belastung, wie etwa der seitliche Erddruck. Es gibt hier eine Reihe von unterschiedlichen Anwendungsmöglichkeiten, wobei folgend einige Beispiele vorgeführt werden.

8.1.3.1 Kellerwände

Bei einem Hochbau wird für die Kellerwand aus der Statik die Wandlast mit 1400 $[kN/m]$ angegeben, der Erddruck erzeugt ein Moment von 74 $[kNm]$. Bei diesen Lasten sind noch nicht die Teilsicherheitsfaktoren berücksichtigt. Als Grundbaustoff wird die Betonfestigkeitsklasse C25/30 und die Faser TABIX gewählt.

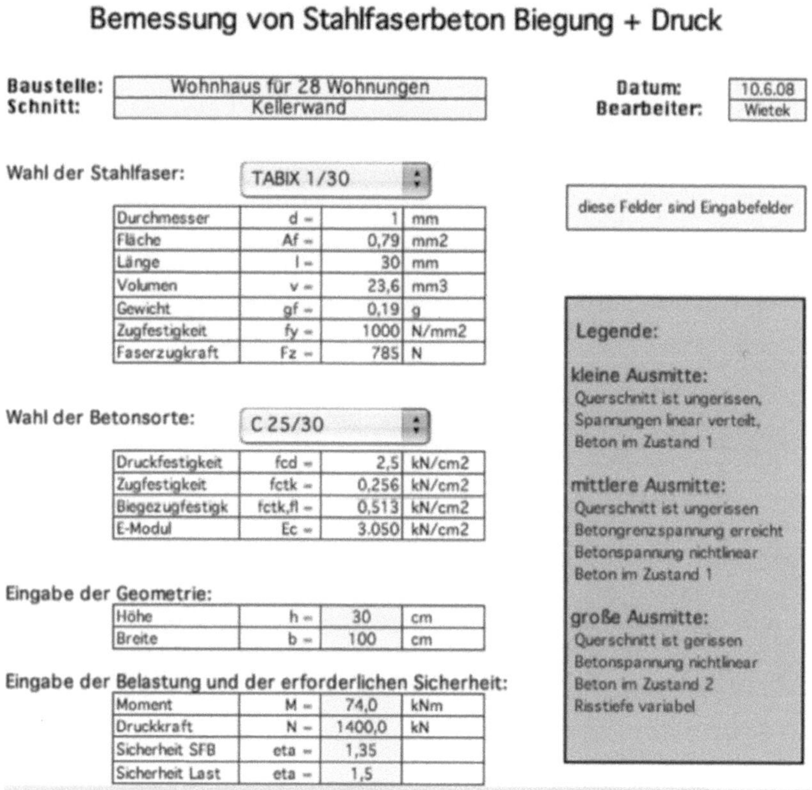

Abbildung 8.12: Eingabe für die Kellerwand

Nach dieser Eingabe wird nun errechnet, mit welcher Ausmitte die Kellerwand zu rechnen ist. Dazu werden die Randspannungen jeweils mit Stahlfaserdosierungen von 20 bis 100 kg/m^3

gerechnet. Im vorliegenden Fall kommt eine kleine Ausmitte heraus, da der Beton in seiner Druckfestigkeit bei Weitem nicht ausgenützt wird. Dies ist bei Kellerwänden durchaus üblich, es sollte die Wandstärke von 30 cm deshalb aber nicht verringert werden, da diese meist wegen einer Dichtheit gegen Wasser (Sickerwasser oder drückendes Wasser) gewählt wurde.

Errechnete Werte für zunehmende Stahlfaserdosierung:

	Dosierung [kg/m³]					
	20	40	60	80	100	
Ausmitte	klein	klein	klein	klein	klein	
M-klein =	148,1	149,3	150,5	151,7	152,9	[kNm]
M-mittel =	0,0	0,0	0,0	0,0	0,0	[kNm]
M-k =	148,1	149,3	150,5	151,7	152,9	[kNm]
M-r =	109,7	110,6	111,5	112,4	113,3	[kNm]
M-d =	111,0	111,0	111,0	111,0	111,0	[kNm]

Dosierung für Querschnitt:	50	kg/m3
Sicherheit bei Zustand 1:	2,03	-

Abbildung 8.13: Bemessungsergebnis für die Kellerwand

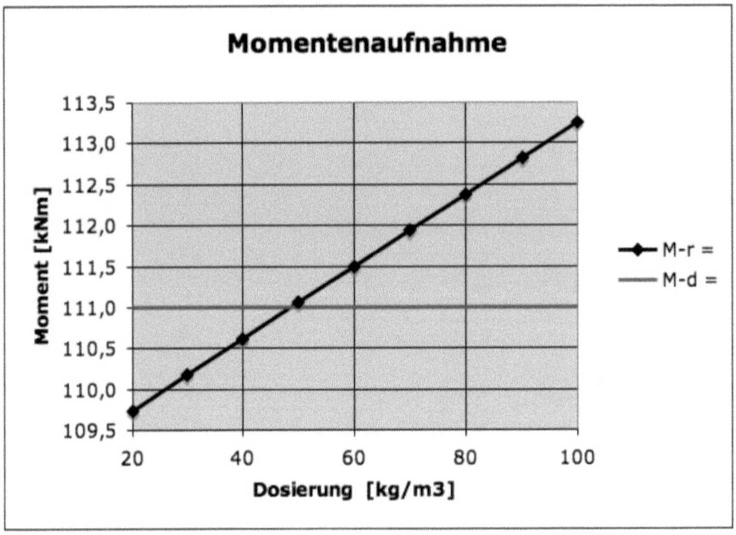

Abbildung 8.14: Momentenaufnahme für die Kellerwand

Es werden für jede berechnete Dosierung die aufnehmbaren Momente M_k berechnet, anschließend wird dieses Moment durch die Teilsicherheit für Stahlfaserbeton dividiert und man erhält das zulässige Tragmoment M_r. Anschließend wird das in der Statik ermittelte Moment mit der Teilsicherheit der Lasten multipliziert und man erhält daraus das M_d.

Im Vergleich der beiden Momente M_r und M_d bei den unterschiedlichen Dosierungen kann man die notwendige Mindestdosierung für die Kellerwand erkennen. In unserem Fall ergeben sich 50 kg/m^3.

Abschließend wird noch die Sicherheit bei dieser Dosierung gegenüber der statischen Last im Zustand 1 (ungerissener Beton) angegeben.

8.1.3.2 Wandscheibe mit Biegung

Ein weiteres Beispiel für ein Bauteil mit Belastung Biegung mit Längskraft ist hier eine Wandscheibe in einer Tiefgarage, die von einem Unterzug mit einem Moment zusätzlich beansprucht wird. Von dieser Wandscheibe aus verläuft ein Unterzug, der ein erhebliches Moment in die Wandscheibe einbringt. Zusätzlich werden über die darüberliegenden Stockwerke große Druckkräfte auf die Wandscheibe eingeleitet. Quer zur Wand sind keine Momente zu übertragen.

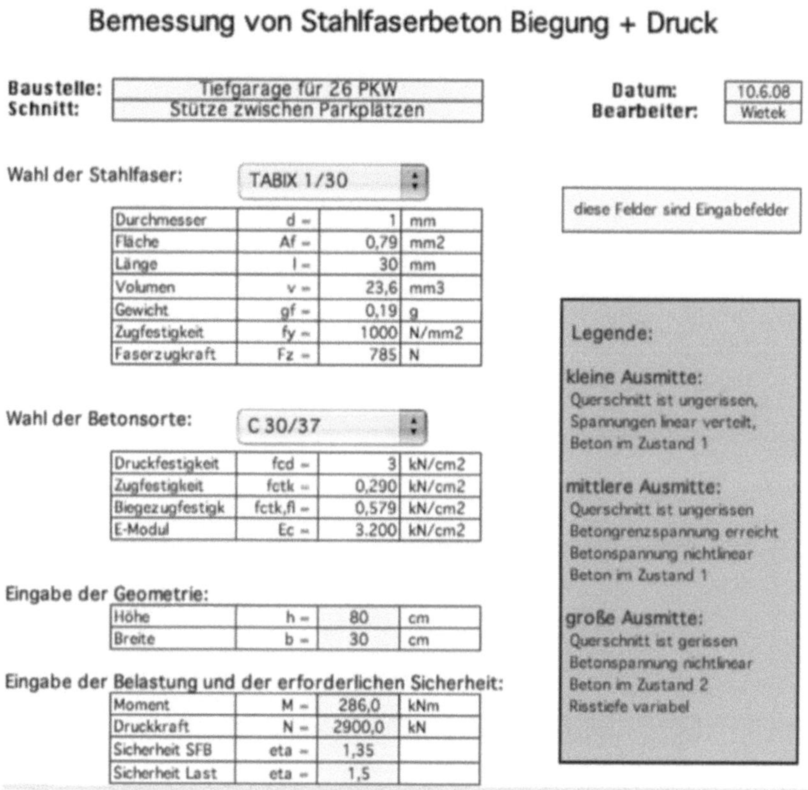

Bemessung von Stahlfaserbeton Biegung + Druck

Baustelle: Tiefgarage für 26 PKW
Schnitt: Stütze zwischen Parkplätzen
Datum: 10.6.08
Bearbeiter: Wietek

diese Felder sind Eingabefelder

Wahl der Stahlfaser: TABIX 1/30

Durchmesser	d =	1	mm
Fläche	Af =	0,79	mm2
Länge	l =	30	mm
Volumen	v =	23,6	mm3
Gewicht	gf =	0,19	g
Zugfestigkeit	fy =	1000	N/mm2
Faserzugkraft	Fz =	785	N

Wahl der Betonsorte: C 30/37

Druckfestigkeit	fcd =	3	kN/cm2
Zugfestigkeit	fctk =	0,290	kN/cm2
Biegezugfestigk	fctk,fl =	0,579	kN/cm2
E-Modul	Ec =	3.200	kN/cm2

Eingabe der Geometrie:

Höhe	h =	80	cm
Breite	b =	30	cm

Eingabe der Belastung und der erforderlichen Sicherheit:

Moment	M =	286,0	kNm
Druckkraft	N =	2900,0	kN
Sicherheit SFB	eta =	1,35	
Sicherheit Last	eta =	1,5	

Legende:
kleine Ausmitte:
Querschnitt ist ungerissen,
Spannungen linear verteilt,
Beton im Zustand 1
mittlere Ausmitte:
Querschnitt ist ungerissen
Betongrenzspannung erreicht
Betonspannung nichtlinear
Beton im Zustand 1
große Ausmitte:
Querschnitt ist gerissen
Betonspannung nichtlinear
Beton im Zustand 2
Risstiefe variabel

Abbildung 8.15: Eingabe für eine Stütze in Tiefgarage

Die Abmessung der Wandscheibe im Grundriss beträgt 80 mal 30 cm. Sie ist zwischen den Parkplätzen angeordnet und wurde aus architektonischen Gründen in diesen Dimensionen festgelegt. Aufgrund der etwas höheren Belastung wird bei dieser Wandscheibe eine höhere Betonfestigkeitsklasse C30/37 gewählt.

Danach wird ermittelt, ob die Wandscheibe mit kleiner Ausmitte oder mittlerer Ausmitte zu rechnen ist. Dazu werden die Randspannungen σ_{m1} und auch σ_{m2} gemäß Formel 7.18 und 7.19 jeweils mit Stahlfaserdosierungen von 20 bis 100 kg/m^3 gerechnet. Im vorliegenden Fall kommt bei allen Dosierungen eine mittlere Ausmitte heraus, da der Beton in seiner Druckfestigkeit ausgenützt wird.

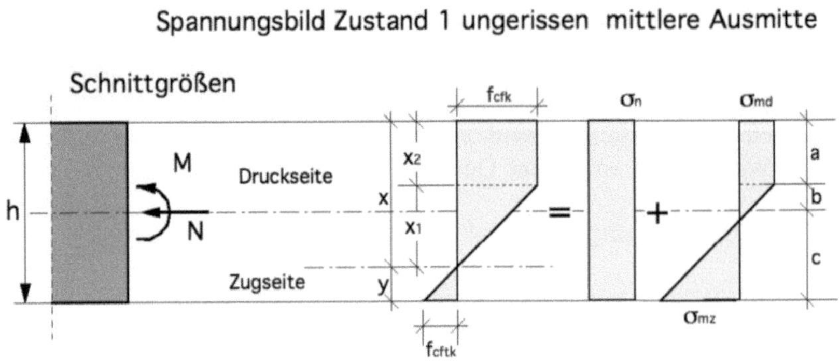

Abbildung 8.16: Spannungszustand bei mittlerer Ausmitte

Es ist also der Beton in einem nichtlinearen Spannungszustand und überträgt nur die ihm zugewiesene Druckfestigkeit. Mit dieser maximalen Druckspannung am Rande ergeben sich nun die im Querschnitt auftretenden Druck- und Zugkräfte sowie daraus die möglichen aufnehmbaren Momente für diese Wandscheibe.

Errechnete Werte für zunehmende Stahlfaserdosierung:

	Dosierung [kg/m³]					
	20	40	60	80	100	
Ausmitte	klein	klein	klein	klein	klein	
M-klein =	574,6	577,1	579,7	582,2	584,7	[kNm]
M-mittel =	0,0	0,0	0,0	0,0	0,0	[kNm]

M-k =	574,6	577,1	579,7	582,2	584,7	[kNm]
M-r =	425,6	427,5	429,4	431,2	433,1	[kNm]
M-d =	429,0	429,0	429,0	429,0	429,0	[kNm]

Dosierung für Querschnitt:	60	kg/m3
Sicherheit bei Zustand 1:	2,03	-

Abbildung 8.17: Bemessungsergebnis für die Stütze in TG

Entsprechend dieser Spannungsverteilung wird nun das Moment M_k für jede Dosierung errechnet, anschließend wird dieses Moment durch die Teilsicherheit für Stahlfaserbeton dividiert und man erhält das zulässige Tragmoment M_r. Danach wird das in der Statik ermittelte Moment mit der Teilsicherheit der Lasten multipliziert und man erhält daraus das M_d.

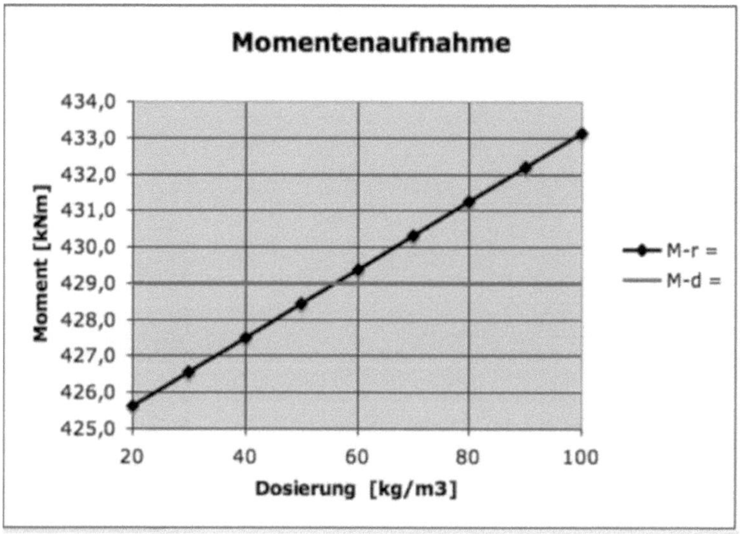

Abbildung 8.18: Momentenaufnahme für die Stütze in TG

Im Vergleich der beiden Momente M_r und M_d bei den unterschiedlichen Dosierungen kann man die notwendige Mindestdosierung für die Wandscheibe erkennen. In unserem Fall ergeben sich 60 kg/m^3.

Abschließend wird noch die Sicherheit bei dieser Dosierung gegenüber der statischen Last im Zustand 1 (ungerissener Beton) angegeben.

8.1.3.3 Stütze mit Biegung

Noch ein Beispiel für eine Biegung mit Druckkraft ist eine Eckstütze für ein Kiessilo. Es handelt sich hier um mehrere Silos, unter die mit LKW für den Beladevorgang eingefahren wird. Die Stützen sind quadratisch mit den Abmessungen 50 cm.

Aus der statischen Berechnung wurde infolge der Windlast auf die Siloanlage eine Horizontallast errechnet, die für die Stützen ein Moment ergibt, das neben der Druckkraft auch noch abgeleitet werden muss.

Für die Stützen wurde die Betonfestigkeitsklasse C30/37 gewählt. Es soll versucht werden, mit Stahlfaserbeton zu arbeiten.

Zuerst wird untersucht, mit welcher Art der Ausmitte der Last hier gerechnet werden muss. Es zeigt sich bei der Durchrechnung der einzelnen Dosierungen von 20 bis 100 kg/m^3, dass bei einer geringen Dosierung eine mittlere Ausmitte entsteht, die eine bessere Betonausnutzung hat als die kleine Ausmitte. Daher ist bei geringerer Dosierung auch ein höheres Moment abtragbar. Dies zeigt die theoretischen Auswirkungen der beiden unterschiedlichen Berechnungen für die

Bemessung von Stahlfaserbeton Biegung + Druck

Baustelle:	Kies - Siloanlage	**Datum:**	10.6.08
Schnitt:	Eckstütze	**Bearbeiter:**	Wietek

Wahl der Stahlfaser: TABIX 1/30

diese Felder sind Eingabefelder

Durchmesser	d =	1	mm
Fläche	Af =	0,79	mm2
Länge	l =	30	mm
Volumen	v =	23,6	mm3
Gewicht	gf =	0,19	g
Zugfestigkeit	fy =	1000	N/mm2
Faserzugkraft	Fz =	785	N

Legende:

kleine Ausmitte:
Querschnitt ist ungerissen,
Spannungen linear verteilt,
Beton im Zustand 1

mittlere Ausmitte:
Querschnitt ist ungerissen
Betongrenzspannung erreicht
Betonspannung nichtlinear
Beton im Zustand 1

große Ausmitte:
Querschnitt ist gerissen
Betonspannung nichtlinear
Beton im Zustand 2
Risstiefe variabel

Wahl der Betonsorte: C 30/37

Druckfestigkeit	fcd =	3	kN/cm2
Zugfestigkeit	fctk =	0,290	kN/cm2
Biegezugfestigk	fctk,fl =	0,579	kN/cm2
E-Modul	Ec =	3.200	kN/cm2

Eingabe der Geometrie:

Höhe	h =	50	cm
Breite	b =	50	cm

Eingabe der Belastung und der erforderlichen Sicherheit:

Moment	M =	182,0	kNm
Druckkraft	N =	2950,0	kN
Sicherheit SFB	eta =	1,35	
Sicherheit Last	eta =	1,5	

Abbildung 8.19: Eingabe für eine Eckstütze eines Kiessilos

Ausmitte. Es kann in diesem Fall mit der geringeren Dosierung das Auslangen gefunden werden, da über die bessere Betonausnutzung das auftretende Moment aufnehmbar ist.

Dieser Sonderfall des Überganges von der kleinen zur mittleren Ausmitte zeigt, dass es sehr wohl der genauen Betrachtung der Ausnutzung des Querschnittes bedarf. Es ist dabei noch zu überlegen, welche Auswirkung innerhalb eines Querschnittes die Veränderung des Momentes hat. Wenn nun, wie im gegenständlichen Fall, das Moment sich im Verlauf der Stütze verringert, so wird sich auch die Situation der Ausmitte verändern. Es ist zu prüfen, ob diese Veränderung in der Tragfähigkeit der Stütze eine negative Auswirkung besitzt. Im gegenständlichen Fall ist das nicht zu befürchten, denn die Aufnahmefähigkeit bleibt bis zur errechneten Situation gegeben.

In einem solchen Fall ist nur auf die Tatsache zu achten, dass das maximale Moment bei der dazugehörigen minimalen Druckkraft gerechnet wird und dann nochmals die maximale Druckkraft eigens berechnet wird. Auf diese zweite Berechnung wird hier verzichtet, da sie bei diesem Beispiel nicht zum Bemessungsfall führt.

Errechnete Werte für zunehmende Stahlfaserdosierung:

	Dosierung [kg/m³]					
	20	40	60	80	100	
Ausmitte	klein	klein	klein	klein	klein	
M-klein =	368,2	369,8	371,5	373,1	374,8	[kNm]
M-mittel =	0,0	0,0	0,0	0,0	0,0	[kNm]

M-k =	368,2	369,8	371,5	373,1	374,8	[kNm]
M-r =	272,7	273,9	275,2	276,4	277,6	[kNm]
M-d =	273,0	273,0	273,0	273,0	273,0	[kNm]

Dosierung für Querschnitt:	30	kg/m3
Sicherheit bei Zustand 1:	2,03	-

Abbildung 8.20: Bemessungsergebnis für die Eckstütze eines Kiessilos

Es werden für jede berechnete Dosierung die aufnehmbaren Momente M_k in der jeweils vorkommenden Ausmitte berechnet, anschließend wird dieses Moment durch die Teilsicherheit für Stahlfaserbeton dividiert und man erhält das zulässige Tragmoment M_r. Anschließend wird das in der Statik ermittelte Moment mit der Teilsicherheit der Lasten multipliziert und man erhält daraus das M_d. Abschließend wird noch die Sicherheit bei dieser Dosierung gegenüber der statischen Last im Zustand 1 (ungerissener Beton) angegeben.

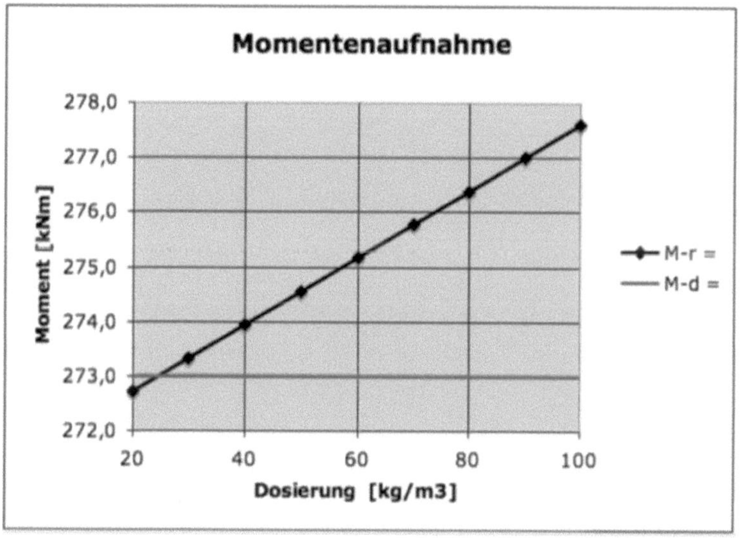

Abbildung 8.21: Momentenaufnahme für die Eckstütze eines Kiessilos

Im Vergleich der beiden Momente M_r und M_d bei den unterschiedlichen Dosierungen kann man die notwendige Mindestdosierung für die Wandscheibe erkennen. In unserem Fall ergeben sich nur 30 kg/m^3.

Die berechneten Beispiele zeigen den Einsatz in unterschiedlichsten Situationen, die besonders im Hochbau interessant sind. Da diese besonders bei Druckbelastung des Bauteiles ohne Risse möglich sind, ist dies bezüglich der Dichtheit der Konstruktion und besonders bei Wänden interessant.

Es kann bei Kellerwänden im Gegensatz zu Stahlbeton der gesamte Wandquerschnitt als ungerissen betrachtet werden. Dies erhöht besonders bezüglich der Wasserdichtheit einer Wand die Gesamtsicherheit. Somit kann aufgrund dieser Erkenntnis auch der Wandquerschnitt auf ein Mindestmaß der Bemessung reduziert werden, da die Rissefreiheit auch die Wasserdichtheit bei einem entsprechenden Beton garantiert.

8.1.4 Druckstäbe

Es wird hier eine Stütze einer Einkaufspassage berechnet, die nur Druckkräfte abzutragen hat. Die Abmessung der Stütze im Grundriss mit 35 cm und 40 cm entstand aus architektonischen Gründen. Sie wird hier verwendet, um zu zeigen, dass die Beanspruchung auf die schwächere Seite zu rechnen ist.

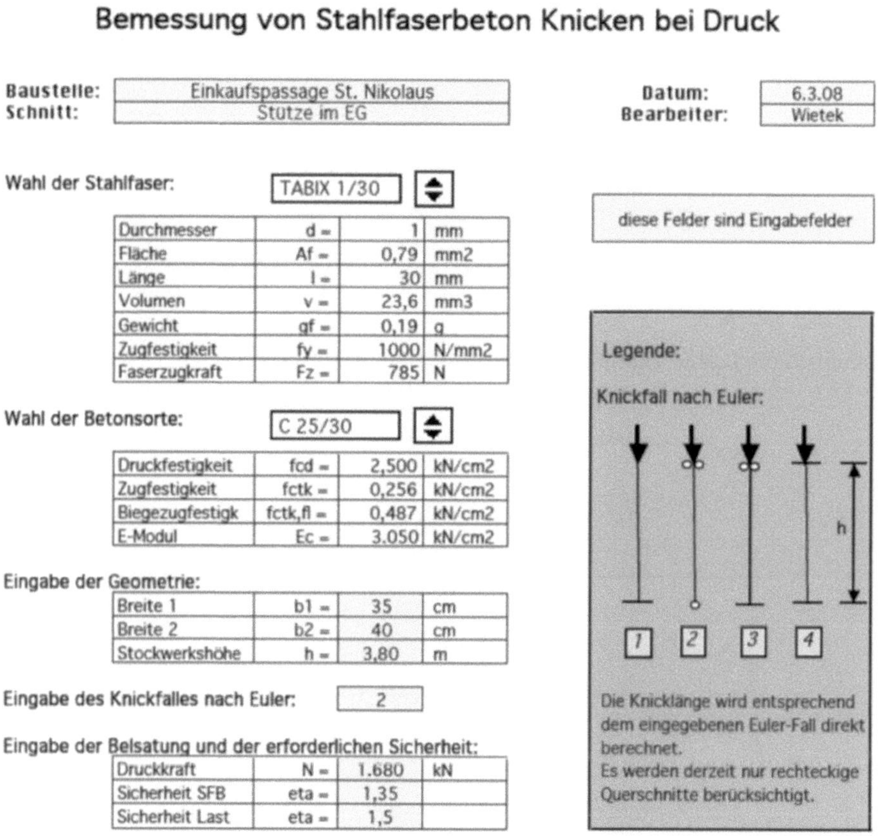
Bemessung von Stahlfaserbeton Knicken bei Druck

Baustelle: Einkaufspassage St. Nikolaus
Schnitt: Stütze im EG
Datum: 6.3.08
Bearbeiter: Wietek

Wahl der Stahlfaser: TABIX 1/30

diese Felder sind Eingabefelder

Durchmesser	d =	1	mm
Fläche	Af =	0,79	mm2
Länge	l =	30	mm
Volumen	v =	23,6	mm3
Gewicht	gf =	0,19	g
Zugfestigkeit	fy =	1000	N/mm2
Faserzugkraft	Fz =	785	N

Wahl der Betonsorte: C 25/30

Druckfestigkeit	fcd =	2,500	kN/cm2
Zugfestigkeit	fctk =	0,256	kN/cm2
Biegezugfestigk	fctk,fl =	0,487	kN/cm2
E-Modul	Ec =	3.050	kN/cm2

Eingabe der Geometrie:

Breite 1	b1 =	35	cm
Breite 2	b2 =	40	cm
Stockwerkshöhe	h =	3,80	m

Eingabe des Knickfalles nach Euler: 2

Eingabe der Belsatung und der erforderlichen Sicherheit:

Druckkraft	N =	1.680	kN
Sicherheit SFB	eta =	1,35	
Sicherheit Last	eta =	1,5	

Abbildung 8.22: Eingabe für die Stütze einer Einkaufspassage

Bei der Eingabe wird gleich auch auf den Knickfall nach Euler aufmerksam gemacht. Hier ist der Knickfall auszuwählen und danach wird dann aus der Stockwerkshöhe die Knicklänge nach Euler ermittelt. Es werden zunächst die für die Knickung erforderlichen Werte ermittelt. Es wird vom angegebenen Querschnitt der kleinste Trägheitsradius errechnet und anschließend mit der Knicklänge die Schlankheit λ. Damit kann nun der Faktor ω für die Berechnung der Knicklast errechnet werden.

Es werden für jede berechnete Dosierung die aufnehmbaren Knicklasten N^* berechnet, anschließend wird diese Last durch die Teilsicherheit für Stahlfaserbeton dividiert und man erhält die zulässige Knicklast N_{zul}. Anschließend wird die in der Statik ermittelte Belastung mit der

Errechnete Werte für zunehmende Stahlfaserdosierung:

Knicklänge:	sk =	3,80	m

Knickwerte:	i =	10,1	λ =	37,6	ω =	1,09

		Dosierung [kg/m³]				
		20	40	60	80	100
f-cftk =	kN/cm2	0,50	0,50	0,51	0,52	0,53
τc =	kN/cm2	0,50	0,51	0,51	0,52	0,53
f-cfk =	kN/cm2	2,41	2,45	2,49	2,53	2,57
N· =	kN/cm2	**3.379**	**3.433**	**3.487**	**3.541**	**3.595**
N-zul =	kN/cm2	2.503	2.543	2.583	2.623	2.663
N-d =	kN/cm2	2.520	2.520	2.520	2.520	2.520

Dosierung für Querschnitt:	30	kg/m3
Sicherheit bei Zustand 1:	2,03	-

Abbildung 8.23: Bemessungsergebnis für die Stütze einer Einkaufspassage

Teilsicherheit der Lasten multipliziert und man erhält daraus das N_d.

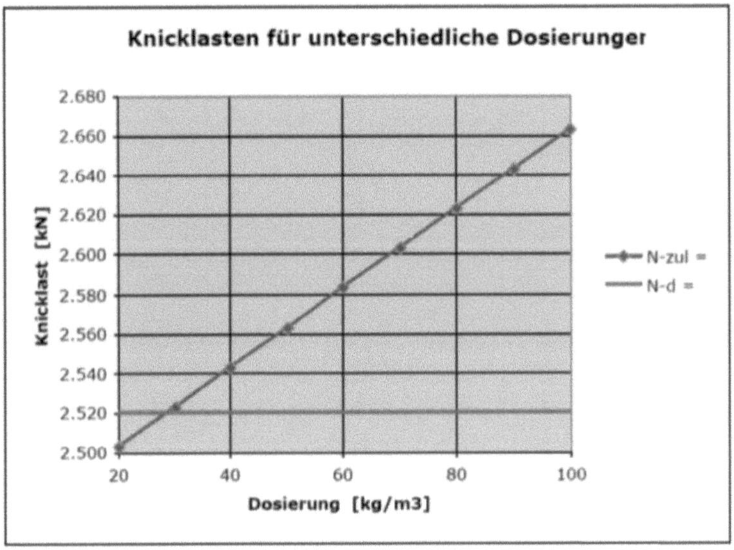

Abbildung 8.24: Knicklast für die Stütze einer Einkaufspassage

Im Vergleich der beiden Belastungen N_{zul} und N_d bei den unterschiedlichen Dosierungen, kann man die notwendige Mindestdosierung für die Stütze im Lastfall Knicken erkennen. In unserem Fall ergeben sich 30 kg/m^3. Abschließend wird noch die Sicherheit bei dieser Dosierung gegenüber der statischen Last im Zustand 1 (ungerissener Beton) angegeben.

8.1.5 Querkraft

Als Beispiele für die Bemessung für Querkraft werden die bereits berechneten Beispiele für Biegung verwendet.

8.1.5.1 Querkraft bei Träger

Hier wird die Querkraftsituation beim Auflager des Fußgängerüberganges vom Beispiel unter Punkt 7.1.2. nachgerechnet.

Die abzutragende Querkraft beim Brückenträger mit den Dimensionen von 40 mal 110 cm beträgt 119,9 kN. Diese Kraft soll vom Stahlfaserbeton aufgenommen werden.

Bemessung von Stahlfaserbeton Schubnachweis

Baustelle: Fußgängerübergang
Schnitt: Träger mit Querkraft
Datum: 6.3.08
Bearbeiter: Wietek

Wahl der Stahlfaser: TABIX 1/30

diese Felder sind Eingabefelder

Durchmesser	d =	1	mm
Fläche	Af =	0,79	mm2
Länge	l =	30	mm
Volumen	v =	23,6	mm3
Gewicht	gf =	0,19	g
Zugfestigkeit	fy =	1000	N/mm2
Faserzugkraft	Fz =	785	N

Legende:

Mohr'scher Bruchmechanismus

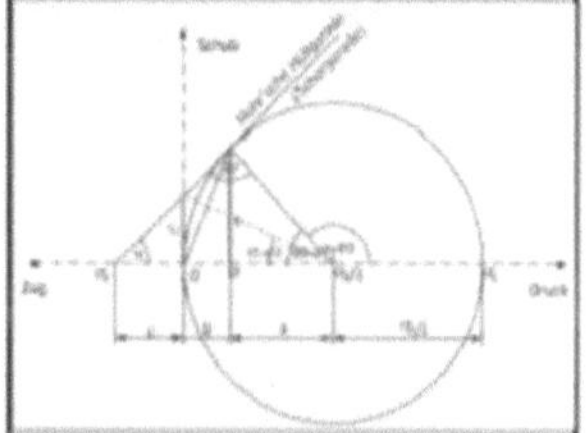

die Scherspannung τ wird nach Mohr ermittelt

$$\tau = \tau_c * \tan \sigma$$

Wahl der Betonsorte: C 25/30

Druckfestigkeit	fcd =	2,5	kN/cm2
Zugfestigkeit	fctk =	0,256	kN/cm2
Biegezugfestigk	fctk,fl =	0,487	kN/cm2
E-Modul	Ec =	3.050	kN/cm2

Eingabe der Geometrie:

Höhe	h =	110	cm
Breite	b =	40	cm

Eingabe der Belsatung und der erforderlichen Sicherheit:

Querkraft	Q =	119,9	kN
Sicherheit SFB	eta =	1,35	
Sicherheit Last	eta =	1,5	

Abbildung 8.25: Eingabe für einen Träger mit Querkraft

Es wird bei der Geometrie die Fläche des einfachen Querschnittes eingegeben, der einer Abscherung ausgesetzt ist.

Die aufnehmbare Schubspannung des Stahlfaserbetons mit unterschiedlicher Dosierung errechnet sich aus den Verhältnissen von Mohr, wobei zuerst die Zug- und Druckfestigkeit ermittelt werden. Es kann dann über den vom Beton bekannten Scherwinkel die Scherfestigkeit des Stahlfaserbetons, wie im Abschnitt 7.1.4 angegeben, errechnet werden. Diese Scherfestigkeit τ_c kann nun über den gesamten Querschnitt als mittlere Scherspannung angesetzt werden.

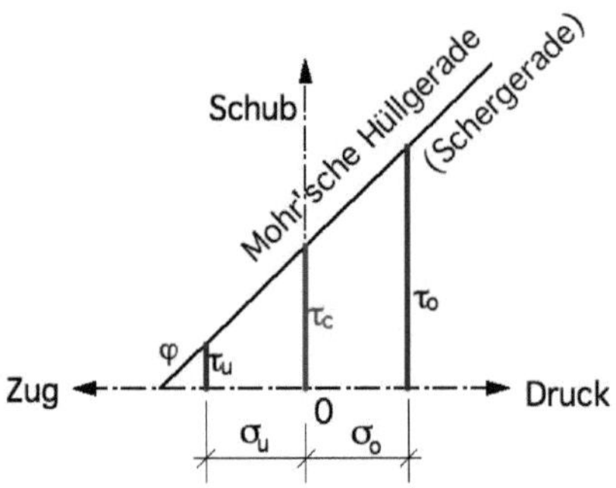

Abbildung 8.26: Schubspannungen im Querschnitt

Mit dieser Schubspannung τ_c (Scherfestigkeit), die für jede Dosierung extra ermittelt wird, errechnet sich die jeweils aufnehmbare Querkraft Q^*.

Errechnete Werte für zunehmende Stahlfaserdosierung:

Querschn.fläche	A =	4.400	cm2

		Dosierung [kg/m³]				
		20	40	60	80	100
f-cftk =	kN/cm2	0,521	0,529	0,537	0,545	0,553
τc =	kN/cm2	0,524	0,532	0,540	0,548	0,556
f-cfk =	kN/cm2	2,539	2,577	2,616	2,655	2,693
Q=	kN	2.305	2.340	2.375	2.410	2.445
Q-zul =	kN	1.707	1.733	1.759	1.785	1.811
Q-d =	kN	180	180	180	180	180

Dosierung für Querschnitt:	20	kg/m3
Sicherheit bei Zustand 1:	19,22	-

Abbildung 8.27: Bemessungsergebnis für Träger mit Querkraft

Es werden für jede berechnete Dosierung die aufnehmbaren Querkräfte Q^* berechnet, anschließend wird diese Last durch die Teilsicherheit für Stahlfaserbeton dividiert und man erhält das zulässige Querkraft Q_{zul}. Anschließend wird die in der Statik ermittelte Querkraft mit der Teilsicherheit der Lasten multipliziert und man erhält daraus das Q_d.

Im Vergleich der beiden Querkräfre Q_{zul} und Q_d bei den unterschiedlichen Dosierungen kann man die notwendige Mindestdosierung für die Stütze im Lastfall Knicken erkennen. In unserem Fall ergeben sich 20 kg/m^3. Dieser Betrag ist geringer als die erforderliche Dosierung infolge der Biegung, die mit 80 kg/m^3 ermittelt wurde (siehe Pkt. 8.1.2.2). Daher wird für den Träger die Dosierung aus dem Lastfall Biegung maßgebend.

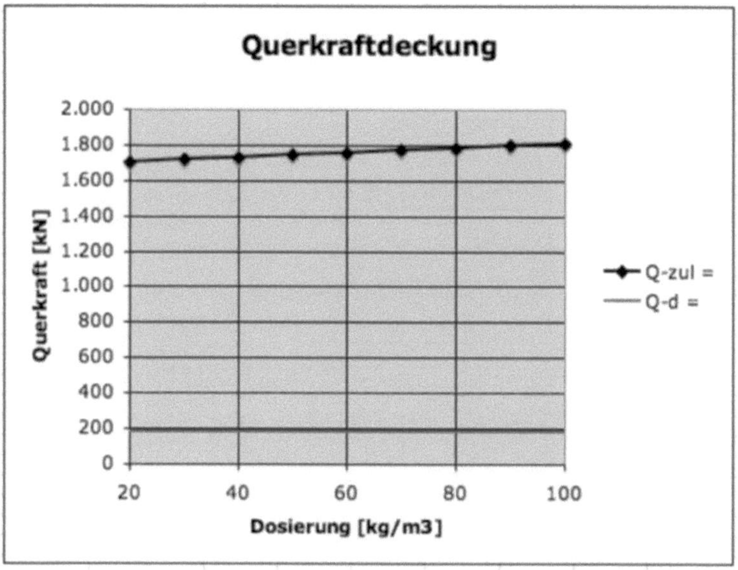

Abbildung 8.28: Schubdeckung für einen Träger

Es zeigt sich, dass für Stahlfaserbeton die Querkraft wegen der im Zustand 1 (ungerissener Beton) verwendbaren Gesamtquerschnittsfläche doch eine hohe Tragfähigkeit für die Querkraft gegeben ist und deshalb keine zusätzlichen Maßnahmen erforderlich sind.

8.1.5.2 Durchstanzen eines Auflagers

Besonders interessant ist der Lastfall des Durchstanzens bei Decken mit relativ kleinen Stützenabmessungen. Als Beispiel wird hier die bereits auf Biegung gerechnete Decke in Bissen verwendet.

Die auf eine Stütze zu übertragende Last errechnet sich zu 396 kN. Die Stützen unter der Decke haben als quadratische Stützen eine Seitenlänge von 25 cm. Die Decke ist mit einer Dicke von 20 cm unter Pkt. 7.1.1 bemessen worden.

Für die Berechnung des Durchstanzens der Stütze durch die Platte wird ein Rundschnitt um die Stütze gerechnet. Die Länge des Rundschnittes ist die Gesamtlänge des Stützenumfanges, also im vorliegenden Fall 4 x 25 cm. Es wird also mit einer Breite b = 100 cm und einer Höhe von h = 20 cm gerechnet.

Die aufnehmbare Schubspannung des Stahlfaserbetons mit unterschiedlicher Dosierung errechnet sich aus den Verhältnissen von Mohr, wobei zuerst die Zug- und Druckfestigkeit ermittelt werden. Es kann dann über den vom Beton bekannten Scherwinkel die Scherfestigkeit des Stahlfaserbetons wie im Abschnitt 6.4 angegeben errechnet werden. Diese Scherfestigkeit τ_c kann nun über den gesamten Querschnitt als mittlere Scherspannung angesetzt werden. Damit errechnet sich die aufnehmbare Querkraft Q^*.

Bemessung von Stahlfaserbeton Schubnachweis

Baustelle:	Testplatte Bissen 2004	**Datum:**	6.3.08
Schnitt:	Durchstanzen der Stützen	**Bearbeiter:**	Wietek

Wahl der Stahlfaser: TABIX 1/30

Durchmesser	d =	1	mm
Fläche	Af =	0,79	mm2
Länge	l =	30	mm
Volumen	v =	23,6	mm3
Gewicht	gf =	0,19	g
Zugfestigkeit	fy =	1000	N/mm2
Faserzugkraft	Fz =	785	N

diese Felder sind Eingabefelder

Wahl der Betonsorte: C 25/30

Druckfestigkeit	fcd =	2,5	kN/cm2
Zugfestigkeit	fctk =	0,256	kN/cm2
Biegezugfestigk	fctk,fl =	0,487	kN/cm2
E-Modul	Ec =	3.050	kN/cm2

Eingabe der Geometrie:

Höhe	h =	20	cm
Breite	b =	100	cm

Eingabe der Belsatung und der erforderlichen Sicherheit:

Querkraft	Q =	396,0	kN
Sicherheit SFB	eta =	1,35	
Sicherheit Last	eta =	1,5	

Legende:

Mohr'scher Bruchmechanismus

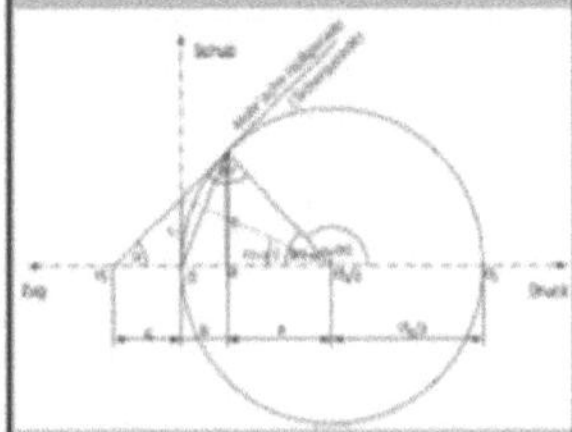

die Scherspannung τ wird nach Mohr ermittelt

$\tau = \tau_c * \tan\sigma$

Abbildung 8.29: Eingabe für das Durchstanzen eines Auflagers

Es werden für jede berechnete Dosierung die aufnehmbaren Querkräfte Q^* berechnet, anschließend wird diese Last durch die Teilsicherheit für Stahlfaserbeton dividiert und man erhält die zulässige Querkraft Q_{zul}. Anschließend wird die in der Statik ermittelte Querkraft mit der Teilsicherheit der Lasten multipliziert und man erhält daraus Q_d.

Im Vergleich der beiden Querkräfre Q_{zul} und Q_d bei den unterschiedlichen Dosierungen kann man die notwendige Mindestdosierung für die Stütze im Lastfall Knicken erkennen. In unserem Fall ergeben sich 30 kg/m^3. Dieser Betrag ist geringer als die erforderliche Dosierung infolge der Biegung, die mit 70 kg/m^3 ermittelt wurde (siehe Pkt. 7.1.1). Daher wird für die Decke die Dosierung aus dem Lastfall Biegung maßgebend.

Hier wird offenkundig, dass Stahlfaserbeton bei Belastung auf Schub eine extrem gute Tragfähigkeit besitzt. Im Gegensatz zu Stahlbeton, bei dem das Durchstanzen von Decken immer ein erhebliches Problem darstellt und nur durch erhöhte Zusatzmaßnahmen abgedeckt werden kann, sind beim Stahlfaserbeton aufgrund der guten Scherspannungsübertragung keine zusätzlichen Maßnahmen erforderlich.

Errechnete Werte für zunehmende Stahlfaserdosierung:

Querschn.fläche	A =	2.000	cm2

		Dosierung [kg/m³]				
		20	40	60	80	100
f-cftk =	kN/cm2	0,521	0,529	0,537	0,545	0,553
τc =	kN/cm2	0,524	0,532	0,540	0,548	0,556
f-cfk =	kN/cm2	2,539	2,577	2,616	2,655	2,693
Q* =	kN	1.048	1.063	1.079	1.095	1.111
Q-zul =	kN	776	788	800	811	823
Q-d =	kN	594	594	594	594	594

Dosierung für Querschnitt:	20	kg/m3
Sicherheit bei Zustand 1:	2,65	-

Abbildung 8.30: Bemessungsergebnis für Durchstanzen eines Auflagers

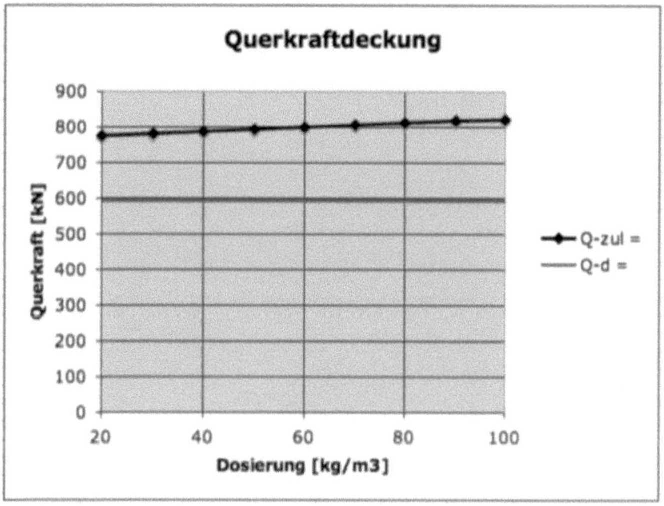

Abbildung 8.31: Schubdeckung für eine Platte beim Auflager

Es zeigt sich, dass für Stahlfaserbeton wegen der im Zustand 1 (ungerissener Beton) verwendbaren Gesamtquerschnittsfläche eine gute Tragfähigkeit für die Querkraft gegeben ist und trotzdem noch eine erhebliche Sicherheit gegen den Zustand 1 aufgewiesen werden kann.

8.1.6 Ausbruch eines Auflagers

Es werden hier zum besseren Vergleich die beiden Beispiele für die Querkraft für den Ausbruch des Auflagers nachgerechnet. Damit ist auch erkennbar, dass dieser Nachweis zu unterschiedlichen Ergebnissen führt.

8.1.6.1 Auflager bei Träger

Es wird die Auflagersituation beim Träger des Fußgängerüberganges vom Beispiel 7.1.2 nachgerechnet.

Der Träger hat die Abmessungen von b = 40 cm und h = 110 cm und eine Auflagerkraft von 119,9 kN.

Bemessung von Stahlfaserbeton Auflagerausbruch

Baustelle: Fussgängerübergang
Schnitt: Ausbruch des Auflagers

Datum: 10.3.09
Bearbeiter: Wietek

Wahl der Stahlfaser: TABIX 1/30

diese Felder sind Eingabefelder

Durchmesser	d =	1	mm
Fläche	Af =	0,79	mm2
Länge	l =	30	mm
Volumen	v =	23,6	mm3
Gewicht	gf =	0,19	g
Zugfestigkeit	fy =	1000	N/mm2
Faserzugkraft	Fz =	785	N

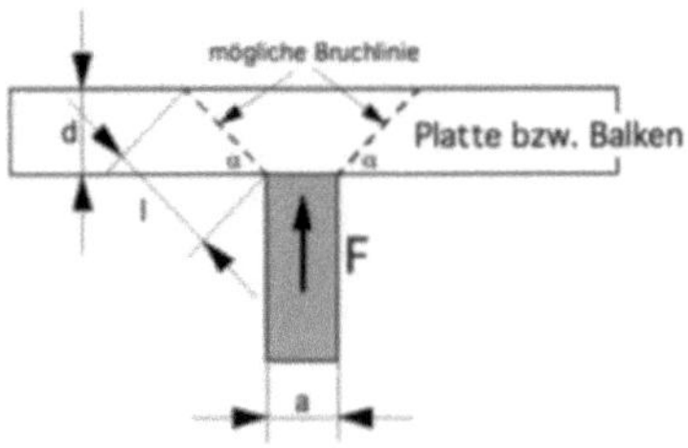

Wahl der Betonsorte: C 25/30

Druckfestigkeit	fcd =	2,5	kN/cm2
Zugfestigkeit	fctk =	0,256	kN/cm2
E-Modul	Ec =	3.050	kN/cm2

Eingabe der Geometrie:

Höhe	h =	110	cm	Träger bzw. Decke
Breite	b =	40	cm	Träger bzw. Auflager

Eingabe der Belsatung und der erforderlichen Sicherheit:

Querkraft	Q =	119,9	kN
Sicherheit SFB	eta =	1,35	
Sicherheit Last	eta =	1,5	

Abbildung 8.32: Eingabe für den Fußgängersteg

Nach der Eingabe der Stahlfaser und der Betonsorte erfolgt die Eingabe der Geometrie. Dabei werden entweder für einen Träger, wie im vorliegenden Fall, oder für eine Platte die entsprechenden Werte eingetragen.

Aus Beispiel 7.1 2 sind die entsprechenden Daten übernommen worden. Die Querkraft ist in unserem Fall die Auflagerkraft, die aus der Statik übernommen wurde.

Bruchwinkel und Bruchfläche:

Bruchwinkel	α =	45	Grad
Querschn.fläche	A =	6.223	cm2

Träger einfach

Abbildung 8.33: Bruchwinkel und Bruchfläche

Der für die Berechnung notwendige Bruchwinkel α wird entsprechend der Beschreibung unter Punkt 7.1.5 mit 45° angenommen. Es kann selbstverständlich auch mit anderen Winkeln gerechnet werden, falls dies durch andere Randbedingungen vorgegeben wird.

Es ist dann bei der Ermittlung der Bruchfläche die schräge Länge zu ermitteln:

$$l = \frac{d}{cos\alpha} = \frac{110}{cos(45)} = 155,6[cm] \tag{8.2}$$

Da der Träger nur mit einer Seite aufliegt, ist nur eine Bruchfläche zu rechnen. Diese ergibt sich zu:

$$A = l * b = 155,6 * 40 = 6.223[cm^2] \tag{8.3}$$

Als Nächstes werden die von den Stahlfasern aufnehmbaren Zugspannungen f_{fk1} bei den unterschiedlichen Dosierungen ermittelt. Diese werden dann der Zugfestigkeit des Betons f_ctk (nicht der Biegezugfestigkeit!) zugeschlagen, und es ergibt sich dann die aufnehmbare Zugfestigkeit f_{cftk} in Abhängigkeit von der Dosierung.

Errechnete Werte für zunehmende Stahlfaserdosierung:

		Dosierung [kg/m³]				
		20	40	60	80	100
f-fk1 =	kN/cm2	0,008	0,016	0,024	0,032	0,040
f-cftk =	kN/cm2	0,264	0,272	0,280	0,288	0,296
F· =	kN	1.645	1.695	1.744	1.793	1.843
F-r =	kN	1.219	1.255	1.292	1.328	1.365
F-d =	kN	180	180	180	180	180

Abbildung 8.34: Spannungen und Kräfte bei unterschiedlichen Dosierungen

Mit diesen Zugfestigkeiten kann nun mit Hilfe der ermittelten Bruchfläche die aufnehmbare Kraft in der Bruchfuge errechnet werden:

$$F = f_{cftk} * A \tag{8.4}$$

Mit der Berücksichtigung der Teilsicherheitsfaktoren kann man nun den jeweiligen Bemessungswert des Widerstandes der Materialien zu

$$F_r = \frac{F}{\nu_B} \tag{8.5}$$

und den Bemessungswert der Beanspruchung aus den statischen Lasten zu

$$F_d = Q * \nu_l \tag{8.6}$$

errechnen. Diese beiden Werte werden dann bei jeder Dosierung verglichen. Aus dem Vergleich ist erkennbar, welche Dosierung hier mindestens im Bauteil vorhanden sein muss, um den Ausbruch zu vermeiden.

Dosierung für Querschnitt:	20	kg/m3
Sicherheit bei Zustand 1:	13,72	-

Abbildung 8.35: Ergebnis der Berechnung

Das Ergebnis zeigt hier eine Dosierung von 20 kg/m^3, was einer Mindestdosierung entspricht. Die Dosierung aus der Berechnung der Biegemomente im Träger war höher und ist somit wirsam.

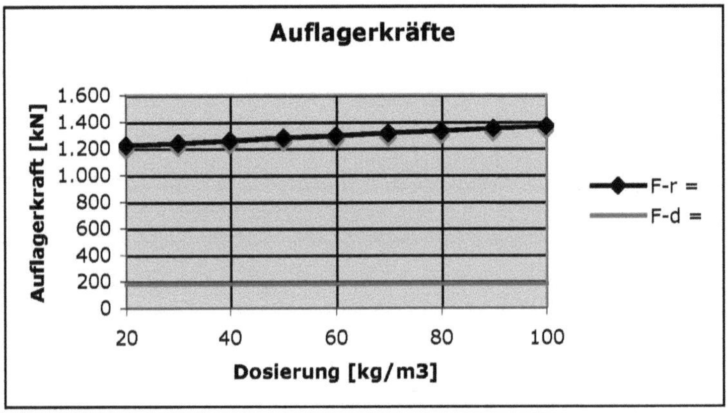

Abbildung 8.36: Vergleich der Bemessungswerte für die Beanspruchung F_d und den Widerstand F_r

Der Vergleich der beiden Bemessungswerte zeigt auch die recht große Sicherheit gegen Ausreißen des Auflagers.

8.1.6.2 Auflager bei Platte

Es wird die Auflagersituation bei der Platte von Bissen vom Beispiel 7.1.1 nachgerechnet. Die Platte hat eine Dicke von d = 20 cm und ein Mittelauflager mit einer Mindastabbmessung von 15 cm. Die Auflagerkraft für dieses Auflager wird mit 369 kN angegeben.

Bemessung von Stahlfaserbeton Auflagerausbruch

Baustelle:	Testplatte Bissen 2004	**Datum:**	10.3.09
Schnitt:	Ausbruch des Auflagers	**Bearbeiter:**	Wietek

Wahl der Stahlfaser: TABIX 1/30

diese Felder sind Eingabefelder

Durchmesser	d =	1	mm
Fläche	Af =	0,79	mm2
Länge	l =	30	mm
Volumen	v =	23,6	mm3
Gewicht	gf =	0,19	g
Zugfestigkeit	fy =	1000	N/mm2
Faserzugkraft	Fz =	785	N

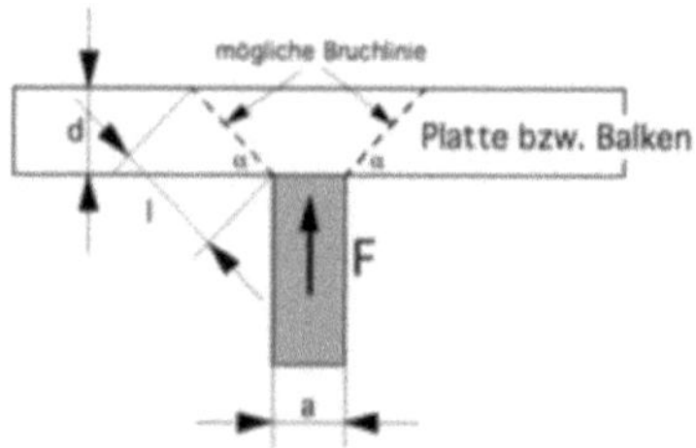

Wahl der Betonsorte: C 25/30

Druckfestigkeit	fcd =	2,5	kN/cm2
Zugfestigkeit	fctk =	0,256	kN/cm2
E-Modul	Ec =	3.050	kN/cm2

Eingabe der Geometrie:

Höhe	h =	20	cm	Träger bzw. Decke
Breite	b =	15	cm	Träger bzw. Auflager

Eingabe der Belsatung und der erforderlichen Sicherheit:

Querkraft	Q =	396,0	kN
Sicherheit SFB	eta =	1,35	
Sicherheit Last	eta =	1,5	

Abbildung 8.37: Eingabe für Platte von Bissen

Nach der Eingabe der Stahlfaser und der Betonsorte erfolgt die Eingabe der Geometrie. Dabei werden entweder für einen Träger oder für eine Platte, wie im vorliegenden Fall, die entsprechenden Werte eingetragen.

Aus Beispiel 7.1 1 sind die entsprechenden Daten übernommen worden. Die Querkraft ist in unserem Fall die Auflagerkraft, die aus der Statik übernommen wurde.

Bruchwinkel und Bruchfläche: Platte 4-seitig

Bruchwinkel	α =	45	Grad
Querschn.fläche	A =	4.443	cm2

Abbildung 8.38: Bruchwinkel und Bruchfläche

Der für die Berechnung notwendige Bruchwinkel α wird entsprechend der Beschreibung unter Punkt 7.1.5 mit 45° angenommen. Es kann selbstverständlich auch mit anderen Winkeln gerechnet werden, falls dies durch andere Randbedingungen vorgegeben wird.

Es ist dann bei der Ermittlung der Bruchfläche von einer Zylinderstumpffläche auszugehen, die folgendermaßen berechnet wird:

Zuerst wird die schräge Länge der Bruchfläche, dies entspricht der schrägen Länge am Mantel des Zylinderstumpfes, errechnet.

$$l = \frac{d}{cos\alpha} = \frac{20}{cos(45)} = 28,3[cm] \tag{8.7}$$

Nun wird die Mantelfläche berechnet. Diese ergibt sich zu:

$$A = l * \pi * (2b + d) = 28,3 * \pi * (2 * 15 + 20) = 4.443[cm^2] \tag{8.8}$$

Als Nächstes werden die von den Stahlfasern aufnehmbaren Zugspannungen f_{fk1} bei den unterschiedlichen Dosierungen ermittelt. Diese werden dann der Zugfestigkeit des Betons f_ctk (nicht der Biegezugfestigkeit!) zugeschlagen, und es ergibt sich dann die aufnehmbare Zugfestigkeit f_{cftk} in Abhängigkeit von der Dosierung.

Errechnete Werte für zunehmende Stahlfaserdosierung:

		Dosierung [kg/m³]				
		20	40	60	80	100
f-fk1 =	kN/cm2	0,008	0,016	0,024	0,032	0,040
f-cftk =	kN/cm2	0,264	0,272	0,280	0,288	0,296
F =	kN	1.175	1.210	1.245	1.280	1.316
F-r =	kN	870	896	922	948	975
F-d =	kN	594	594	594	594	594

Abbildung 8.39: Spannungen und Kräfte bei unterschiedlichen Dosierungen

Mit diesen Zugfestigkeiten kann nun mit Hilfe der ermittelten Bruchfläche die aufnehmbare Kraft in der Bruchfuge errechnet werden:

$$F = f_{cftk} * A \tag{8.9}$$

Mit der Berücksichtigung der Teilsicherheitsfaktoren kann man nun den jeweiligen Bemessungswert des Widerstandes der Materialien zu

$$F_r = \frac{F}{\nu_B} \tag{8.10}$$

und den Bemessungswert der Beanspruchung aus den statischen Lasten zu

$$F_d = Q * \nu_l \tag{8.11}$$

errechnen. Diese beiden Werte werden dann bei jeder Dosierung verglichen. Aus dem Vergleich ist erkennbar, welche Dosierung hier mindestens im Bauteil vorhanden sein muss, um den Ausbruch zu vermeiden.

Das Ergebnis zeigt hier eine Dosierung von 20 kg/m^3, was einer Mindestdosierung entspricht. Die Dosierung aus der Berechnung der Biegemomente im Träger war höher und ist somit wirsam.

Dosierung für Querschnitt:	20	kg/m3
Sicherheit bei Zustand 1:	2,97	-

Abbildung 8.40: Ergebnis der Berechnung

Die Sicherheit bei dieser Platte zeigt, dass bei Platten das Ausreißen des Auflagers durchaus im Bereich des Möglichen ist, und somit muss auf diese Untersuchung Wert gelegt werden.

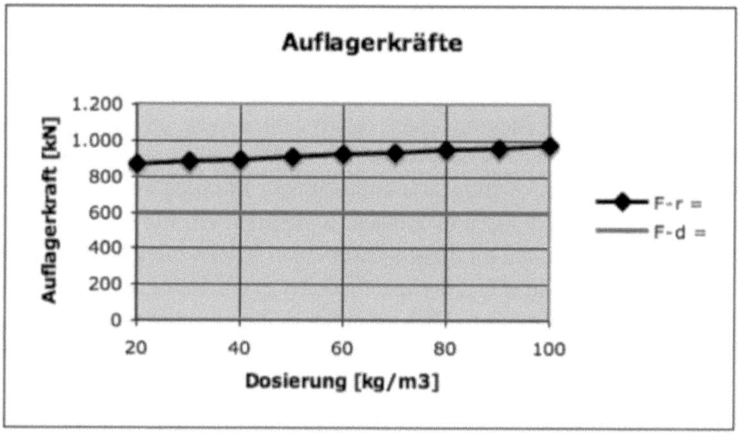

Abbildung 8.41: Vergleich der Bemessungswerte für die Beanspruchung F_d und den Widerstand F_r

Der Vergleich der beiden Bemessungswerte zeigt die Sicherheit gegen Ausreißen des Auflagers. Auch hier wird deutlich, dass dieser Nachweis unbedingt durchgeführt werden muss.

8.2 Bemessung für Querschnittswahl – Höhe

In vielen Fällen ist eine freie Materialwahl nicht sinnvoll, denn mit einheitlichem Material ist es einfacher, da nicht dauernd aufgepasst werden muss ob die richtigen Materialien für die einzelnen Bauteile verwendet werden. Es wird also der Wunsch nach einheitlichem Material für größere Baubereiche auftreten. Daher ist es bei diesen Bauwerken notwendig, eine Bemessung durchzuführen, bei der die Querschnittsfläche ermittelt wird. Bei vorgegebener Breite eines Bauteiles wird also die Höhe bzw. die zweite Querschnittsdimension zu berechnen sein.

8.2.1 Allgemeines

Wenn man sich die Ergebnisse der Bemessung für Materialwahl ansieht, so zeigen die aufnehmbaren Momente beim Lastfall Biegung einen relativ hohen Wert im Zustand 1, der danach mit zunehmender Rissbreite abfällt, bis der Zustand 2 als Mimimum erreicht wird. Wird nun eine größere Dosierung verwendet, so steigt das aufnehmbare Moment im Zustand 1 nur gering, jedoch anschließend im Zustand 1-2 und Zustand 2 konstant an, bis es sogar höhere Werte als für Zustand 1 annimmt. Es ist bei all diesen Variationen jedoch die Zunahme der Tragfähigkeit gegenüber dem Zustand 1 nicht sehr gravierend. Daher erscheint es angebracht, den Stahlfaserbeton nur im Zustand 1 zu bemessen. Dies vereinfacht die gesamte Berechnung erheblich. Um einen direkten Vergleich mit dem Bemessungsverfahren für die Materialwahl-Dosierung zu ermöglichen, wird bei den einzelnen Bemessungen jeweils das erste Beispiel mit der einfacheren Bemessung für die Querschnitte-Höhe nachgerechnet. Dabei wird auch dieselbe Betonqualität verwendet, als Stahlfaser wird jedoch die Faser HE 55/35 von ArcelorMittal verwendet, die ja auch mit den Versuchen der Biegebalken in Aachen untersucht wurde.

8.2.2 Biegung

Es wird die Stahlfaserbetonplatte von Bissen nachgerechnet, wobei hier die Faser HE 55/35 mit einer Dosierung von 60 kg/m^3 eingesetzt wird. Die statische Nachberechnung der Versuchsplatte ergab folgende Werte, die in die Bemessung von Stahlfaserbeton eingingen:

- Systemlängen 6,0 m
- Gesamtbelastung $q = 11kN/m^2$
- maximales Biegemoment M = 16,9 kNm
- Plattenstärke 20 cm
- Betonsorte C25/30
- Stahlfaser TABIX

In der nächsten Abbildung ist die detaillierte Eingabe für die mittels einer EXCEL-Tabelle durchgeführten Berechnung aufgezeigt.

Nach der Eingabe der zu verwendenden Stahlfaser **HE 55/35** wird die Dosierung in kg/m^3 gewählt. Die Menge von 60 kg/m^3 wurde gewählt, um hier eine relativ große Dosierung nachzurechnen. Es wird hierbei generell empfohlen, Dosierungen von 30 oder 60 kg/m^3 zu wählen, wobei dies für entweder geringe oder hohe Dosierung stehen sollte. Damit können nun die einzelnen geometrischen Faserwerte und auch die werksmäßigen Festigkeitswerte für die Bemessung angegeben werden.

Danach wird die Betonsorte **C25/30** eingegeben, und es erfolgt die Angabe der entsprechenden Betonkennwerte. Anschließend wird die Breite des zu bemessenden Querschnittes eingegeben. Letztendlich wird das abzudeckende Moment mit den erforderlichen Sicherheiten angegeben, dann kann die eigentliche Berechnung durchgeführt werden.

Biegebemessung von Stahlfaserbeton

Baustelle: Testplatte in Bissen
Schnitt: Biegebemessung Deckenstärke

Datum: 18.03.2009
Bearbeiter: Wietek

diese Felder sind Eingabefelder

Wahl der Stahlfaser: HE 55/35

Wahl der Dosierung: 60

Durchmesser	d =	0,55	mm
Fläche	Af =	0,24	mm2
Länge	l =	35	mm
Volumen	v =	8,3	mm3
Gewicht	gf =	0,07	g
Zugfestigkeit	fy =	1000	N/mm2
Faserzugkraft	Fz =	238	N

Wahl der Betonsorte: C 25/30

Druckfestigkeit	fcd =	2,5	kN/cm2
Zugfestigkeit	fctk =	0,256	kN/cm2
Biegezugfestigk	fctk,fl =	0,513	kN/cm2
E-Modul	Ec =	3.050	kN/cm2

Eingabe der Trägerbreite:

Breite	b =	100	cm

Eingabe des Momentes:

Moment	Md =	16,9	kNm

Eingabe der erforderlichen Teilsicherheiten:

Sicherheit SFB	eta =	1,35	
Sicherheit Last	eta =	1,5	

Legende:

Zustand 1:
Querschnitt ist ungerissen, Zug- und Druckkräfte werden vom Beton und den eingebauten Stahlfasern übertragen.

Die Biegebemessung wird für den Zustand 1 durchgeführt

Es wird dabei von der max. mögl. Zugspannung ausgegangen.

Bei dieser Bemessung wird die Dosierung vorgegeben und die tatsächlichen Höhe wird dann die dabei sich einstellende Sicherheit gegenüber dem Bruchzustand 1 errechnet.

Abbildung 8.42: Eingabefeld der Bemessung für Stahlfaserbeton

Nachdem nun die Grunddaten eingegeben wurden, sind die Faserwerte entsprechend der angegebenen Dosierung zu bestimmen. Dazu wird mit Hilfe des Raumwinkels α_1 und der Faserdaten die Faserdichte und die Faserzugkraft entsprechend der Dosierung berechnet.

Faserdichte im Beton aus räumlicher Sicht: Raumwinkel für Zustand 1: 42,2 Grad

Dosierung		60	kg/m3
Faseranzahl		9,2E+05	Stk/m3
Faserdichte		0,916	Stk/cm3
Faserzugkraft	f-fk1 =	0,0564	[kN/cm2]

Abbildung 8.43: Ermittlung der Faserwerte bei gegebener Dosierung

Mit diesen Werten können nun die möglichen Randspannungen des Querschnittes errechnet werden. Diese ergeben sich zu:

Berechnung dee Materialwerte für Stahlfaserbeton: mit Teilsicherheit: 1,35

Zustand 1:

Zugfestigkeit	fctfk =	0,569	kN/cm2	0,421763	kN/cm2
Druckfestigkeit	fcfk =	2,77	kN/cm2	2,055406	kN/cm2

Abbildung 8.44: Randspannungswerte für die Bemessung

Mit der errechneten Zugfestigkeit f_{cftk} ist nun der Spannungszustand des Querschnittes klar erkennbar. Da es sich hierbei um einen linearen Spannungszustand im Querschnitt handelt, ist die Druckspannung gleich groß wie die Zugspannung. Damit ist auch das zu übernehmende Moment berechenbar.

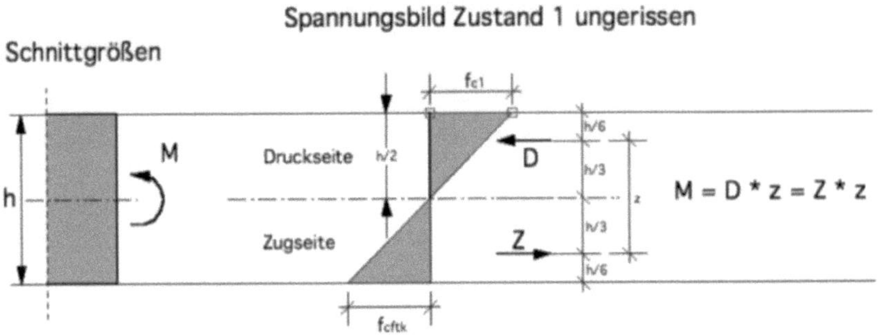

Abbildung 8.45: Spannungszustand bei Biegung im Zustand 1

Mit diesem Spannungszustand kann nun über das Widerstandsmoment des Querschnittes die erforderliche Höhe errechnet werden. Aus der Gleichung:

$$\sigma = \frac{M}{W} \tag{8.12}$$

Und mit dem Widerstandsmoment des Rechteckquerschnittes von

$$W = \frac{b+h^2}{6} \tag{8.13}$$

kann die erforderliche Höhe des Querschnittes errechnet werden:

$$h_{min} = \sqrt{\frac{6M}{bf_{cftk}}} \tag{8.14}$$

Berücksichtigt man nun zusätzlich die erforderlichen Teilsicherheiten für die Lasten γ_s = 1,35 und die Teilsicherheit für Stahlfaserbeton γ_{cf} = 1,50, so ergibt sich folgender Formelzusammenhang:

$$h_{erf} = \sqrt{\frac{6M\gamma_s\gamma_{cf}}{bf_{cftk}}} \tag{8.15}$$

Errechnung des Widerstandmomentes für Zustand 1:

M =	25,35	kNm	inklusive Teilsicherheit:	1,5
erf. W =	6.010	cm3		
erf h =	19,0	cm		

Abbildung 8.46: Ermittlung der erforderlichen Querschnittshöhe

Nun kann man die erforderliche Höhe mit der letztendlich gewählten Höhe des Bauteiles vergleichen und daraus die Gesamtsicherheit zu berechnen.

Errechnete Werte für die gewählte Stahlfaserdosierung Zustand 1:

Mindesthöhe	min h =	19,0	cm

Gewählte Höhe des Querschnittes:

Höhe	h =	20,0	cm
vorhandene Sicherheit =		2,13	

Abbildung 8.47: Ergebnis der Bemessung mit Angabe der Sicherheit

Man erkennt, dass dieses Bemessungsverfahren wesentlich einfacher und schneller ist als das Bemessungsverfahren, das nach der Dosierung sucht. Die aufgezeigte Berechnungsmethode wird sich in der Praxis wohl durchsetzen, da sie auch einfacher mit einem Tabellenprogramm zu realisieren ist.

8.2.3 Biegung mit Längskraft

Es wird hier die Kellerwand mit denselben Belastungen wie bei der Bemessung nach Materialwahl durchgeführt. Der Unterschied ist wiederum nur die die Faser.

Nach der Eingabe der zu verwendenden Stahlfaser **HE 55/35** wird die Dosierung in kg/m^3 gewählt. Die Menge von 30 kg/m^3 wurde gewählt, um hier eine relativ kleine Dosierung nachzurechnen. Es wird hierbei generell empfohlen, Dosierungen von 30 oder 60 kg/m^3 zu wählen, wobei dies für entweder geringe oder hohe Dosierung stehen sollte. Damit können nun die einzelnen geometrischen Faserwerte und auch die werksmäßigen Festigkeitswerte für die Bemessung angegeben werden.

Danach wird die Betonsorte **C25/30** eingegeben, und es erfolgt die Angabe der entsprechenden Betonkennwerte. Anschließend wird die Breite des zu bemessenden Querschnittes eingegeben. Letztendlich wird das abzudeckende Moment mit den erforderlichen Sicherheiten angegeben, dann kann die eigentliche Berechnung durchgeführt werden.

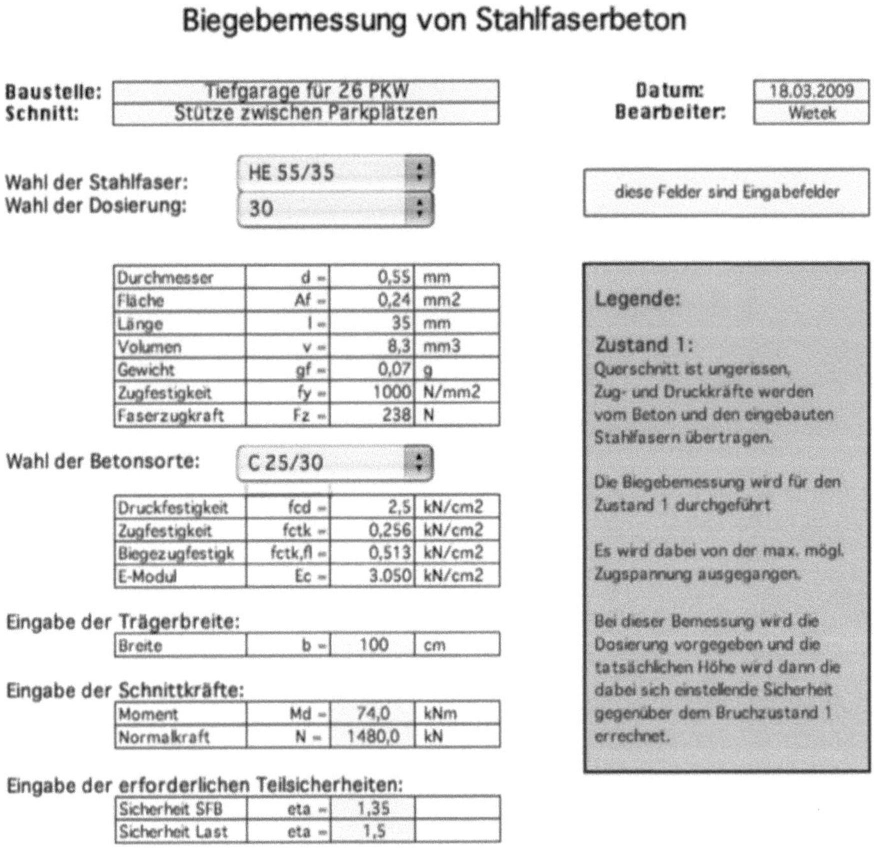

Abbildung 8.48: Eingabefeld der Bemessung für Stahlfaserbeton

Mit den angegebenen Betonwerten und der Dosierung der Faser kann nun die jeweils zulässige Zug- und Druckspannung für das gewählte Material errechnet werden.

Berechnung dee Materialwerte für Stahlfaserbeton:					mit Teilsicherheit:	1,35	
Zustand 1:							
Zugfestigkeit	fctfk =	0,541	kN/cm2			0,400879	kN/cm2
Druckfestigkeit	fcfk =	2,64	kN/cm2			1,953629	kN/cm2

Abbildung 8.49: Festigkeiten für Stahlfaserbeton

Mit den Teilsicherheitswerten können nun sowohl die Spannungen als auch die Kräfte für den gegebenen Querschnitt ermittelt werden.

Errechnung der Randspannungen für Zustand 1:				
M =	111,0	kNm	inklusive Teilsicherheit:	1,5
N =	2.220,0	kN		
b =	100	cm		
Zugspannung =	0,401	kN/cm2		
Druckspannung =	1,954	kN/cm2		

Abbildung 8.50: Kräfte und Randspannungen des Querschnittes

Mit diesen Werten können nun die Spannungen resultierend aus der Normalkraft und dem Moment errechnet werden. Dabei sind die Spannungen σ_n und σ_m aus den angegebenen Beanspruchungen zu rechnen. Mit der dabei noch unbekannten Querschnittshöhe h sind die Spannungen ermittelbar:

$$f_n = \frac{N}{bh} \tag{8.16}$$

$$f_m = \frac{M}{W} = \frac{M}{\frac{bh^2}{6}} = \frac{6M}{bh^2} \tag{8.17}$$

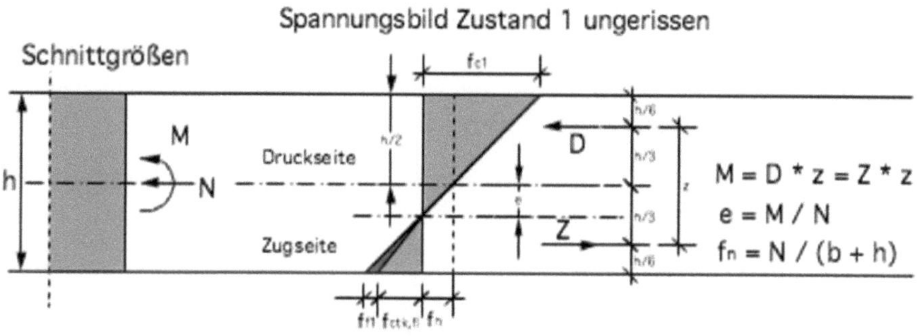

Abbildung 8.51: Eingabefeld der Bemessung für Stahlfaserbeton

Nach dem Spannungsbild sind nun die Druckspannung f_{c1} und die Zugspannung f_{ct1} als Randspannung in ihren Maximalwerten gegeben und errechnen sich jeweils zu:

$$f_{c1} = f_m + f_n \tag{8.18}$$

$$f_{ct1} = f_m - f_n = f_{f1} + f_{ctk,f1} \tag{8.19}$$

Es wird nun über beide Randspannungen die Höhe ausgerechnet, wobei dies jeweils mit der Formel

$$h = \frac{-N + \sqrt{N^2 + 24Mbf_{c1-bzw-ct1}}}{2bf_{c1-bzw-ct1}} \tag{8.20}$$

erfolgt. Das Ergebnis im gegenständlichen Fall ist:

h = 21,6 cm für den Zugrand und

h = 25,0 cm für den Druckrand

Es ist der größere Zahlenwert für die Höhe h weiter zu verwenden, also der für den Druckrand.

Errechnete Werte für die gewählte Stahlfaserdosierung:
Zustand 1:

Mindesthöhe	min h =	25,0	cm

Gewählte Höhe des Querschnittes:

Höhe	h =	30,0	cm
vorhandene Sicherheit =		2,43	

Abbildung 8.52: Ergebnis der Berechnung mit Sicherheitsangabe

Damit ist die Bemessung abgeschlossen. Sie ist also einfacher und schneller als bei Variation der Dosierung. Diese Bemessungsart wird sich durchsetzen, insbesondere da sie sich sehr einfach mit Tabellenkalkulationen durchführen lässt.

Diese Bemessung wird auch für die mittlere Ausmitte verwendet, man erhält zwar etwas größere Höhen, liegt damit aber auf der sicheren Seite, und man erspart sich die theoretischen Diskussionen über die Druckabminderungen beim Verbundbaustoff Stahlfaserbeton.

8.2.4 Druckstäbe

Die Stütze einer Eikaufspassage wird auch hier nochmals nachgerechnet.

Nach der Eingabe der zu verwendenden Stahlfaser **HE 55/35** wird die Dosierung in kg/m^3 gewählt. Die Menge von 30 kg/m^3 wurde gewählt, um hier eine relativ kleine Dosierung nachzurechnen. Es wird hierbei generell empfohlen, Dosierungen von 30 oder 60 kg/m^3 zu wählen, wobei dies für entweder geringe oder hohe Dosierung stehen sollte. Damit können nun die einzelnen geometrischen Faserwerte und auch die werksmäßigen Festigkeitswerte für die Bemessung angegeben werden.

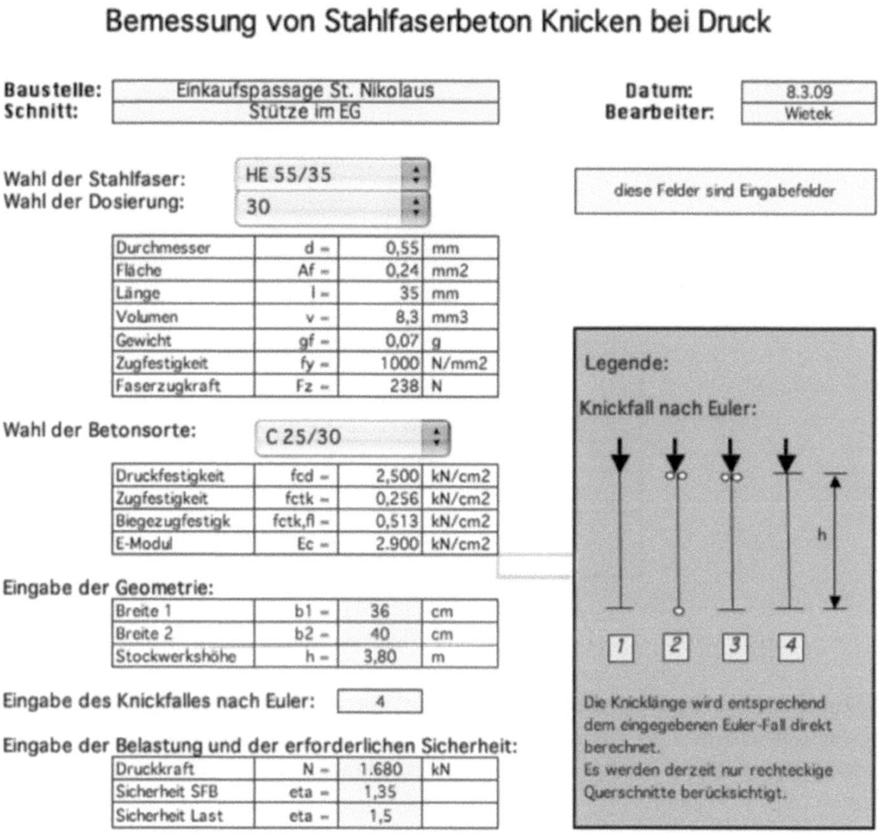

Abbildung 8.53: Eingabefeld der Bemessung für Stahlfaserbeton

Danach wird die Betonsorte **C25/30** eingegeben, und es erfolgt die Angabe der entsprechenden Betonkennwerte.

Anschließend werden die Abmessungen des zu bemessenden Querschnittes eingegeben, hier 36x40 cm. Danach wir die Stockwerkshöhe und der Lastfall für das Knicken nach Euler angegeben.

Letztendlich wird die abzudeckende Druckkraft mit der erforderlichen Sicherheiten angegeben, dann kann die eigentliche Berechnung durchgeführt werden.

Es wird nun die Knicklänge entsprechend der Vorgabe des Euler-Falles berechnet. Mit dem eingegebenen Knickfall 4 wird aus der Stockwerkshöhe die Knicklänge ermittelt:

$$s_k = h * 0,5 = 3,8 * 0,5$$

Anschließend wird aus den Querschnittswerten der Trägheitsradius i, die Schlankheit λ und anschließend entweder über Formel oder Tabellenauswertung die Knickzahl ω ermittelt.

Knicklänge:	sk =	1,90	m			
Knickwerte:	i =	10,4	λ =	18,3	ω =	1,02

Abbildung 8.54: Eingabefeld der Bemessung für Stahlfaserbeton

Nun werden mit der gegebenen Dosierung die entsprechenden Druckspannungen des Verbundbaustoffes Stahlfaserbeton f_{cfk} errechnet. Damit ist es nun möglich, die maximal mögliche Druckkraft $N*$ mit Hilfe des angegebenen Querschnittes zu errechnen.

Dosierung =	kg/m3	30
f-cftk =	kN/cm2	0,54
τc =	kN/cm2	0,52
f-cfk =	kN/cm2	2,45
N* =	kN/cm2	3.456
N-zul =	kN/cm2	2.560
N-d =	kN/cm2	2.520

Abbildung 8.55: Eingabefeld der Bemessung für Stahlfaserbeton

Die zulässige Druckkraft N_{zul} ergibt sich aus der maximal möglichen Druckkraft $N*$ dividiert durch die Teilsicherheit für das Material (hier 1,35), somit $N_{zul} = 2.560kN$. Die erforderliche Druckkraft N_d ergibt sich aus der angegebenen Druckkraft multipliziert mit der Teilsicherheit für die Lasten (hier 1,50), somit $N_d = 2.520kN$.

Der Vergleich dieser beiden letzten Kräfte zeigt nun, ob der Querschnitt ausreicht, oder ob er verändert (eventuell vergrößert) werden muss.

Querschnitt:	ist wirtschaftlich
Sicherheit bei Zustand 1:	2,06

Abbildung 8.56: Eingabefeld der Bemessung für Stahlfaserbeton

Im vorliegenden Fall ist N_d geringfügig kleiner als N_{zul}. Somit erfüllt dieser Querschnitt die

Bedingungen des Knickens und kann ausgeführt werden.

Der aufmerksame Leser wird bemerkt haben, dass der Querschnitt von 35 x 40 cm um 1 cm auf 36 x 40 cm verändert wurde. Dies war notwendig, um die zulässige Druckkraft N_{zul} über die erforderliche Druckkraft N_d zu erhalten. Wäre der ursprüngliche Querschnitt beibehalten worden, so hätte der Querschnitt erhöht werden müssen. Dies erreichte man im vorliegenden Fall mit der Vergrößerung der kürzeren Querschnittsseite um 1 cm.

8.2.5 Querkraft

Es wird hier das maximale Auflager der Platte von Bissen nachgerechnet. Es ist die Platte, die bei der Biegebemessung auch bemessen wurde.

Nach der Eingabe der zu verwendenden Stahlfaser **HE 55/35** wird die Dosierung in kg/m^3 gewählt. Die Menge von 60 kg/m^3 wurde entsprechend den Vorgaben aus der Biegebemessung gewählt. Eine eigene Dosierung darf hier nicht verwendet werden.

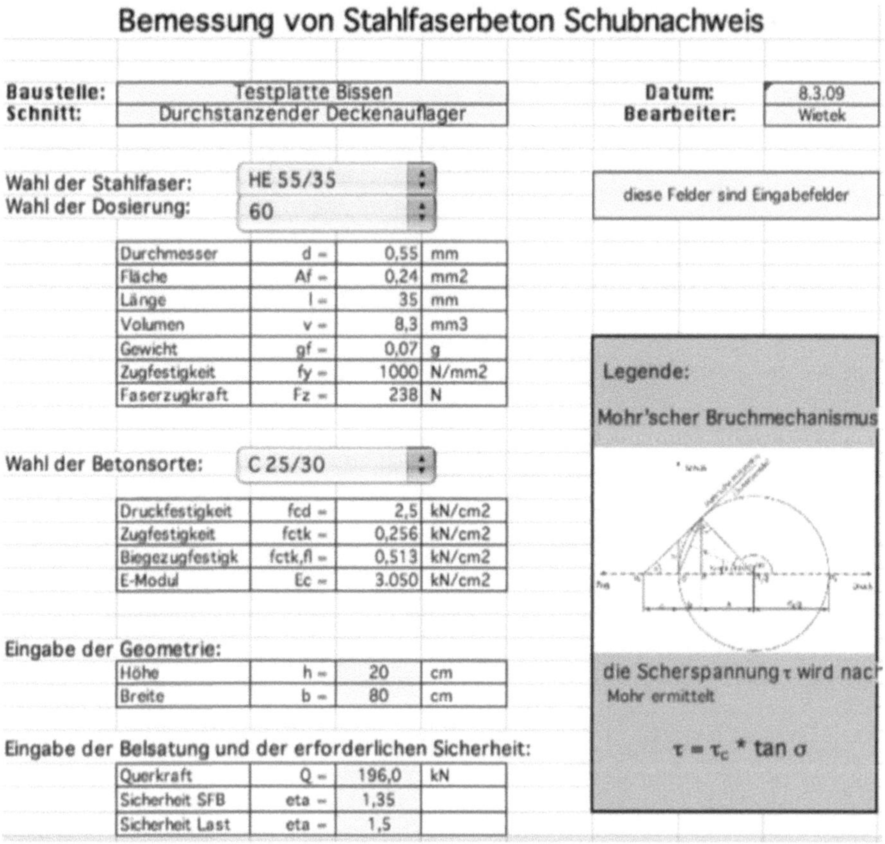

Bemessung von Stahlfaserbeton Schubnachweis

Baustelle: Testplatte Bissen — Datum: 8.3.09
Schnitt: Durchstanzender Deckenauflager — Bearbeiter: Wietek

Wahl der Stahlfaser: HE 55/35
Wahl der Dosierung: 60

diese Felder sind Eingabefelder

Durchmesser	d =	0,55	mm
Fläche	Af =	0,24	mm2
Länge	l =	35	mm
Volumen	v =	8,3	mm3
Gewicht	gf =	0,07	g
Zugfestigkeit	fy =	1000	N/mm2
Faserzugkraft	Fz =	238	N

Wahl der Betonsorte: C 25/30

Druckfestigkeit	fcd =	2,5	kN/cm2
Zugfestigkeit	fctk =	0,256	kN/cm2
Biegezugfestigk	fctk,fl =	0,513	kN/cm2
E-Modul	Ec =	3.050	kN/cm2

Eingabe der Geometrie:

Höhe	h =	20	cm
Breite	b =	80	cm

Eingabe der Belsatung und der erforderlichen Sicherheit:

Querkraft	Q =	196,0	kN
Sicherheit SFB	eta =	1,35	
Sicherheit Last	eta =	1,5	

Legende:
Mohr'scher Bruchmechanismus
die Scherspannung τ wird nach Mohr ermittelt
$\tau = \tau_c * \tan \sigma$

Abbildung 8.57: Eingabefeld der Bemessung für Stahlfaserbeton

Danach wird die Betonsorte **C25/30** eingegeben, und es erfolgt die Angabe der entsprechenden Betonkennwerte. Auch diese Betonsorte wurde bereits bei der Biegebemessung verwendet.

Anschließend werden die Abmessungen des zu bemessenden Querschnittes eingegeben, dies sind die Querschnittshöhe und der Umfang beim Rundschnitt um das Auflager. Dieses besteht aus einer quadratischen Platte von 20 cm. Somit ist der Umfang 4 x 20 = 80 cm.

Letztendlich wird die maximale Auflagerkraft als abzudeckende Druckkraft mit den erforderlichen Sicherheiten angegeben, dann kann die eigentliche Berechnung durchgeführt werden.

Nun wird mit der vorgegebenen Dosierung die entsprechende Schubspannung τ_c, die im Rundschnitt aufgenommen werden kann, errechnet. Damit kann nun die maximal übernehmbare Auflagerkraft (Querkraft) $Q*$ mit Hilfe der Fläche des Rundschnittes um das Auflager berechnet werden.

Querschn.fläche	A =	1.600	cm2

Dosierung =	kg/m3	60
f-cftk =	kN/cm2	0,569
τc =	kN/cm2	0,548
f-cfk =	kN/cm2	2,576
Q* =	kN	877
Q-zul =	kN	649
Q-d =	kN	294

Abbildung 8.58: Eingabefeld der Bemessung für Stahlfaserbeton

Die zulässige Querkraft Q_{zul} (Auflagerkraft) ergibt sich aus der maximal möglichen Querkraft $Q*$ dividiert durch die Teilsicherheit für das Material (hier 1,35), somit $Q_{zul} = 649kN$. Die erforderliche Querkraft Q_d ergibt sich aus der angegebenen Auflagerkraft (Querkraft) multipliziert mit der Teilsicherheit für die Lasten (hier 1,50), somit $Q_d = 294kN$.

Der Vergleich dieser beiden letzten Kräfte zeigt nun, ob der Querschnitt ausreicht, oder ob er verändert (eventuell vergrößert) werden muss.

Querschnittaabmessungen:	sind ausreichend	
Sicherheit bei Zustand 1:	4,47	-

Abbildung 8.59: Eingabefeld der Bemessung für Stahlfaserbeton

Bei der Platte zeigt sich, dass die zulässige Kraft wesentlich größer ist als die erforderliche Kraft. Dies kommt hauptsächlich daher, dass der Querschnitt ungerissen ist und die volle Schubdeckung über den gesamten Querschnitt mobilisiert werden kann. Hier zeigt sich ein erheblicher Vorteil von Stahlfaserbeton im Zustand 1 gegenüber dem herkömmlichen Stahlbeton.

8.2.6 Ausbruch eines Auflagers

Es wird die Auflagersituation bei der Platte von Bissen vom Beispiel 7.1.1 nachgerechnet. Dabei wird nun einmal eine andere Stahlfaser HE55/35 mit einer Dosierung von 30 kg/m^3 in der Platte durchgerechnet. Die Platte hat eine Dicke von d = 20 cm und ein Mittelauflager mit einer Mindastabbmessung von 15 cm. Die Auflagerkraft für dieses Auflager wird mit 369 kN angegeben.

Bemessung von Stahlfaserbeton Auflagerausbruch

Baustelle:	Testplatte Bissen 2004	**Datum:**	10.3.09
Schnitt:	Ausbruch des Auflagers	**Bearbeiter:**	Wietek

Wahl der Stahlfaser: HE 55/35

Wahl der Dosierung: 30

diese Felder sind Eingabefelder

Durchmesser	d =	0,55	mm
Fläche	Af =	0,24	mm2
Länge	l =	35	mm
Volumen	v =	8,3	mm3
Gewicht	gf =	0,07	g
Zugfestigkeit	fy =	1000	N/mm2
Faserzugkraft	Fz =	238	N

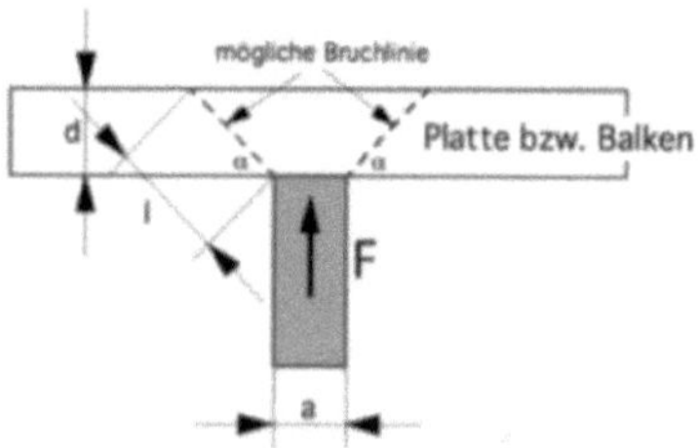

Wahl der Betonsorte: C 25/30

Druckfestigkeit	fcd =	2,5	kN/cm2
Zugfestigkeit	fctk =	0,256	kN/cm2
E-Modul	Ec =	3.050	kN/cm2

Eingabe der Geometrie:

Höhe	h =	20	cm	Träger bzw. Decke
Breite	b =	15	cm	Träger bzw. Auflager

Eingabe der Belsatung und der erforderlichen Sicherheit:

Querkraft	Q =	396,0	kN
Sicherheit SFB	eta =	1,35	
Sicherheit Last	eta =	1,5	

Abbildung 8.60: Eingabe für Platte von Bissen

Nach der Eingabe der Stahlfaser und der Betonsorte erfolgt die Eingabe der Geometrie. Dabei werden entweder für einen Träger oder für eine Platte, wie im vorliegenden Fall, die entsprechenden Werte eingetragen.

Aus Beispiel 7.1 1 sind die entsprechenden Daten übernommen worden. Die Querkraft ist in unserem Fall die Auflagerkraft, die aus der Statik übernommen wurde.

Der für die Berechnung notwendige Bruchwinkel α wird entsprechend der Beschreibung unter Punkt 7.1.5 mit 45° angenommen. Es kann selbstverständlich auch mit anderen Winkeln gerechnet werden, falls dies durch andere Randbedingungen vorgegeben wird.

Es wird dann bei der Ermittlung der Bruchfläche bei der Platte von einer Zylinderstumpffläche

Bruchwinkel und Bruchfläche:

Bruchwinkel	α =	45	Grad
Querschn.fläche	A =	4.443	cm2

Platte 4-seitig

Abbildung 8.61: Bruchwinkel und Bruchfläche

ausgegangen, die folgendermaßen berechnet wird:

Zuerst wird die schräge Länge der Bruchfläche, dies entspricht der schrägen Länge am Mantel des Zylinderstumpfes, errechnet.

$$l = \frac{d}{cos\alpha} = \frac{20}{cos(45)} = 28,3[cm] \tag{8.21}$$

Nun wird die Mantelfläche berechnet. Diese ergibt sich zu:

$$A = l * \pi * (2b + d) = 28,3 * \pi * (2 * 15 + 20) = 4.443[cm^2] \tag{8.22}$$

Als Nächstes werden die von den Stahlfasern aufnehmbaren Zugspannungen f_{fk1} bei der vorgegebenen Dosierung ermittelt. Diese wird dann der Zugfestigkeit des Betons $f_c tk$ (nicht der Biegezugfestigkeit!) zugeschlagen, und es ergibt sich dann die aufnehmbare Zugfestigkeit f_{cftk} in Abhängigkeit von der Dosierung.

Errechnete Werte für vorgegebene Stahlfaserdosierung:

Dosierung	[kg/m3]	30
f-fk1 =	kN/cm2	0,012
f-cftk =	kN/cm2	0,268
F· =	kN	1192,4
F-r =	kN	883,3
F-d =	kN	594,0

Abbildung 8.62: Spannungen und Kräfte bei unterschiedlichen Dosierungen

Mit diesen Zugfestigkeiten kann nun mit Hilfe der ermittelten Bruchfläche die aufnehmbare Kraft in der Bruchfuge errechnet werden:

$$F = f_{cftk} * A \tag{8.23}$$

Mit der Berücksichtigung der Teilsicherheitsfaktoren kann man nun den jeweiligen Bemessungswert des Widerstandes der Materialien zu

$$F_r = \frac{F}{\nu_B} \tag{8.24}$$

und den Bemessungswert der Beanspruchung aus den statischen Lasten zu

$$F_d = Q * \nu_l \tag{8.25}$$

errechnen. Diese beiden Werte werden dann bei jeder Dosierung verglichen. Aus dem Vergleich ist erkennbar, ob die Dosierung ausreicht, um den Auflagerbruch zu verhindern.

Dosierung für Querschnitt:	30	kg/m3
Sicherheit bei Zustand 1:	3,01	-
Querschnittswahl:	ausreichend	

Abbildung 8.63: Ergebnis der Berechnung

Das Ergebnis zeigt hier bei einer Dosierung von 30 kg/m^3, dass der Bemessungswert des Widerstandes größer als der Bemessungswert der Beanspruchung ist. Somit ist die Platte ausreichend mit Stahlfasern versorgt und der Auflagerbruch muss nicht befürchtet werden.

Die Sicherheit bei dieser Platte zeigt, dass bei Platten das Ausreißen des Auflagers durchaus im Bereich des Möglichen ist, und somit muss auf diese Untersuchung Wert gelegt werden.

9 Beilagen

9.1 Mohr-Coulomb Beziehungen

Es ist nicht leicht, die Beziehungen von Mohr[1] und Coulomb[2] einfach und zusammenhängend zu finden, daher sind hier die Beziehungen dieser beiden Ingenieure in der Reihenfolge wiedergegeben, wie sie im Buch auch benötigt werden.

9.1.1 Eindimensionale Beanspruchung

Will man ein Material (Festkörper) untersuchen, so ist ein erster Versuch der Druckversuch. Man stellt eine z. B. prismatische Probe her, deren Grundfläche mit der Seitenlänge a quadratisch ist und die eine Höhe h hat. Die Höhe h sollte dabei mindestens das 1,5-fache der Seitenlänge betragen, da ansonsten die Versuche nicht den erwünschten Erfolg haben, aber davon später.

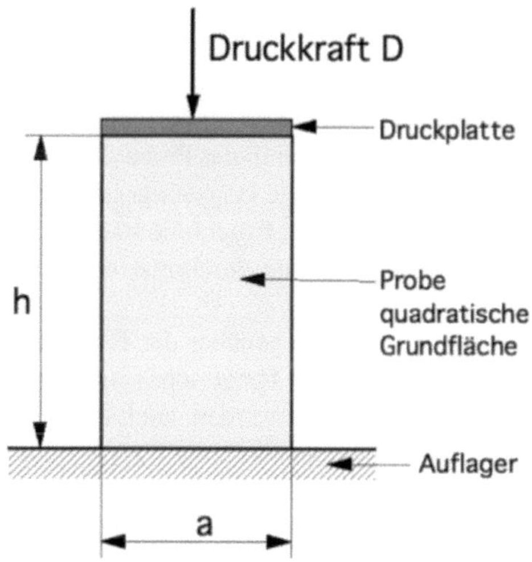

Abbildung 9.1: Probe bei Druckbelastung

Die Probe wird mit einer Druckkraft D belastet. Die Belastung wird meist in einem Belastungsrahmen über hydraulische Pressen oder über einen Gewindevortrieb vorgenommen. Dies ist je nach Belastungsgerät unterschiedlich, aber für die theoretische Betrachtung der Beziehungen unerheblich.

[1]Christian Otto Mohr, 1835–1918; Prof. in Stuttgart und Dresden

[2]Charles Augustin de Coulomb, 1736–1806; franz. Physiker

Diese Last verteilt sich über eine steife Druckplatte, so dass eine gleichmäßige Spannung σ_d an der Oberseite der Probe entsteht.

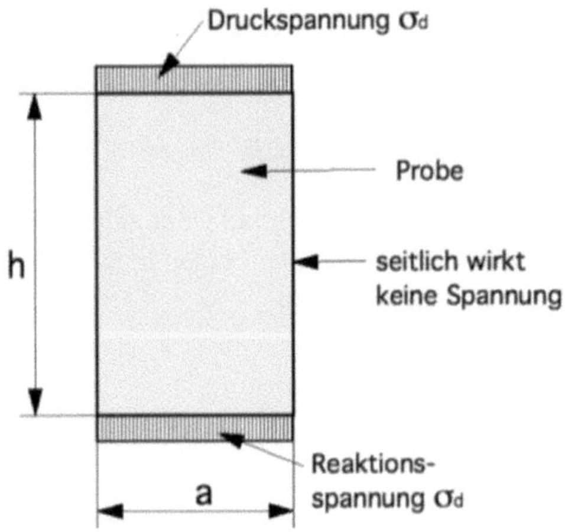

Abbildung 9.2: Spannungszustand bei Druckbelastung

Die von oben aufgebrachte Spannung σ_d erzeugt auf der Unterseite der Probe die gleich große Reaktionsspannung (aktio = reaktio). Es geht also die Spannung ohne Änderung (abgesehen vom Eigengewicht der Probe) von oben nach unten in der Probe durch.

Die Kraft bzw. Spannung kann nun so lange langsam gesteigert werden, bis die Probe bricht. Der Bruch der Probe findet meist entlang einer Bruchlinie statt. In der Praxis treten meist mehrere Bruchlinien (meist parallel) auf, bis sich eine durchsetzt und der Bruch entlang dieser Linie abläuft.

Diese Bruchlinie zeigt einen Winkel α gegenüber der Horizontalen. Dieser Winkel tritt bei gleichen Materialien immer wieder auf und hängt somit mit den Materialeigenschaften eines Festkörpers zusammen. Es soll also versucht werden, auch analytisch einen Zusammenhang zu diesem Winkel nachzuweisen. Dazu muss man sich die Wirkung der Spannungen auch innerhalb des Körpers betrachten.

Betrachtet man nun die Probe mit einer Explosionszeichnung, so kann man in der Bruchfuge die darin auftretenden Spannungen aufzeigen. Die Spannungen σ und τ können über die Gleichgewichtsbedingungen ermittelt werden. Da die Flächen, in denen die jeweiligen Spannungen wirken, nicht gleich groß sind, müssen die Flächen mit berücksichtigt werden. Man muss also eigentlich die Kräfte rechnen, die auf die Flächen wirken.

Ebene Fläche:

$$F_e = a * a = a^2 \tag{9.1}$$

Bruchfläche:

$$F_b = a * l = a * \frac{a}{cos\alpha} = \frac{a^2}{cos\alpha} \tag{9.2}$$

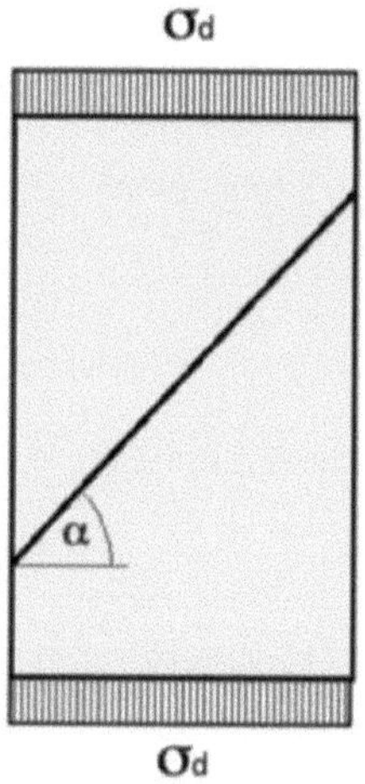

Abbildung 9.3: Bruchzustand bei Druckbelastung

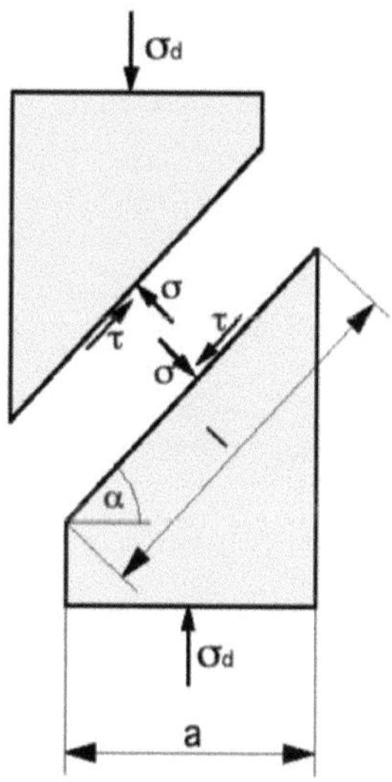

Abbildung 9.4: Spannungen im Bruchzustand

Man kann nun die Spannungen in der Bruchfläche ausrechnen:

$$\sigma_d * F_e = \frac{\sigma * F_b}{cos\alpha} \tag{9.3}$$

$$\sigma = \frac{\sigma_d * F_e * cos\alpha}{F_b} = \frac{\sigma_d * a^2 * cos^2\alpha}{a^2} = \sigma_d * cos^2\alpha \tag{9.4}$$

Nach einer trigonometrischen Umformung des Ausdruckes $cos^2\alpha$ kann man die Formel auch umschreiben in:

$$\sigma = \sigma_d * \frac{1}{2} * (1 + cos2\alpha) \tag{9.5}$$

Und wenn man nun die Gleichung ausmultipliziert, erhält man einen Ausdruck, der sich graphisch sehr gut interpretieren lässt:

$$\sigma = \frac{\sigma_d}{2} + \frac{\sigma_d}{2} * cos2\alpha \tag{9.6}$$

Den analogen Zusammenhang kann man für die Schubspannung τ herstellen:

$$\sigma_d * F_e = \frac{\tau * F_b}{sin\alpha} \tag{9.7}$$

$$\tau = \frac{\sigma_d * F_e * sin\alpha}{F_b} = \sigma_d * sin\alpha * cos\alpha = \sigma_d * (\frac{1}{2} * sin2\alpha) \tag{9.8}$$

$$\tau = \frac{\sigma_d}{2} * sin2\alpha \tag{9.9}$$

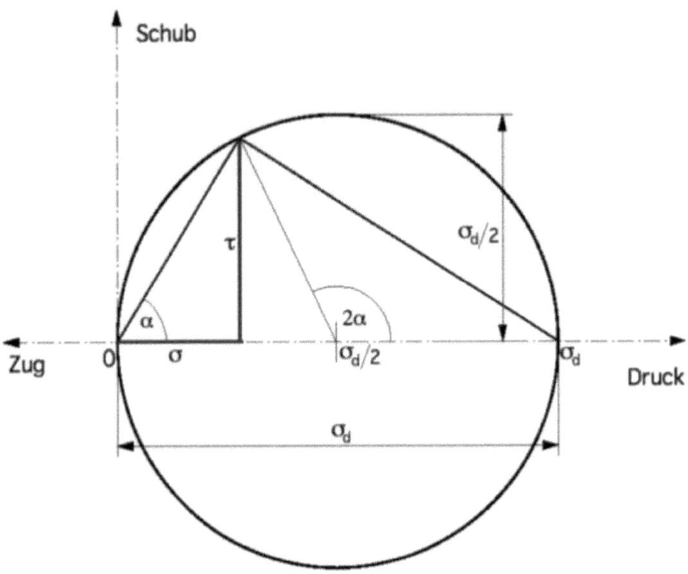

Abbildung 9.5: Mohr'scher Spannungskreis für den Bruchzustand

Stellt man nun σ und τ graphisch dar, so kann man erkennen, dass ein Zusammenhang der Größen σ_d, σ und τ über den Winkel 2α gegeben ist. Man zeichnet einen Kreis mit dem Radius $\sigma_d/2$ an der Stelle $\sigma_d/2$. Dies ist der so genannte **Mohr'sche Kreis**.

Trägt man nun eine Linie im Winkel α vom Ursprung aus auf, so schneidet diese den Mohr'schen Kreis. Verbindet man diesen Schnittpunkt mit dem Kreismittelpunkt, so entsteht beim Kreismittelpunkt ein Winkel als Zentrumswinkel, der doppelt so groß ist wie der Ausgangswinkel, also 2α. Nun kann man die beiden Formeln 9.6 und 9.9 leicht graphisch nachvollziehen und erhält die jeweils gesuchte Spannung.

Es muss jetzt nur noch die Frage beantwortet werden, bei welchem Winkel α der Bruch eintritt. Dazu wird ein Zusammenhang verwendet, den der Physiker Coulomb vor der französischen Revolution schon erkannt hat:

$$\tau = \tau_c + \sigma * tan\varphi \tag{9.10}$$

Trägt man nun diese Gleichung in derselben graphischen Darstellung wie den Mohr'schen Kreis auf, so kann man folgendes Bild erhalten.

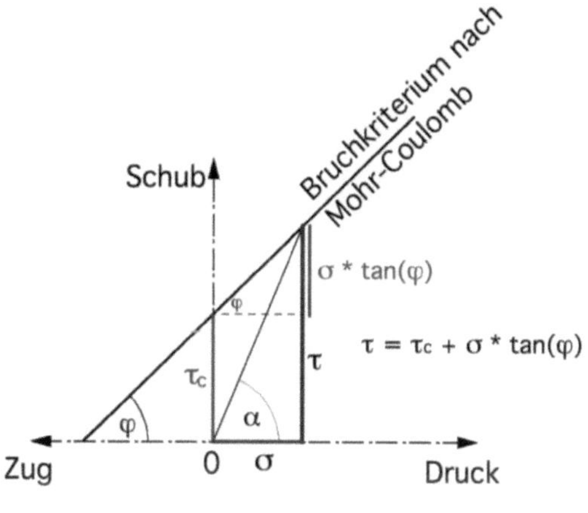

Abbildung 9.6: Zusammenhang beim Bruchzustand

Die Gleichung stellt eine Gerade dar, die unter dem Winkel φ die Horizontale schneidet. Zumindest in einem gewissen Spannungsbereich entspricht diese Gerade auch den meisten Feststoffen. Dies ist zumindest eine erste Näherung, von der man ausgehen kann. Diese Gerade schneidet die Schubspannung bei der Spannung 0 in der Größe τ_c, welches die Scherfestigkeit eines Werkstoffes ist. Der Winkel φ wird Scherwinkel genannt und ist mit der Scherfestigkeit τ_c eine Materialkonstante.

Führt man nun diese Scherfestigkeit nach Coulomb in die Darstellung von Mohr ein, so kann man den Bruchwinkel eindeutig errechnen. Es zeigt sich, dass der Winkel zwischen τ_c und dem Kreismittelpunkt zur Horizontalen gesehen genau die Hälfte des Winkels zwischen τ und der Horizontalen beim Kreismittelpunkt ist. Da sowohl der 0-Punkt als auch der Schnittpunkt von τ mit der Schergeraden (Bruchkriterium nach Mohr-Coulomb) einen Tangentenpunkt des Kreises

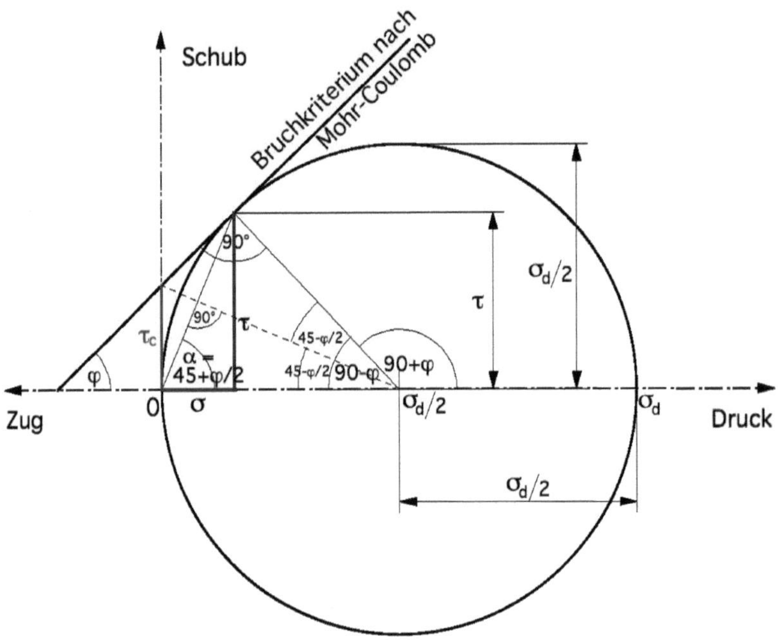

Abbildung 9.7: Ermittlung des Bruchwinkels im Bruchzustand

darstellt, ist der Schnittpunkt der Scherfestigkeit τ_c mit der Schergeraden genau die Winkelhalbierende der Scherkraft τ.

Nachdem der Winkel von τ zum Radius $\sigma_d/2$ (horizontal) den Wert $45 - \alpha/2$ einnimmt, ist der Gegenwinkel im rechtwinkligen Dreieck $45 + \alpha/2$. Dieser Winkel entspricht nun dem gesuchten Bruchwinkel α der Probe bei der Grenzbelastung.

Zusätzlich zeigt diese Darstellung den Durchstoßpunkt der Schergeraden mit der Horizontalen als Wert σ_z. Dies ist die Zugfestigkeit des Festkörpermaterials.

9.1.2 Dreidimensionale Beanspruchung

Untersucht man nun ein Festkörpermaterial im dreidimensionalen Spannungsraum, so tritt neben der Hauptbelastung eine seitliche Stützkraft auf, deren Größe unterschiedlich sein kann. Es entsteht ein ähnliches Bild wie im eindimensionalen Zustand, nur dass ein Seitendruck auf die Probe zusätzlich zu berücksichtigen ist.

Geht man in Analogie zum ebenen Zustand, so ergibt sich ein ähnliches Probenbild, nur dass eine seitliche Spannung zusätzlich anzugeben ist.

Die Probe wird in ein dreidimensionales Versuchsgerät eingebaut, in dem meist der Seitendruck auf die Probe über einen Flüssigkeitsdruck aufgebracht wird. Dazu wird die Probe immer

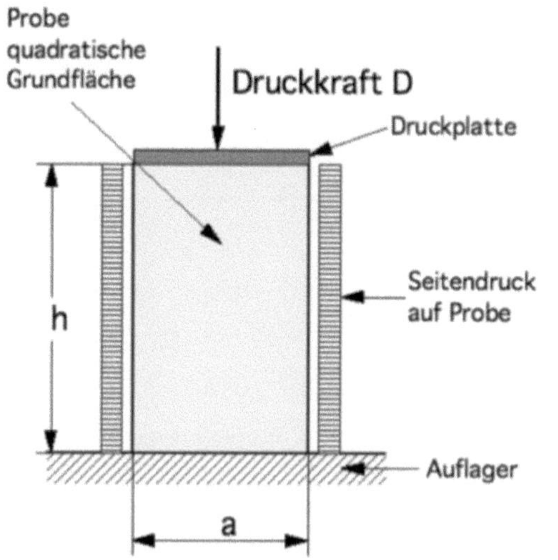

Abbildung 9.8: Probe bei dreidimensionaler Belastung

in eine Gummihülle eingebaut, damit im Bruchzustand der Seitendruck nicht in die Bruchzone hineingeht, aber die etwaigen Deformationen beliebig mitgemacht werden können.

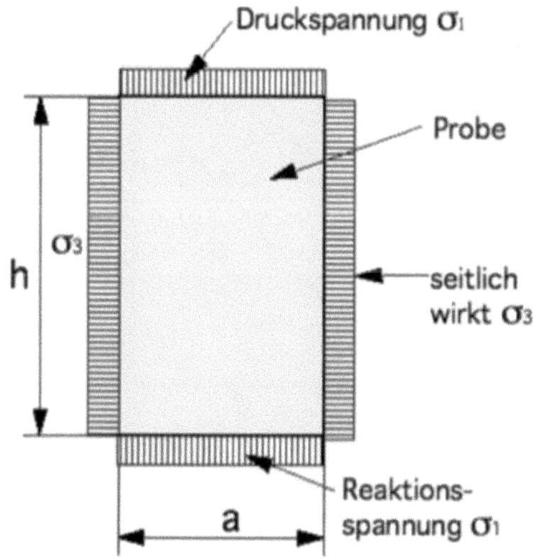

Abbildung 9.9: Spannungszustand bei dreidimensionaler Belastung

Die über die Druckplatte aufgebrachte Vertikalspannung wird nun als σ_1 bezeichnet und der

Seitendruck σ_3.

Es wird nun die Spannung σ_1 so lange gesteigert, bis der Bruchzustand eintritt. Es entsteht ähnlich wie im ebenen Zustand eine Bruchlinie unter dem Winkel α.

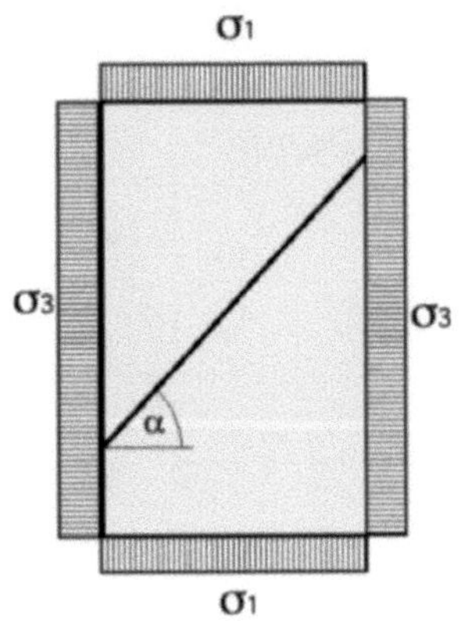

Abbildung 9.10: Bruchzustand bei dreidimensionaler Belastung

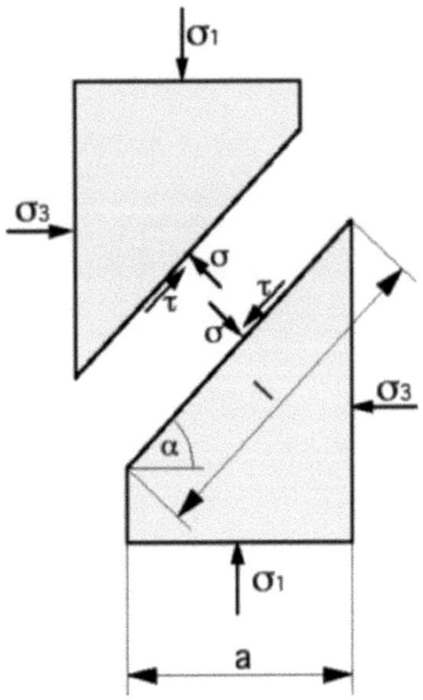

Abbildung 9.11: Spannungen im Bruchzustand bei dreidimensionaler Belastung

Wie beim eindimensionalen Belastungsfall können auch bei der dreidimensionalen Belastung des Probekörpers die Spannungen und geometrischen Verhältnisse aufgezeigt werden.

Bezeichnet man nun die Flächen, auf die die einzelnen Spannungen wirken, mit demselben Index, so ergeben sich folgende Zusammenhänge:

Fläche senkrecht auf σ_1:

$$F_1 = a * a = a^2 \tag{9.11}$$

Fläche senkrecht auf σ_3:

$$F_3 = a * a * tan\alpha = a^2 * tan\alpha \tag{9.12}$$

Bruchfläche:

$$F_b = a * l = a * \frac{a}{cos\alpha} = \frac{a^2}{cos\alpha} \tag{9.13}$$

Man kann nun die Spannungen in der Bruchfläche ausrechnen, wobei man zuerst ein Kräftegleichgewicht ermitteln muss, da die mit Spannungen belegten Flächen unterschiedlich groß sind. Zuerst die Kräfte:

$$R_1 = \sigma_1 * F_1 \qquad R_3 = \sigma_3 * F_3 \tag{9.14}$$

und in der Bruchfläche:

$$N = \sigma * F_b \qquad T = \tau * F_b \tag{9.15}$$

Mit diesen Kräften kann man das Gleichgewicht dem zugehörigen Krafteck entsprechend ermitteln:

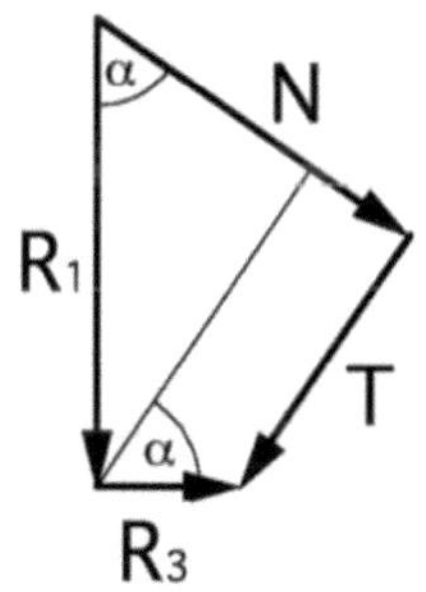

Abbildung 9.12: Krafteck in der Bruchfuge

Damit kann man die Normalkraft N in der Bruchfuge errechnen zu

$$N = R_1 * cos\alpha + R_3 * sin\alpha \tag{9.16}$$

und die Schubkraft T in der Bruchfuge zu

$$T = R_1 * sin\alpha - R_3 * cos\alpha \tag{9.17}$$

Aus diesen Kräften lassen sich wieder die Spannungen errechnen:

$$\sigma = \frac{\sigma_1 * F_1 * cos\alpha + \sigma_3 * F_3 * sin\alpha}{F_b} = \frac{\sigma_1 * a^2 * cos\alpha + \sigma_3 * a^2 * tan\alpha * sin\alpha}{\frac{a^2}{cos\alpha}} \tag{9.18}$$

$$\sigma = (\sigma_1 * cos\alpha + \sigma_3 * tan\alpha * sin\alpha) * cos\alpha = \sigma_1 * cos^2\alpha + \sigma_3 * sin^2\alpha \tag{9.19}$$

Nach einer trigonometrischen Umformung des Ausdruckes $cos^2\alpha$ und auch $sin^2\alpha$ kann man die Formel auch umschreiben in:

$$\sigma = \sigma_1 * \frac{1}{2} * (1 + cos2\alpha) + \sigma_3 * \frac{1}{2} * (1 - cos2\alpha) \tag{9.20}$$

Und wenn man nun die Gleichung ausmultipliziert, erhält man einen Ausdruck, der sich graphisch sehr gut interpretieren lässt:

$$\sigma = \frac{\sigma_1}{2} + \frac{\sigma_1}{2} * cos(2\alpha) + \frac{\sigma_3}{2} - \frac{\sigma_3}{2} * cos(2\alpha) \tag{9.21}$$

Oder etwas umgeformt:

$$\sigma = \frac{\sigma_1 + \sigma_3}{2} + \frac{\sigma_1 - \sigma_3}{2} * cos(2\alpha) \tag{9.22}$$

Hierbei ist der erste Teil der Formel die Lage des Mittelpunktes eines Kreises mit dem Radius $\frac{\sigma_1 - \sigma_3}{2}$.

Den analogen Zusammenhang kann man nun mit der Schubspannung τ herstellen:

$$\tau = \frac{\sigma_1 * F_1 * sin\alpha - \sigma_3 * F_3 * cos\alpha}{F_b} = \frac{\sigma_1 * a^2 * sin\alpha + \sigma_3 * a^2 * tan\alpha * cos\alpha}{\frac{a^2}{cos\alpha}} \tag{9.23}$$

$$\tau = (\sigma_1 * sin\alpha - \sigma_3 * tan\alpha * cos\alpha) * cos\alpha = \sigma_1 * sin\alpha * cos\alpha - \sigma_3 * sin\alpha * cos\alpha \tag{9.24}$$

Nach einer trigonometrischen Umformung des Ausdruckes $sin\alpha * cos\alpha = \frac{1}{2} * sin2\alpha$ kann man die Formel auch umschreiben in:

$$\tau = \frac{\sigma_1}{2} * sin2\alpha - \frac{\sigma_3}{2} * sin2\alpha \tag{9.25}$$

Oder wiederum etwas umgeformt:

$$\tau = \frac{\sigma_1 - \sigma_3}{2} * sin2\alpha \tag{9.26}$$

Dabei ist der erste Teil der Formel der Radius eines Kreises.

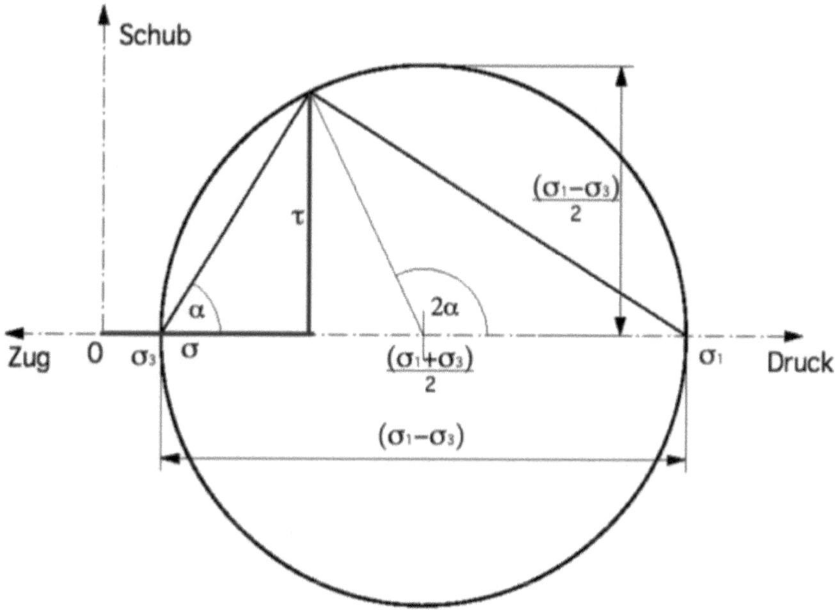

Abbildung 9.13: Mohr'scher Spannungskreis für den Bruchzustand bei dreidimensionaler Belastung

Stellt man nun σ und τ graphisch dar, so kann man erkennen, dass ein Zusammenhang der Größen σ_1, σ_3, σ und τ über den Winkel 2α gegeben ist. Man zeichnet einen Kreis mit dem Radius $(\sigma_1 - \sigma_3)/2$ an der Stelle $(\sigma_1 + \sigma_3)/2$. Dies ist der so genannte **Mohr'sche Kreis**.

Trägt man nun eine Linie im Winkel α vom Punkt σ_3 aus auf, so schneidet diese den Mohr'schen Kreis. Verbindet man diesen Schnittpunkt mit dem Kreismittelpunkt, so entsteht beim Kreismittelpunkt ein Winkel als Zentrumswinkel, der doppelt so groß ist wie der Ausgangswinkel, also 2α. Nun kann man die beiden Formeln 9.22 und 9.26 leicht graphisch nachvollziehen und erhält die jeweils gesuchte Spannung.

Betrachtet man nun das Coulomb'sche Bruchkriterium mit $\tau = \tau_c + \sigma * tan\varphi$, so kann man in der Mohr'schen Darstellung das in der folgenden Abbildung aufgezeigte Bild erkennen.

Die Gleichung stellt eine Gerade dar, die unter dem Winkel φ die Horizontale schneidet. Zumindest in einem gewissen Spannungsbereich entspricht diese Gerade auch den meisten Feststoffen. Dies ist zumindest eine erste Näherung, von der man ausgehen kann. Diese Gerade schneidet die Schubspannung bei der Spannung 0 in der Grösse τ_c, welches die Scherfestigkeit eines

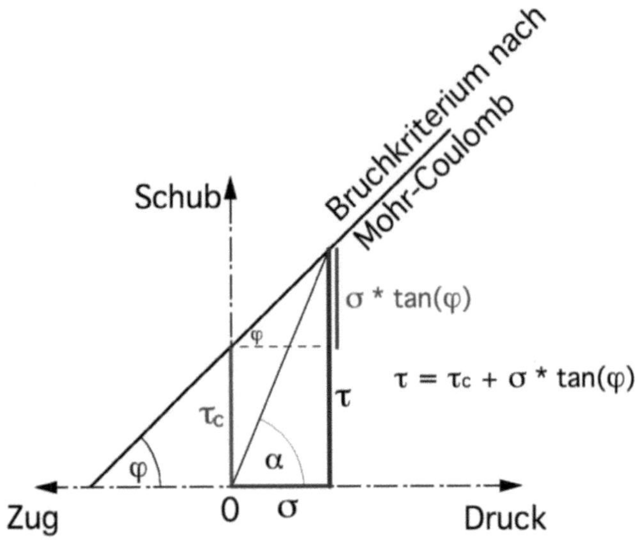

Abbildung 9.14: Zusammenhang beim Bruchzustand nach Coulomb

Werkstoffes ist. Der Winkel φ wird Scherwinkel genannt und ist mit der Scherfestigkeit τ_c eine Materialkonstante.

Führt man nun diese Scherfestigkeit nach Coulomb in die Darstellung von Mohr ein, so kann man den Bruchwinkel eindeutig errechnen. Betrachtet man sich das rechtwinklige Dreieck mit dem Fußpunkt σ_z und dem Kreismittelpunkt sowie dem Berührungspunkt des Kreises mit der Schergeraden, so sind beim Punkt σ_z der Winkel φ und beim Kreistangentenpunkt der rechte Winkel gegeben. Damit ergibt sich der Winkel beim Kreismittelpunkt zu $90 - \varphi$.

Betrachtet man nun das Dreieck mit den Punkten σ_3, Kreismittelpunkt und Kreistangentenpunkt mit der Schergeraden, so ist dies ein gleichschenkliges Dreieck mit dem Winkel $90 - \varphi$ in seiner Spitze, dem Kreismittelpunkt. Die beiden anderen Winkel des gleichschenkligen Dreiecks sind gleich groß und ergeben sich mit dem Zusammenhang:

$$\alpha = \frac{180 - (90 - \varphi)}{2} = 45 + \frac{\varphi}{2} \tag{9.27}$$

Dieser Winkel entspricht nun dem gesuchten Bruchwinkel der α-Probe bei der Grenzbelastung.

Zusätzlich zeigt diese Darstellung den Durchstoßpunkt der Schergeraden mit der Horizontalen als Wert σ_z. Dies ist die Zugfestigkeit des Festkörpermaterials.

Zum Vergleich ist der Mohr'sche Kreis für den eindimensionalen Druckversuch als gestrichelter Kreis eingezeichnet worden. Es ist sehr deutlich zu sehen, dass ein Material mit relativ geringem Seitendruck σ_3 eine wesentlich höhere Druckbelastung aufnehmen kann. Dies ist be-

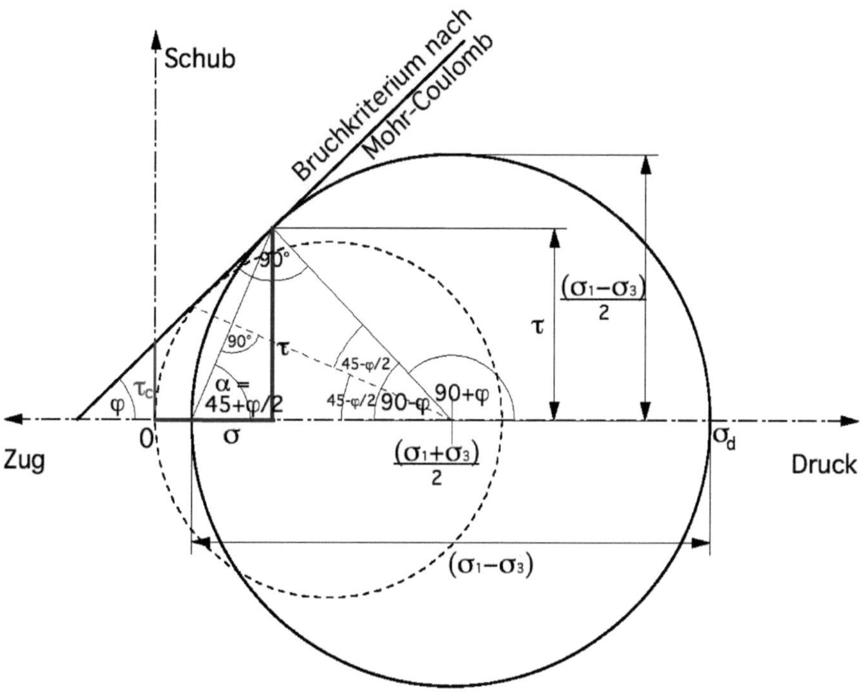

Abbildung 9.15: Ermittlung des Bruchwinkels im Bruchzustand bei dreidimensionaler Belastung

sonders bei massigen Bauteilen der Fall oder bei Bauteilen, bei denen eine seitliche Deformation behindert wird und durch diese Behinderung eine Seitenspannung entsteht.

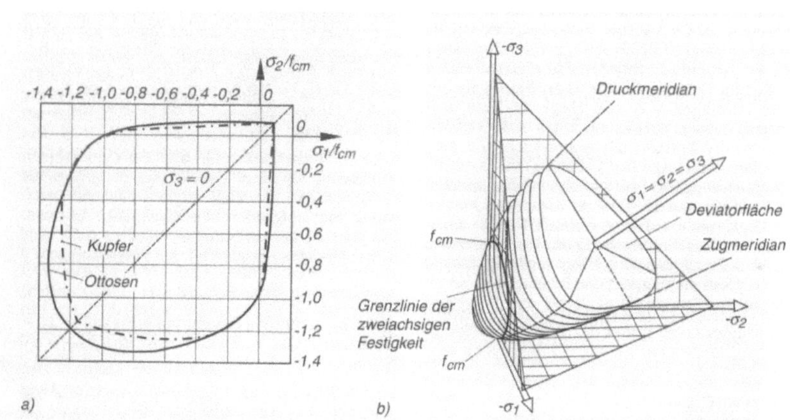

Abbildung 9.16: Festigkeit von Beton bei mehrachsiger Beanspruchung (BK2005 S66; Beton)

Die Abbildung[3] zeigt bei a die Grenzlinie bei zweiachsiger Belastung und bei b die Grenzfläche der dreiachsigen Festigkeit. Diese sind nachzulesen unter CEB-Comite Euro-International du Beton – CEB-FIP Model Code 1990.

Bei räumlichen Berechnungen ist es weiters zweckmäßig, zusätzlich die Versagenstheorien von **Tresca** und auch von **Mises** zu betrachten, da diese immer wieder gerade in den heute oft verwendeten FEM-Programmen verwendet werden. Es wird hier nur der Verweis gegeben, weitere Erläuterungen werden hier nicht gegeben, denn sie würden den Rahmen des in diesem Buch gegebenen Umfanges sprengen.

[3]aus Betonkalender 2005, S. 66, Hans-Wolf Reinhard; Beton

9.2 Materialkennwerte

Es werden die Datenblätter gezeigt, die bei den Versuchen des Stahlfaserbetons verwendet werden.

Datenblatt für eine Stahlfaser:

Faser Nr:	

Hersteller:	
Adresse:	
Fasertyp:	

Angaben zur Einzelfaser:

Länge	l =		[mm]	Bild
Durchmesser	d =		[mm]	
Streckgrenze	f_{yk} =		[N/mm²]	

Druckversuch am Zylinder ø15 cm: h = 20 cm

Herstellungsdatum:		Name Prüfer:	
Prüfdatum:		Probenalter:	Tage

		Beton C25/30			
		nur Beton	Bet.+30 kg F	Bet.+70 kg F	
Gewicht vor Test	G =				[kg]
Bruchlast	F_{cm} =				[kN]
Bruchspannung	f_{cm} =	0,00	0,00	0,00	[N/mm²]

Biegezugversuch am Prüfkörper:

Herstellungsdatum:		Name Prüfer:	
Prüfdatum:		Probenalter:	Tage

Länge	l =		[cm]
Breite	b =		[cm]
Höhe	h =		[cm]
Abstand Auflager	a =		[cm]

		Beton C25/30			
		nur Beton	Bet.+30 kg F	Bet.+70 kg F	
Gewicht vor Test	G =				[kg]
Last Zustand 1	F_1 =				[kN]
Last Zustand 2	F_2 =	-			[kN]
M1 (Zustand 1)	M_1 =				[kNcm]
M1 (Zustand 2)	M_2 =	-			[kNcm]
Spannung 1 (Z1)	σ_1 =				[N/mm²]
Spannung 2 (Z2)	σ_2 =	-			[N/mm²]

Alle Proben müssen am gleichen Tag und von der gleichen Mischung hergestellt werden!

Auch die Prüfung muss bei allen Proben an demselben Tag (28 Tage nach Herstellung) sein!

Abbildung 9.17: Datenblatt für die Versuche des Stahlfaserbetons

Mit diesen im Labor ermittelten Werten für die einzelnen Prüfkörper werden die Kennwerte des Stahlfaserbetons entsprechend dem Punkt 4.3 in nachfolgendem Formular ermittelt und die beiden Winkel α_1 und α_2 errechnet.

Auswertung für eine Stahlfaser:

Faser Nr:	

Hersteller:	
Adresse:	
Fasertyp:	

Einzelfaser:			
Volumen	F_v =		[mm3]
Gewicht	F_g =		[g]

Auswertung der Druckversuche:

		Beton C25/30			α =
		nur Beton	Bet.+30 kg F	Bet.+70 kg F	45,2
Gewicht vor Test	G =				[kg]
Volumen vor Test	V =	3,53	3,53	3,53	[dm^3]
Dichte	γ =				[kg/dm^3]
Dichte ohne Faser	γ_{bet} =	-			[kg/dm^3]
Dosierung	D_f =	-			[kg/m^3]
Faserdichte	d_f =	-			[$Faser/cm^3$]
Faserzugkraft	f_{fk} =	-			[kN/cm^2]
Bruchspannung	f_{cm} =	0,00	0,00	0,00	[N/mm^2]
Faseranteil		-	0,00	0,00	[kN/cm^2]
Faseranteil		-			[%]
Fasereinfluss 1	α_1=	-			[°]

Auswertung Biegezugversuche:

		Beton C25/30			α =
		nur Beton	Bet.+30 kg F	Bet.+70 kg F	45,2
Gewicht vor Test	G =				[kg]
Volumen vor Test	V =				[dm^3]
Dichte	γ =				[kg/dm^3]
Dichte ohne Faser	γ_{bet} =	-			[kg/dm^3]
Dosierung	D_f =	-			[kg/m^3]
Faserdichte	d_f =	-			[$Faser/cm^3$]
Faserzugkraft	f_{fk} =	-			[kN/cm^2]
Spannung 1 (Z1)	σ_1 =				[N/mm^2]
Faseranteil		-			[kN/cm^2]
Faseranteil		-			[%]
Fasereinfluss 1	α_1=	-			[°]
Spannung 2 (Z2)	σ_2 =	-			[N/mm^2]
Faseranteil		-			[kN/cm^2]
Faseranteil		-			[%]
Fasereinfluss 2	α_2=	-			[°]

Abbildung 9.18: Datenblatt für die Auswertung der Versuche des Stahlfaserbetons

Diese Ermittlung muss nun für jede einzelne Faser eigens durchgeführt werden. Somit liegen die beiden Winkel α_1 und α_2 als Materialkennwerte für die untersuchte Faser fest.

Es wird zusätzlich empfohlen, die gleichen Untersuchungen bei einer anderen Betonfestigkeitsklasse durchzuführen, um so zu erkennen, wie die Haftung der Stahlfasern sich mit der Betonfestigkeitsklasse ändert oder nicht.

In den derzeitigen Berechnungsgrundsätzen wird angenommen, dass sich die Haftung der Stahlfaser am Beton entsprechend der Betonfestigkeit ändert.

9.2.1 Faser FE 65/35 von ArcelorMittal

Die Fa. ArcelorMittal hat die Faser FE 65/35 für eine Untersuchung der Kennwerte für die Bemessung eines Stahlfaserbetons bereitgestellt.

Technisches Datenblatt für Fasern mit abgeflachten Enden

Bezeichnung : **FE 65/35**

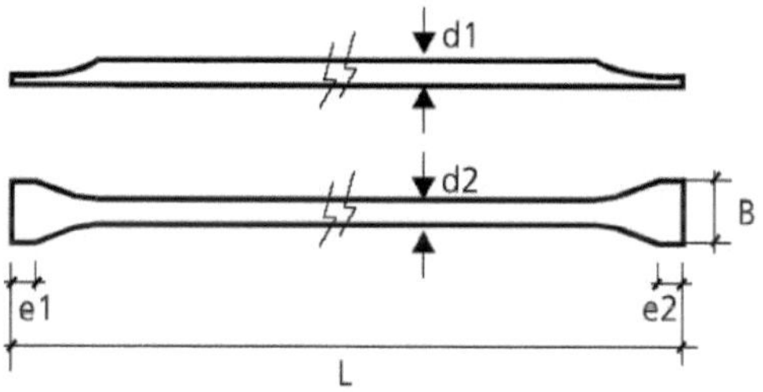

Geometrie:

- Äquivalenter Durchmesser 0,65 mm ± 0.04 mm
- Faserdurchmesser d1: > 0,5 mm
- Faserdurchmesser d2: < 0,9 mm
- Faserlänge L: 35 mm ± 1.50 mm
- Breite der abgeflachten Enden b : ≥ 1.3 mm
- Länge der abgeflachten Enden e : 1.5 mm ± 1.50 mm

Material:

- Zugfestigkeit des Drahtes: min. 1000 N/mm^2

Abbildung 9.19: Datenblatt für die Faser FE 65/35 der Fa. ArcelorMittal

Zur Prüfung der Materialkennwerte wurden drei Prüfkörper mit 30 kg/m^3 und weitere drei Prüfkörper mit einer Dosierung von 40 kg/m^3 im Werk von ArcelorMittal in Luxemburg hergestellt. Diese Proben wurden anschließend zur FH Aachen in das Baustofflabor gebracht und dort unter der Leitung von Prof. Dr. U. Gossla die Biegeversuche durchgeführt. Die Herstellung und Untersuchung der Proben wurde im Zeitraum vom 8. April bis einschließlich 15. Mai 2008 durchgeführt.

Die Versuche an den Balken B1 bis B3 mit einer Dosierung von 30 kg/m^3 ergaben folgende Ergebnisse:

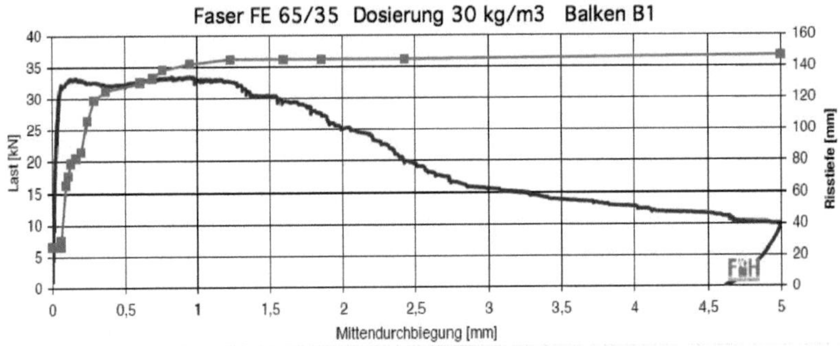

Abbildung 9.20: Biegeversuch am Balken B1

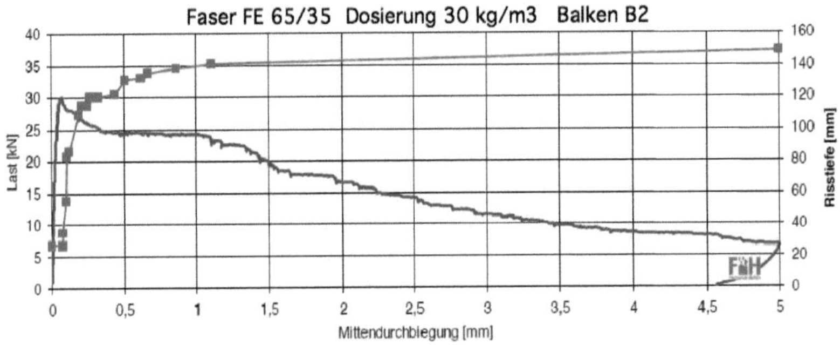

Abbildung 9.21: Biegeversuch am Balken B2

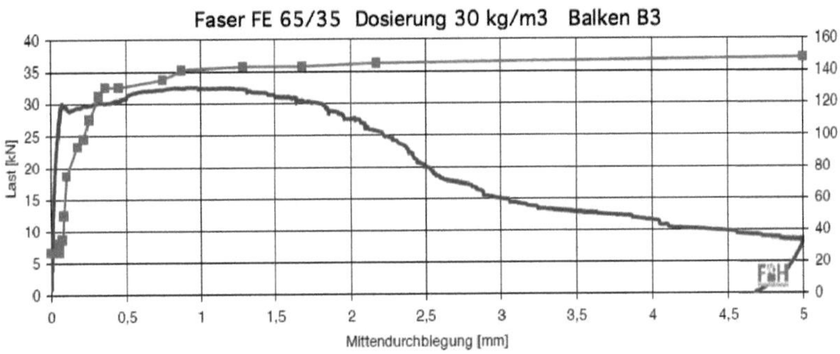

Abbildung 9.22: Biegeversuch am Balken B3

Die Versuche an den Balken B4 bis B6 mit einer Dosierung von 40 kg/m^3 ergaben folgende Ergebnisse:

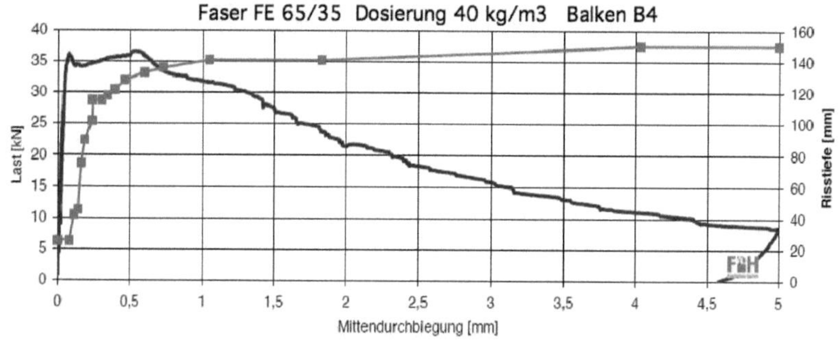

Abbildung 9.23: Biegeversuch am Balken B4

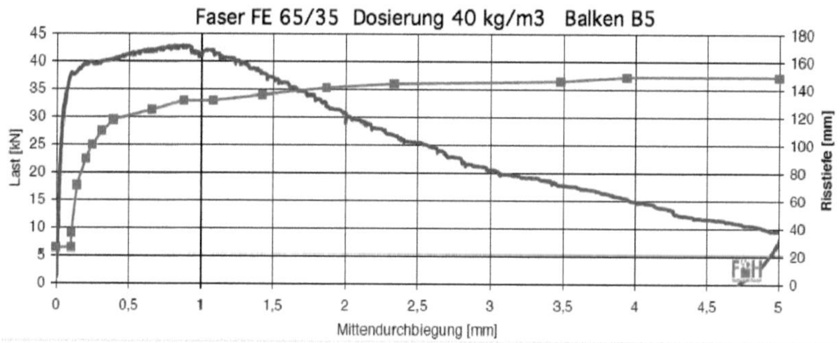

Abbildung 9.24: Biegeversuch am Balken B5

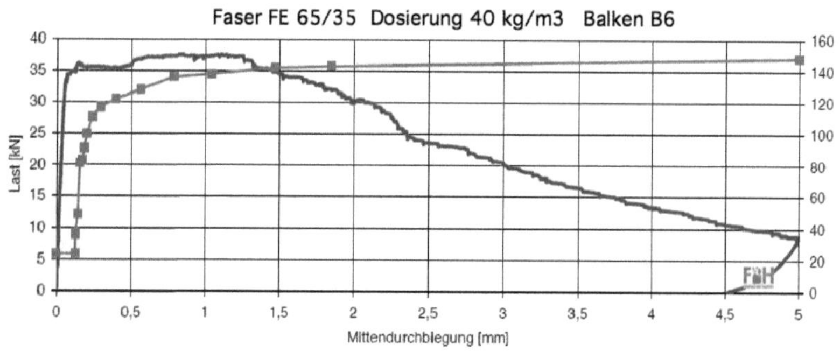

Abbildung 9.25: Biegeversuch am Balken B6

Die Balken B1 bis B3 hatten eine Dosierung von 30 kg/m^3. Mit den von der Herstellerfirma angegebenen Daten ergeben sich folgende Zusammenhänge:

Faser:	Type	Durchmesser [mm]	Länge [mm]	Zugfestigkeit [N/mm2]	Dichte [g/cm3]	Volumen [mm3]
	FE 65/35	0,65	35	1000	7,88	11,6
Dosierung:	30	kg/m3	Faserzugkr:	331,8	[N]	
			Faserzugsp:	1,088	[kN/cm2]	

Abbildung 9.26: Faserwerte für FE 65-35 bei Dosierung von 30 kg/m^3

Die Faserzugkraft ist die aus der angegebenen Zugfestigkeit gerechnete Zugkraft einer Einzelfaser. Die Faserspannung ist die theoretische Spannung der Fasern, die in einer Fläche von 1 cm^2 erreicht wird, wobei hier die unterschiedliche Steifigkeit des Stahls und des Betons mit einem Faktor 10 berücksichtigt wurde. Da sich die Spannungen ja aus den Deformationen ergeben, erkennt man aus der Hook'schen Gleichung $\sigma = E.\varepsilon$, dass sich die Spannungen bei gleichen Deformationen im Verhältnis der E-Module ergeben.

Der E-Modul von Stahl ist 210.000 N/mm^2, der von Beton ist 25.000 bis 37.000 N/mm^2. In erster Näherung verhalten sich die E-Module von Beton und Stahl wie 1:10, so dass der Faktor 10 verwendet werden kann. Bei genauerer Materialkenntnis kann der entsprechende Faktor auch eingesetzt werden.

Probe:			B1	B2	B3	Mittelwert
Geometrie:	Länge	[cm]	70,2	70,5	70,2	
	Breite	[cm]	30,3	30,3	30,3	
	Höhe	[cm]	15,0	15,3	15,2	
	Kerbe	[cm]	2,6	2,6	2,7	
	Resthöhe	[cm]	12,4	12,7	12,5	
	Lasthebel	[cm]	30,0	30,0	30,0	
Kräfte:	F2	[kN]	33,20	30,00	30,84	31,35
	F3	[kN]	15,53	11,45	14,91	13,96
Momente:	M2	[kNm]	4,98	4,50	4,63	4,70
	M3	[kNm]	2,33	1,72	2,24	2,09

Abbildung 9.27: Geometrie und Belastungswerte der Balken FE 65-35 bei Dosierung von 30 kg/m^3

Diese aus den Versuchen der FH Aachen gewonnenen Daten werden nun die auftretenden Spannungen im jeweiligen Biegebalken ergeben.

Probe:			B1	B2	B3	Mittelwert
Randspann:	σ_{dz2}	[kN/cm2]	0,64	0,55	0,59	0,59
	$f_{ctk,fl}$	[kN/cm2]	0,22	0,22	0,22	0,22
	f_{f2}	[kN/cm2]	0,42	0,33	0,36	0,37
	σ_{z3}	[kN/cm2]	0,303	0,213	0,286	0,27
	f_{fk3}	[kN/cm2]	0,303	0,213	0,286	0,27

Abbildung 9.28: Randspannungen der Balken FE 65-35 bei Dosierung von 30 kg/m^3

Aus den ermittelten Spannungen f_{f2} im Zustand 1 und f_{fk3} im Zustand 2 lassen sich nun die Verhältniszahlen und auch die Einflusswinkel für die Fasern errechnen:

Zustand 1:	m_1	0,34	α_1 [°]	48,7
Zustand 2:	m_2	0,25	α_2 [°]	41,0

Abbildung 9.29: Verhältniszahlen und Einflusswinkel für FE 65-35 bei Dosierung von 30 kg/m^3

Die Balken B4 bis B6 hatten eine Dosierung von 40 kg/m^3. Mit den von der Herstellerfirma angegebenen Daten ergeben sich folgende Zusammenhänge:

	Type	Durchmesser	Länge	Zugfestigkeit	Dichte	Volumen
Faser:		[mm]	[mm]	[N/mm2]	[g/cm3]	[mm3]
	FE 65/35	0,65	35	1000	7,88	11,6
Dosierung:	40	kg/m3	Faserzugkr:	331,8	[N]	
			Faserzugsp:	1,450	[kN/cm2]	

Abbildung 9.30: Faserwerte für FE 65-35 bei Dosierung von 40 kg/m^3

Die Faserzugkraft ist die aus der angegebenen Zugfestigkeit gerechnete Zugkraft einer Einzelfaser. Die Faserspannung ist die theoretische Spannung der Fasern, die in einer Fläche von 1 cm^2 erreicht wird, wobei hier die unterschiedliche Steifigkeit des Stahls und des Betons mit einem Faktor 10 berücksichtigt wurde. Da sich die Spannungen ja aus den Deformationen ergeben, erkennt man aus der Hook'schen Gleichung $\sigma = E.\varepsilon$, dass sich die Spannungen bei gleichen Deformationen im Verhältnis der E-Module ergeben.

Der E-Modul von Stahl ist 210.000 N/mm^2, der von Beton ist 25.000 bis 37.000 N/mm^2. In erster Näherung verhalten sich die E-Module von Beton und Stahl wie 1:10, so dass der Faktor 10 verwendet werden kann. Bei genauerer Materialkenntnis kann der entsprechende Faktor auch eingesetzt werden.

Probe:			B4	B5	B6	
Geometrie:	Länge	[cm]	70,2	70,5	70,2	
	Breite	[cm]	30,3	30,3	30,3	
	Höhe	[cm]	15,0	15,3	15,2	
	Kerbe	[cm]	2,6	2,6	2,7	
	Resthöhe	[cm]	12,4	12,7	12,5	
	Lasthebel	[cm]	30,0	30,0	30,0	**Mittelwert**
Kräfte:	F2	[kN]	36,49	41,21	36,12	37,94
	F3	[kN]	15,71	20,52	19,98	18,74
Momente:	M2	[kNm]	5,47	6,18	5,42	5,69
	M3	[kNm]	2,36	3,08	3,00	2,81

Abbildung 9.31: Geometrie und Belastungswerte der Balken FE 65-35 bei Dosierung von 40 kg/m^3

Mit diesen, aus den Versuchen der FH Aachen gewonnenen Daten werden nun die auftretenden Spannungen im jeweiligen Biegebalken errechnet.

Probe:			B4	B5	B6	Mittelwert
Randspann:	σ_{dz2}	[kN/cm2]	0,70	0,76	0,69	0,72
	$f_{ctk,fl}$	[kN/cm2]	0,22	0,22	0,22	0,22
	f_{f2}	[kN/cm2]	0,48	0,54	0,46	0,49
	σ_{z3}	[kN/cm2]	0,307	0,382	0,384	0,36
	f_{fk3}	[kN/cm2]	0,307	0,382	0,384	0,36

Abbildung 9.32: Randspannungen der Balken FE 65-35 bei Dosierung von 40 kg/m^3

Aus den ermittelten Spannungen f_{f2} im Zustand 1 und f_{fk3} im Zustand 2 lassen sich nun die Verhältniszahlen und auch die Einflusswinkel für die Fasern errechnen:

Zustand 1:	m_1	0,31	α_1 [°]	46,2
Zustand 2:	m_2	0,25	α_2 [°]	41,1

Abbildung 9.33: Verhältniszahlen und Einflusswinkel für FE 65-35 bei Dosierung von 40 kg/m^3

Vergleicht man nun die Ergebnisse der Biegebalken mit der unterschiedlichen Dosierung, so erkennt man eine recht gute Übereinstimmung der Ergebnisse, die nur geringfügig streuen. Es wird als Ergebnis der Einflusswinkel für die untersuchte Faser folgender Wert gemittelt:

Faser:	FE 65/35	
α_1 =	47	[°]
α_2 =	41	[°]

Abbildung 9.34: Einflusswinkel für FE 65-35

Das Ergebnis dieser Untersuchungen entspricht den Erfahrungen mit dieser Faser, die bei Auftreten von Rissen eine gute Tragfähigkeit aufweist. Im Zustand 1 sind die Festigkeitswerte wesentlich besser als die des reinen Betons; dies kommt von den keilförmigen Endabflachungen. Mit Eintreten von Rissen im Zustand 1-2 werden die Abflachungen in den Beton eingedrückt und geben dem Verbundbaustoff Stahlfaserbeton eine größere plastische Tragfähigkeit.

C-MID

Certificate of Material Identification Data

Die hier angegebenen Fasern wurden speziell für die Anwendung der statischen Bemessung in einem Bauteil zusammengestellt. Die Bemessung wird nach dem Buch von WIETEK (Stahlfaserbeton) und den Stoffgesetzen entsprechend der Bruchkriterien von Mohr-Coulomb durchgeführt.

Firma	Arcelor Mittal
Faserart	gerade, an beiden Enden gequetscht
Material	Stahl
Type	FE 65/35
Bild	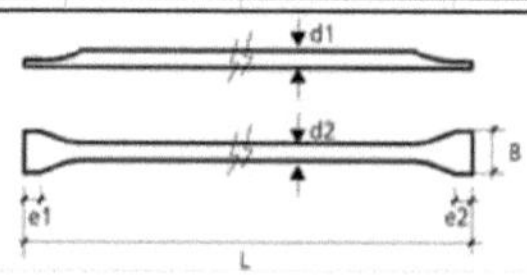

Bezeichnung	Zeichen	Dimension	Wert
Länge	L	mm	35
Durchmesser	d	mm	0,65
Dichte	ρ	g/mm3	7,88
Zugfestigkeit	σ	N/mm2	1.000
Z1-Winkel	α1	°	47
Z2-Winkel	α2	°	41

Zur Ermittlung der Materialkennwerte der Faser für die Bemessung wurden folgende Untersuchungen durchgeführt:

Versuchsart	Betonsorte	Proben	Dosierung	Bemerkungen
Würfeldruck	C 25/30	6	60	
Zylinderdruck				
Biegebalken	C 25/30	3	30-40	

Versuchsanstalt	FH - Aachen	Datum	März 2008

Es wird hiermit bestätigt, dass die untersuchte Faser entsprechend den Vorgaben des Buches Stahlfaserbeton von B.Wietek erschienen im Verlag Vieweg&Teubner 2008 durchgeführt wurden. Die einzelnen Teiluntersuchungen sowie die entsprechenden Auswertungen der Messdaten sind bei der jeweiligen Versuchsanstalt bzw. auch beim Ingenieurbüro WIETEK hinterlegt und können jederzeit abgerufen werden.

Sistrans	12.02.2009	DIPL.-ING. BERNHARD WIETEK SISTRANS	
Ort	Datum		Unterschrift

Abbildung 9.35: Faser-Certifikat für FE 65-35

9.2.2 Faser HE 55/35 von ArcelorMittal

Die Fa. ArcelorMittal hat als zweite Stahlfaser die Faser HE 55/35 für eine weitere Untersuchung der Kennwerte für die Bemessung eines Stahlfaserbetons bereitgestellt. Dies sollte den Unterschied in der Geometrie der beiden untersuchten Stahlfasern aufzeigen.

Technisches Datenblatt für gekröpfte Fasern

Bezeichnung : HE 55/35

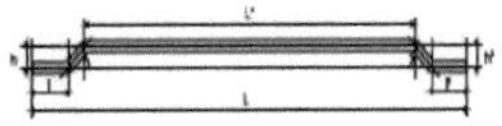

Geometrie:

- Faserdurchmesser d: 0.55 mm ± 0.04 mm
- Faserlänge L: 35 mm ± 2 mm
- Kropflänge l und l' : 1 - 4 mm
- Kropfhöhe h und h': 1.8 mm -0 / +1 mm
- Biegewinkel α et α': 45° (min. 30°)

Material:

- Zugfestigkeit des Drahtes: min. 1000 N/mm^2

Abbildung 9.36: Datenblatt für die Faser HE 55/35 der Fa. ArcelorMittal

Die Faser besteht zwar aus einem ähnlichen Draht mit gleicher Zugfestigkeit, jedoch ist die geometrische Form gravierend anders. Der Draht ist dünner als der der ersten untersuchten Faser, und es erhöht sich somit die Anzahl der Fasern in einem Querschnitt bei gleicher Dosierung. Dies sollte eine bessere Aufnahme der zu übertragenden Kräfte ermöglichen. Es gibt auch keine Querschnittsquetschungen am jeweiligen Ende wie bei der Faser FE 65/35, sondern die Enden der Fasern sind zu einem Haken aufgebogen. Dies sollte eine gute Verankerung im Beton bringen, die besonders bei gerissenem Beton aktiv wird. Somit will man bei dieser Faser besonders die Tragfähigkeit im gerissenen Zustand gewährleisten. Gegenüber den erhofften Vorteilen handelt man sich jedoch einen nicht unerheblichen Nachteil ein, der darin besteht, dass, durch die Endhaken bedingt, die Förderung mittels Pumpen in Schläuchen nicht so einfach abläuft wie bei der ersten Faser. Es verhaken sich die Fasern bei der Bewegung im Schlauch, und so besteht eine erhöhte Möglichkeit der Bildung von Verstopfungen, die auf der Baustelle unangenehm sind und Zeit und Nerven kosten.

Zur Prüfung der Materialkennwerte wurden ebenbfalls wie bei der ersten Faser drei Prüfkörper mit 30 kg/m3 und weitere drei Prüfkörper mit einer Dosierung von 40 kg/m3 im Werk von ArcelorMittal in Luxemburg hergestellt. Diese Proben wurden auch anschließend zur FH Aachen in das Baustofflabor gebracht, und dort wurden unter der Leitung von Prof. Dr. U. Gossla die Biegeversuche durchgeführt. Die Herstellung und Untersuchung der Proben wurde im Zeitraum vom 8. April bis einschließlich 15. Mai 2008 durchgeführt.

Die Versuche an den Balken B7 bis B9 mit einer Dosierung von 30 kg/m3 ergaben folgende Ergebnisse:

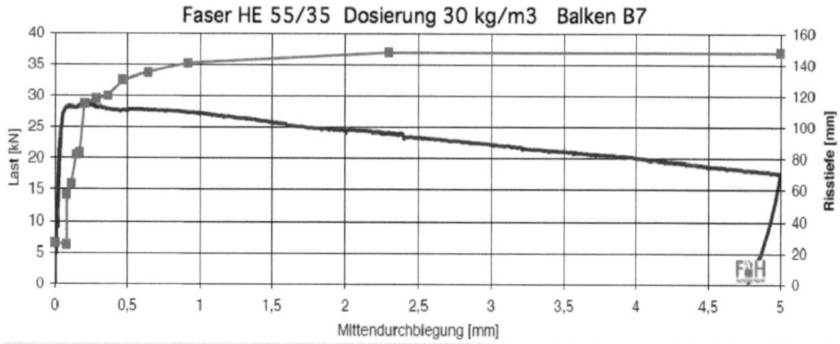

Abbildung 9.37: Biegeversuch am Balken B7

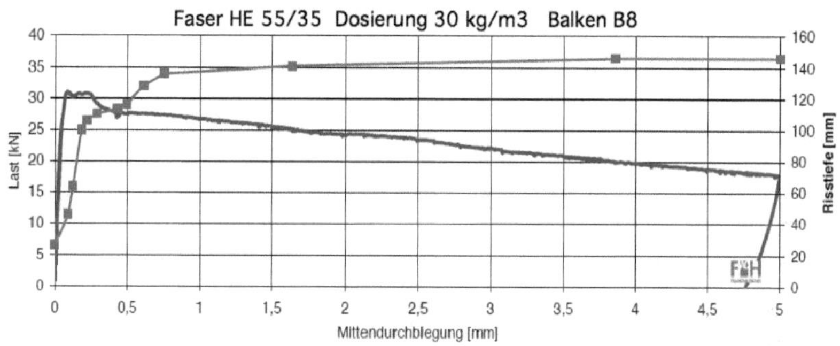

Abbildung 9.38: Biegeversuch am Balken B8

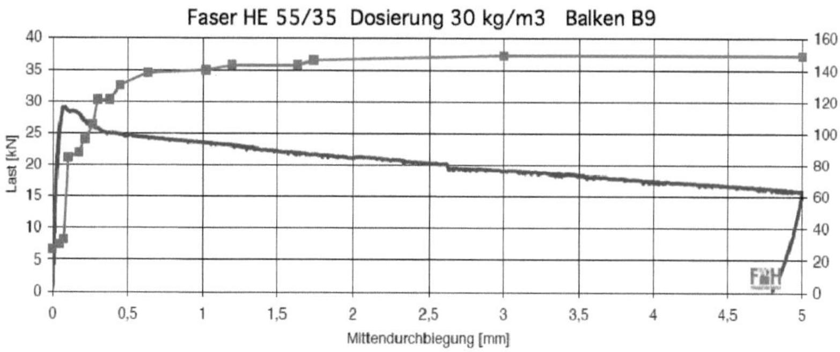

Abbildung 9.39: Biegeversuch am Balken B9

Die Versuche an den Balken B10 bis B12 mit einer Dosierung von 40 kg/m3 ergaben folgende Ergebnisse:

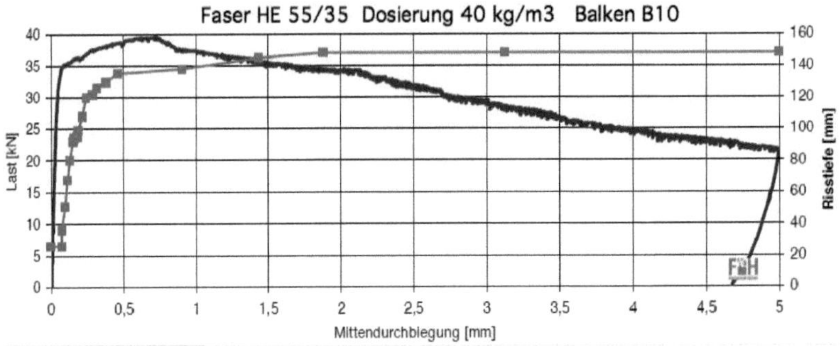

Abbildung 9.40: Biegeversuch am Balken B10

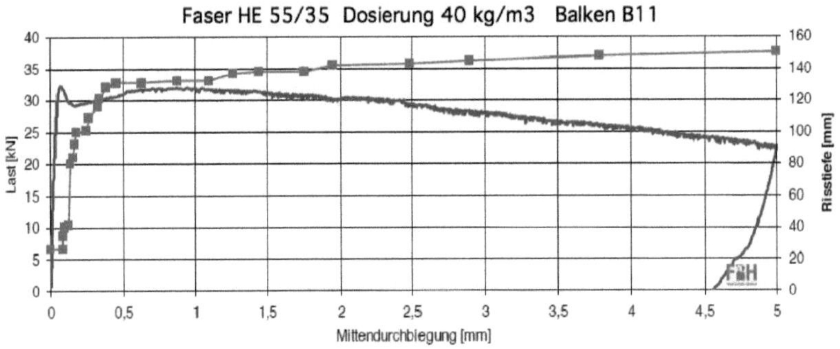

Abbildung 9.41: Biegeversuch am Balken B11

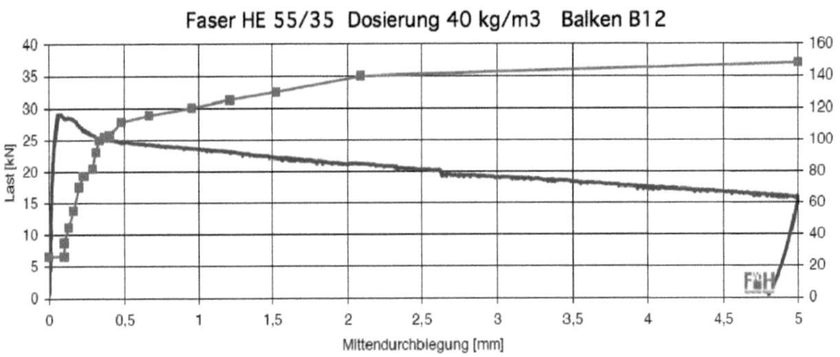

Abbildung 9.42: Biegeversuch am Balken B12

Die Balken B7 bis B9 hatten eine Dosierung von 30 kg/m^3. Mit den von der Herstellerfirma angegebenen Daten ergeben sich folgende Zusammenhänge:

Faser:	Type	Durchmesser [mm]	Länge [mm]	Zugfestigkeit [N/mm2]	Dichte [g/cm3]	Volumen [mm3]
	HE 55/35	0,55	35	1000	7,88	8,3
Dosierung:	30	kg/m3	Faserzugkr:	237,6	[N]	
			Faserzugsp:	1,088	[kN/cm2]	

Abbildung 9.43: Faserwerte für HE 55-35 bei Dosierung von 30 kg/m^3

Die Faserzugkraft ist die aus der angegebenen Zugfestigkeit gerechnete Zugkraft einer Einzelfaser. Die Faserspannung ist die theoretische Spannung der Fasern, die in einer Fläche von 1 cm^2 erreicht wird.

Probe:			B7	B8	B9	
Geometrie:	Länge	[cm]	70,3	70,1	70,3	
	Breite	[cm]	30,4	30,3	30,4	
	Höhe	[cm]	15,0	15,3	15,3	
	Kerbe	[cm]	2,6	2,6	2,6	
	Resthöhe	[cm]	12,4	12,7	12,7	
	Lasthebel	[cm]	30,0	30,0	30,0	Mittelwert
Kräfte:	F2	[kN]	28,75	31,03	29,04	29,61
	F3	[kN]	22,12	22,03	18,92	21,02
Momente:	M2	[kNm]	4,31	4,65	4,36	4,44
	M3	[kNm]	3,32	3,30	2,84	3,15

Abbildung 9.44: Geometrie und Belastungswerte der Balken HE 55-35 bei Dosierung von 30 kg/m^3

Mit den in den Versuchen der FH Aachen gewonnenen Daten werden nun die auftretenden Spannungen im jeweiligen Biegebalken errechnet.

Probe:			B7	B8	B9	Mittelwert
Randspann:	σ_{dz2}	[kN/cm2]	0,55	0,57	0,53	0,55
	$f_{ctk,fl}$	[kN/cm2]	0,27	0,27	0,27	0,27
	f_{f2}	[kN/cm2]	0,28	0,30	0,26	0,28
	σ_{z3}	[kN/cm2]	0,432	0,410	0,352	0,40
	f_{fk3}	[kN/cm2]	0,432	0,410	0,352	0,40

Abbildung 9.45: Randspannungen der Balken HE 55-35 bei Dosierung von 30 kg/m^3

Die hier angegebene Betonzugspannung $f_{ctk,fl}$ wurde aus den errechneten Zugspannungen rückgerechnet. Dabei wurden die Werte für beide Dosierungen ermittelt und jeweils gemittelt, so dass diese Randspannung nur mit einem Mittelwert weitergerechnet wurde. Anschließend wurde die Zugspannung auf eine Dosierung mit 0 kg/m^3 rückgerechnet. Somit hat man die vom Beton tatsächlich erreichbare Zugspannung ermittelt.

Aus den ermittelten Spannungen f_{f2} im Zustand 1 und f_{fk3} im Zustand 2 lassen sich nun die Verhältniszahlen und auch die Einflusswinkel für die Fasern errechnen:

Zustand 1:	m_1	0,26	α_1 [°]	42,2
Zustand 2:	m_2	0,37	α_2 [°]	50,6

Abbildung 9.46: Verhältniszahlen und Einflusswinkel für HE 55-35 bei Dosierung von 30 kg/m^3

Die Balken B4 bis B6 hatten eine Dosierung von 40 kg/m^3. Mit den von der Herstellerfirma angegebenen Daten ergeben sich folgende Zusammenhänge:

		Durchmesser	Länge	Zugfestigkeit	Dichte	Volumen
Faser:	Type	[mm]	[mm]	[N/mm2]	[g/cm3]	[mm3]
	HE 55/35	0,55	35	1000	7,88	8,3
Dosierung:	40	kg/m3	Faserzugkr:	237,6	[N]	
			Faserzugsp:	1,450	[kN/cm2]	

Abbildung 9.47: Faserwerte für HE 55-35 bei Dosierung von 40 kg/m^3

Die Faserzugkraft ist die aus der angegebenen Zugfestigkeit gerechnete Zugkraft einer Einzelfaser. Die Faserspannung ist die theoretische Spannung der Fasern, die in einer Fläche von 1 cm^2 erreicht wird.

Probe:			B10	B11	B12	
Geometrie:	Länge	[cm]	70,4	70,5	70,2	
	Breite	[cm]	30,4	30,3	30,4	
	Höhe	[cm]	15,3	15,4	15,2	
	Kerbe	[cm]	2,6	2,6	2,6	
	Resthöhe	[cm]	12,7	12,8	12,6	
	Lasthebel	[cm]	30,0	30,0	30,0	**Mittelwert**
Kräfte:	F2	[kN]	38,64	32,23	29,04	35,44
	F3	[kN]	31,19	27,97	18,92	29,58
Momente:	M2	[kNm]	5,80	4,83	4,36	5,32
	M3	[kNm]	4,68	4,20	2,84	4,44

Abbildung 9.48: Geometrie und Belastungswerte der Balken HE 55-35 bei Dosierung von 40 kg/m^3

Bei den Versuchsergebnissen der untersuchten Balken fällt auf, dass bei Balken 12 exakt die gleichen Kraftwerte wie bei Balken 9 angegeben werden. Es zeigt sich somit keinerlei Veränderung in der Kraftaufnahme bei einer Erhöhung der Dosierung der Stahlfasern. Dies kann nicht sein, es zeigen ja auch die Rissaufnahmen ein unterschiedliches Bild bei beiden Balken. Aus diesem Grund wurde eine weitere Auswertung von Balken 12 nicht vorgenommen. Es werden daher nur Balken 10 und 11 zur weiteren Betrachtungen herangezogen.

Mit den aus den Versuchen der FH Aachen gewonnenen Daten werden nun die auftretenden Spannungen im jeweiligen Biegebalken errechnet.

Aus den ermittelten Spannungen f_{f2} im Zustand 1 und f_{fk3} im Zustand 2 lassen sich nun die Verhältniszahlen und auch die Einflusswinkel für die Fasern errechnen:

Vergleicht man nun die Ergebnisse der Biegebalken mit der unterschiedlichen Dosierung, so erkennt man eine recht gute Übereinstimmung der Ergebnisse, die nur geringfügig streuen. Es

Probe:			B10	B11	B12	Mittelwert
Randspann:	σ_{dz2}	[kN/cm2]	0,71	0,58	0,54	0,65
	$f_{ctk,fl}$	[kN/cm2]	0,27	0,27	-	0,27
	f_{f2}	[kN/cm2]	0,44	0,31	-	0,38
	σ_{z3}	[kN/cm2]	0,580	0,512	-	0,55
	f_{fk3}	[kN/cm2]	0,580	0,512	-	0,55

Abbildung 9.49: Randspannungen der Balken HE 55-35 bei Dosierung von 40 kg/m^3

Zustand 1:	m_1	0,26	α_1 [°]	42,2
Zustand 2:	m_2	0,38	α_2 [°]	51,4

Abbildung 9.50: Verhältniszahlen und Einflusswinkel für HE 55-35 bei Dosierung von 40 kg/m^3

wird als Ergebnis der Einflusswinkel für die untersuchte Faser folgender Wert gemittelt:

Faser:	HE 55/35	
α_1 =	42	[°]
α_2 =	51	[°]

Abbildung 9.51: Einflusswinkel für HE 55-35

Das Ergebnis dieser Untersuchungen entspricht durchaus den Erfahrungen mit dieser Faser, die bei Auftreten von Rissen eine erhöhte Tragfähigkeit aufweist. Im Zustand 1 sind die Festigkeitswerte wesentlich besser als die des reinen Betons. Mit Eintreten von Rissen im Zustand 1-2 werden die Endhaken aktiv und geben dem Verbundbaustoff Stahlfaserbeton eine erhöhte Tragfähigkeit. So eignet sich diese Faser für Bauteile, die größeren Deformationen unterliegen.

C-MID

Certificate of Material Identification Data

Die hier angegebenen Fasern wurden speziell für die Anwendung der statischen Bemessung in einem Bauteil zusammengestellt. Die Bemessung wird nach dem Verfahren WIETEK und den Stoffgesetzen entsprechend der Bruchkriterien von Mohr-Coulomb durchgeführt.

Firma	Arcelor Mittal
Faserart	gerade, an beiden Enden aufgebogen
Material	Stahldraht
Type	HE 55/35
Bild	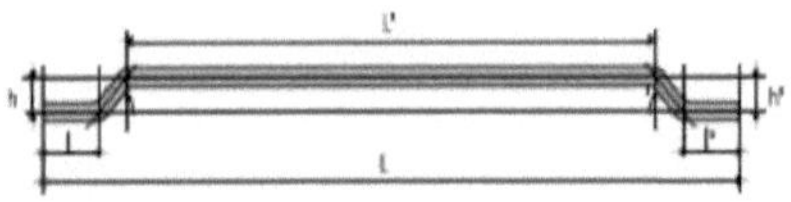

Bezeichnung	Zeichen	Dimension	Wert
Länge	L	mm	35
Durchmesser	d	mm	0,55
Dichte	ρ	g/mm3	7,88
Zugfestigkeit	σ	N/mm2	1.000
Z1-Winkel	α1	°	42
Z2-Winkel	α2	°	51

Zur Ermittlung der Materialkennwerte der Faser für die Bemessung wurden folgende Untersuchungen durchgeführt:

Versuchsart	Betonsorte	Proben	Dosierung	Bemerkungen
Würfeldruck	C 25/30	3	60	
Zylinderdruck				
Biegebalken	C 25/30	3	30-40	

Versuchsanstalt	FH - Aachen	Datum	März 2008

Es wird hiermit bestätigt, dass die untersuchte Faser entsprechend den Vorgaben des Buches Stahlfaserbeton von B.Wietek erschienen im Verlag Vieweg&Teubner 2008 durchgeführt wurden. Die einzelnen Teiluntersuchungen sowie die entsprechenden Auswertungen der Messdaten sind bei der jeweiligen Versuchsanstalt bzw. auch beim Ingenieurbüro WIETEK hinterlegt und können jederzeit abgerufen werden.

Sistrans	12.02.2009	DIPL.-ING. BERNHARD WIETEK SISTRANS	B. Wietek
Ort	Datum		Unterschrift

Abbildung 9.52: Faser-Certifikat für HE 55-35

9.3 Bemessungsdiagramme für Platten

Decken und Platten werden üblicherweise nur auf Biegung beansprucht. Da die Querkraft nur geringe Auswirkungen auf die Dimensionierung hat, können Platten auf Biegung bemessen werden.

Nachfolgend wurden Bemessungen für Platten mit verschiedenen Fasern durchgeführt, wobei in der Berechnung von der Zugfestigkeit des Betons ausgegangen wurde und der erhöhte Wert des Biegezuges nicht berücksichtigt wurde. Dies ist eine Vorsichtsmaßnahme, wobei die Ergebnisse jedenfalls auf der sicheren Seite liegen.

Die Berechnungen wurden für jede Faser mit zwei Betonfestigkeitsklassen C20/25 sowie C25/30 und C30/37 durchgeführt, wobei die Plattendicke von 10 bis 30 cm variiert wurde.

Es kann mit den angegebenen Werten für jede gegebene Stahlfaser das zulässige Moment bei jeder Plattendicke angegeben und somit eine Bemessung bei gegebenem Moment aus der Statik ersetzt werden. Gleichzeitig kann man dann noch die Dosierung für die gewählte Plattendicke ablesen.

Bei einem gegebenen Moment sind aus den Grafiken die möglichen Plattendicken ablesbar und die Art der Dosierung, mit der diese Platten auszuführen sind.

Die Vielzahl der derzeit am Markt befindlichen Fasern ist teilweise schon verwirrend. Es sollte daher den Stahlfaserverbänden und auch den Normenerstellern angeraten werden, eine Regulierung der Faserarten auf eine gewisse Anzahl (5–8) beschränken. Derzeit sind bei den unterschiedlichen Herstellern durchaus optisch vergleichbare Fasern erhältlich, jedoch die Bezeichnungen sind von Hersteller zu Hersteller unterschiedlich. Eine einheitliche Regelung ist somit für eine Anwendung der Stahlfasern mehr als dringend erforderlich. Die Regelungen, die bei Beton und Baustahl erreicht wurden, sollten durchaus als vorbildhaft gelten.

Die hier abgedruckten Ergebnisse beziehen sich auf Untersuchungen mit Biegebalken, wie sie im Buch vorher ausführlich beschrieben wurden. Vor einer Übertragbarkeit der Ergebnisse auf optisch gleich aussehende Fasern wird ausdrücklich gewarnt, da viele Einflüsse die Eigenschaften der Fasern im Beton beeinflussen. Insbesondere ist die Art und Rauigkeit der Oberfläche im Detail optisch nicht erkennbar, jedoch kann dabei die Verbundwirkung mit dem Beton extrem variieren. Daher können die vorliegenden Angaben nur ausschließlich für die untersuchten Stahlfasern herangezogen werden.

9.3.1 Fasern von Arcelor-Mittal

Stahlfaserbeton **Momentenaufnahme**

Betonsorte: C 20/25 Fasertyp: FE 65/35

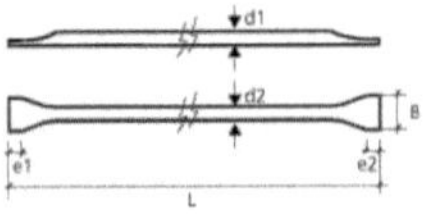

Aufnehmbare zulässige Momente für eine Platte [kNm]

Plattendicke	Dosierung des Stahlfaserbetons [kg/m3]				
[cm]	20	40	60	80	100
10	3,0	3,3	3,6	3,9	4,2
12	4,4	4,8	5,2	5,6	6,1
14	5,9	6,5	7,1	7,7	8,3
16	7,7	8,5	9,3	10,0	10,8
18	9,8	10,8	11,7	12,7	13,6
20	12,1	13,3	14,5	15,7	16,8
22	14,6	16,1	17,5	18,9	20,4
24	17,4	19,1	20,8	22,5	24,2
26	20,4	22,5	24,5	26,5	28,5
28	23,7	26,0	28,4	30,7	33,0
30	27,2	29,9	32,6	35,2	37,9

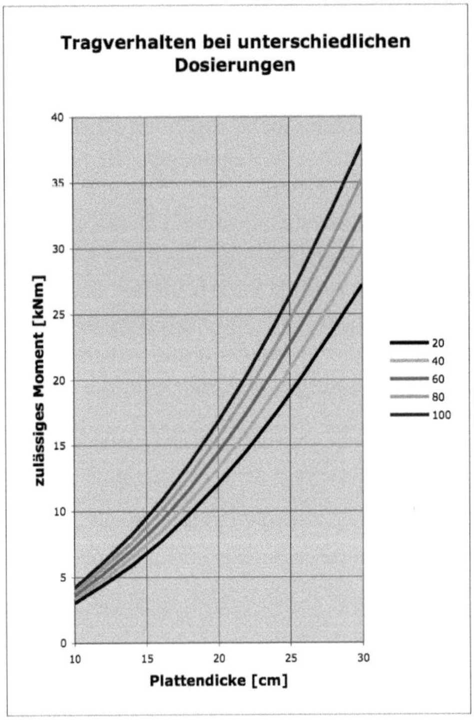

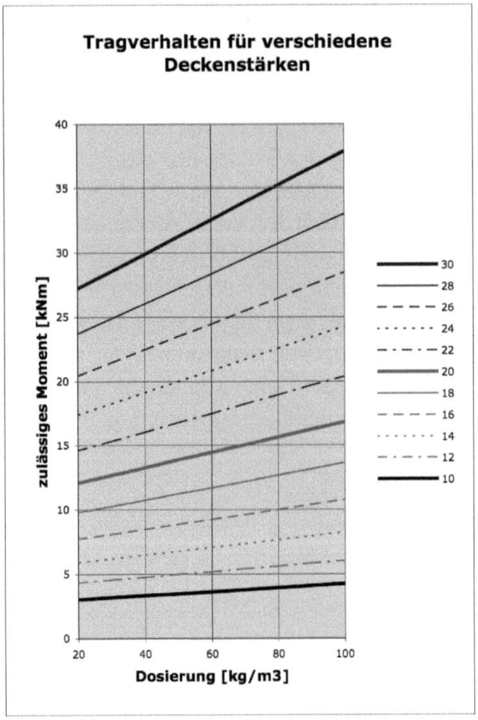

Abbildung 9.53: Fa. ArcelorMittal FE 65/35 und C20/25

Stahlfaserbeton Momentenaufnahme

Betonsorte: C 25/30

Fasertyp: FE 65/35

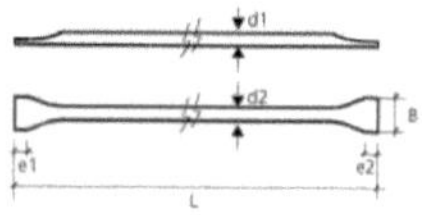

Aufnehmbare zulässige Momente für eine Platte [kNm]

Plattendicke	Dosierung des Stahlfaserbetons [kg/m3]				
[cm]	20	40	60	80	100
10	3,5	3,8	4,1	4,4	4,6
12	5,0	5,4	5,8	6,3	6,7
14	6,8	7,4	7,9	8,5	9,1
16	8,9	9,6	10,4	11,1	11,9
18	11,2	12,2	13,1	14,1	15,1
20	13,9	15,0	16,2	17,4	18,6
22	16,8	18,2	19,6	21,1	22,5
24	19,9	21,7	23,4	25,1	26,8
26	23,4	25,4	27,4	29,4	31,4
28	27,1	29,5	31,8	34,1	36,4
30	31,2	33,8	36,5	39,2	41,8

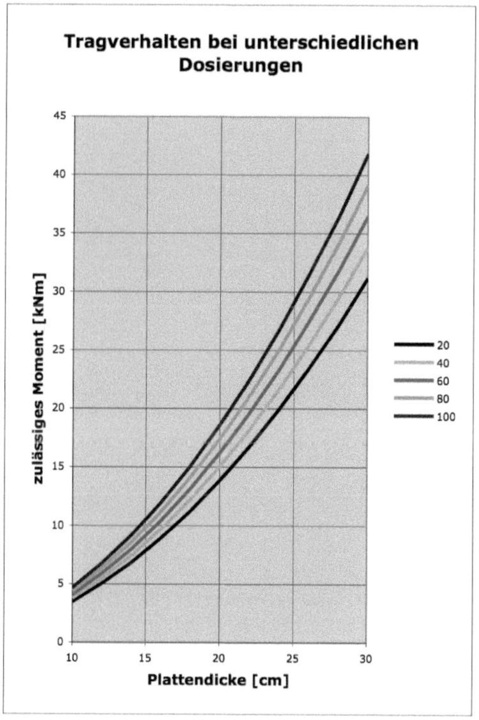

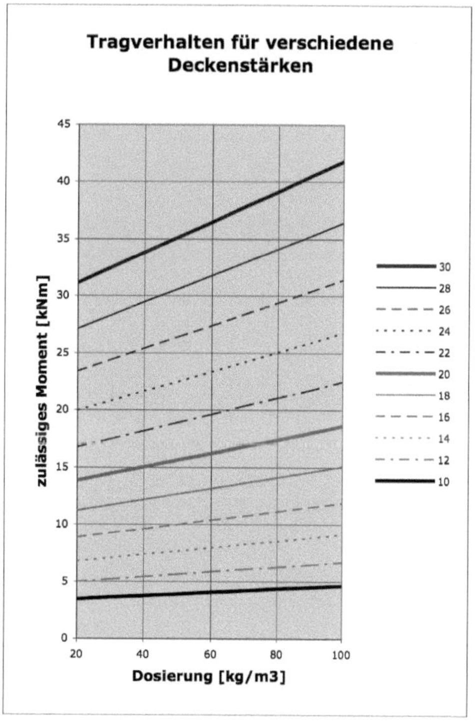

Abbildung 9.54: Fa. ArcelorMittal FE 65/35 und C25/30

Stahlfaserbeton Momentenaufnahme

Betonsorte: C 30/37 Fasertyp: FE 65/35

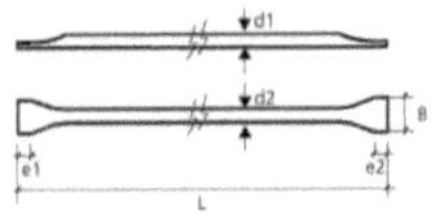

Aufnehmbare zulässige Momente für eine Platte [kNm]

Plattendicke	Dosierung des Stahlfaserbetons [kg/m3]				
[cm]	20	40	60	80	100
10	3,9	4,2	4,5	4,8	5,1
12	5,6	6,0	6,4	6,9	7,3
14	7,6	8,2	8,8	9,3	9,9
16	9,9	10,7	11,4	12,2	12,9
18	12,5	13,5	14,5	15,4	16,4
20	15,5	16,7	17,9	19,0	20,2
22	18,7	20,2	21,6	23,0	24,5
24	22,3	24,0	25,7	27,4	29,1
26	26,2	28,2	30,2	32,2	34,2
28	30,4	32,7	35,0	37,3	39,6
30	34,8	37,5	40,2	42,8	45,5

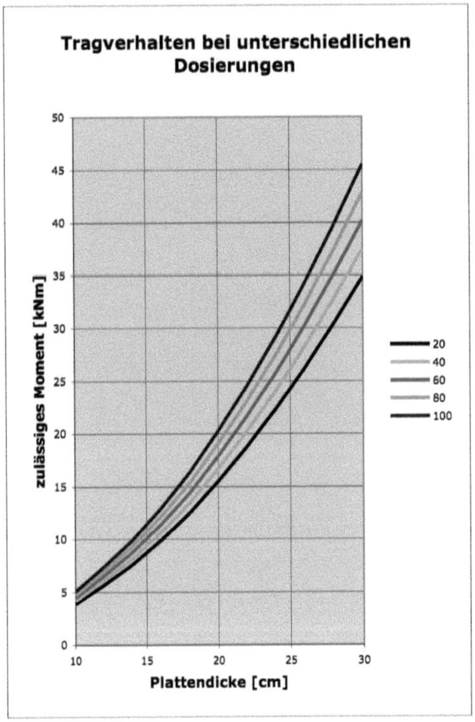

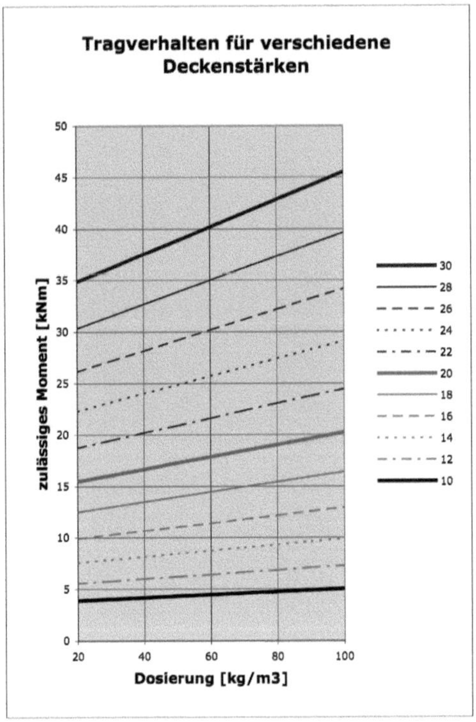

Abbildung 9.55: Fa. ArcelorMittal FE 65/35 und C30/37

Stahlfaserbeton

Momentenaufnahme

Betonsorte: C 20/25

Fasertyp: HE 55/35

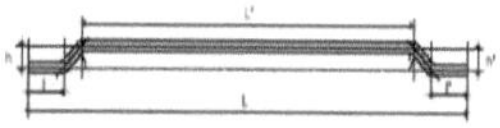

Aufnehmbare zulässige Momente für eine Platte [kNm]

Plattendicke	Dosierung des Stahlfaserbetons [kg/m3]				
[cm]	20	40	60	80	100
10	3,0	3,2	3,4	3,6	4,5
12	4,3	4,6	4,9	5,3	6,4
14	5,8	6,3	6,7	7,2	8,7
16	7,6	8,2	8,8	9,3	11,4
18	9,6	10,3	11,1	11,8	14,4
20	11,8	12,8	13,7	14,6	17,8
22	14,3	15,4	16,5	17,7	21,5
24	17,0	18,4	19,7	21,0	25,6
26	20,0	21,6	23,1	24,7	30,1
28	23,2	25,0	26,8	28,6	34,9
30	26,6	28,7	30,8	32,8	40,1

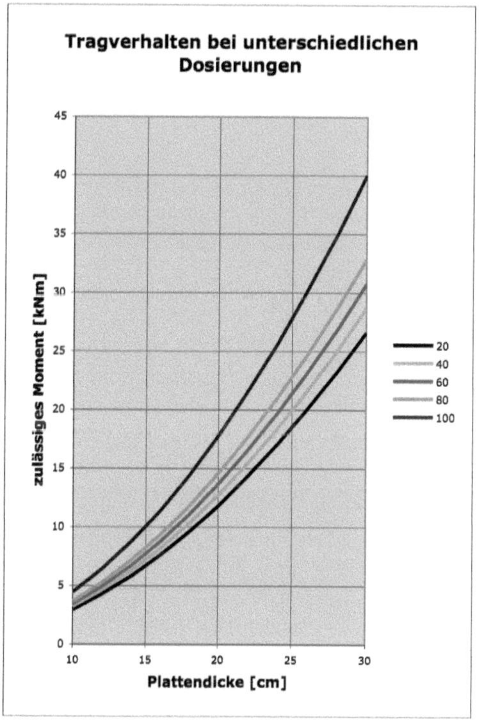

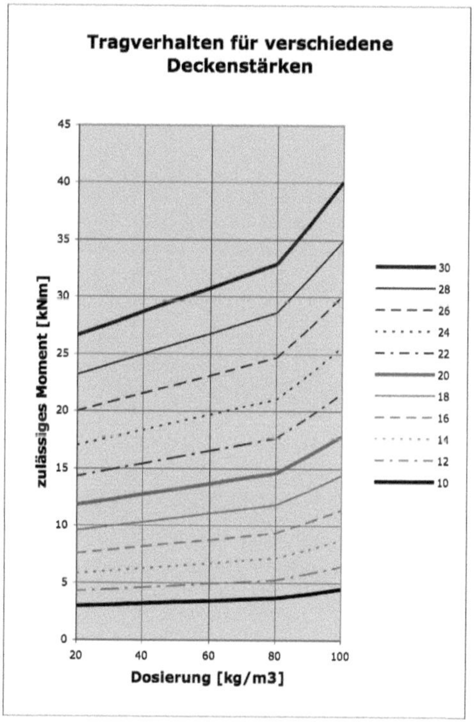

Abbildung 9.56: Fa. ArcelorMittal HE 55/35 und C20/25

Stahlfaserbeton Momentenaufnahme

Betonsorte: C 25/30 Fasertyp: HE 55/35

Aufnehmbare zulässige Momente für eine Platte [kNm]

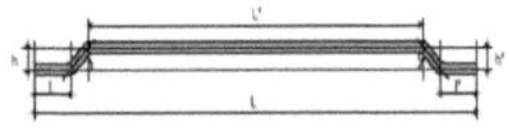

Plattendicke	Dosierung des Stahlfaserbetons [kg/m3]				
[cm]	20	40	60	80	100
10	3,4	3,6	3,9	4,1	4,5
12	4,9	5,2	5,6	5,9	6,5
14	6,7	7,1	7,6	8,0	8,9
16	8,7	9,3	9,9	10,5	11,6
18	11,0	11,7	12,5	13,2	14,7
20	13,6	14,5	15,4	16,3	18,1
22	16,4	17,6	18,7	19,8	21,9
24	19,6	20,9	22,2	23,5	26,1
26	23,0	24,5	26,1	27,6	30,6
28	26,6	28,4	30,2	32,0	35,5
30	30,6	32,6	34,7	36,8	40,8

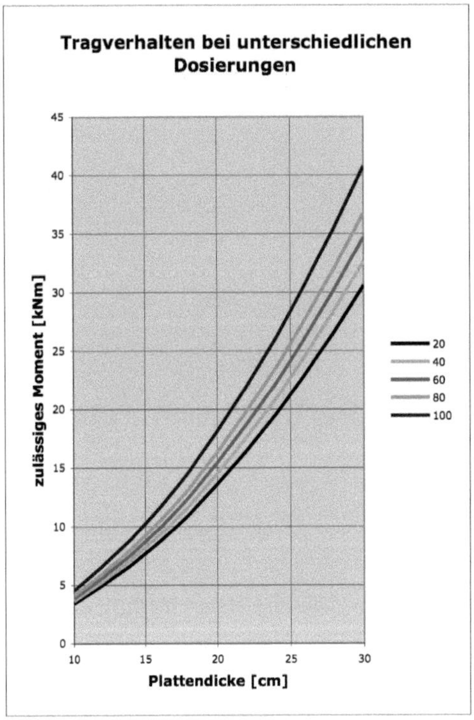

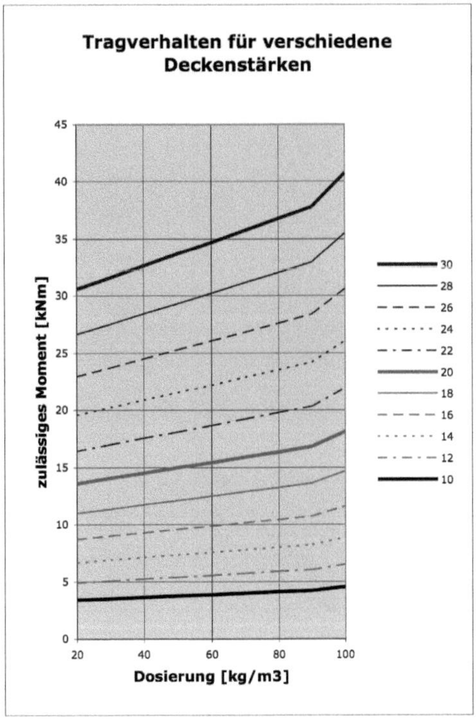

Abbildung 9.57: Fa. ArcelorMittal HE 55/35 und C25/30

Stahlfaserbeton Momentenaufnahme

Betonsorte: C 30/37

Fasertyp: HE 55/35

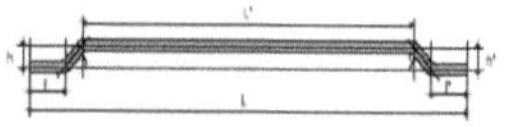

Aufnehmbare zulässige Momente für eine Platte [kNm]

Plattendicke [cm]	Dosierung des Stahlfaserbetons [kg/m3] 20	40	60	80	100
10	3,8	4,0	4,3	4,5	4,7
12	5,5	5,8	6,1	6,5	6,8
14	7,5	7,9	8,4	8,8	9,3
16	9,7	10,3	10,9	11,5	12,1
18	12,3	13,1	13,8	14,6	15,3
20	15,2	16,1	17,1	18,0	18,9
22	18,4	19,5	20,6	21,8	22,9
24	21,9	23,2	24,6	25,9	27,2
26	25,7	27,3	28,8	30,4	31,9
28	29,8	31,6	33,4	35,2	37,0
30	34,3	36,3	38,4	40,5	42,5

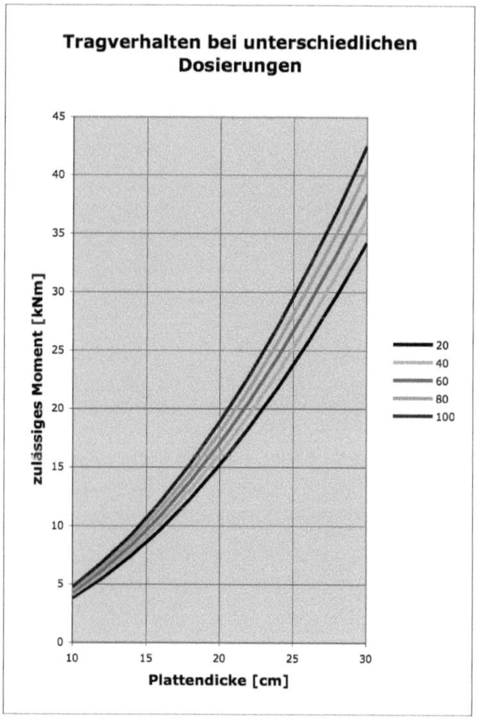

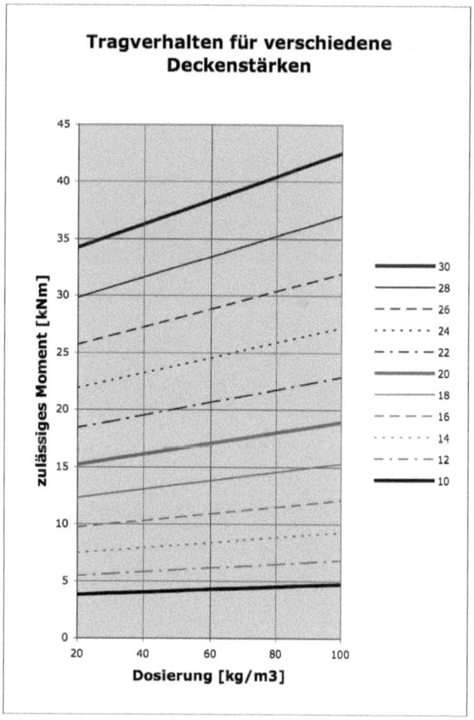

Abbildung 9.58: Fa. ArcelorMittal HE 55/35 und C30/37

9.3.2 Fasern von Krampe-Harex

Leider hat die Firma KrampeHarex nach einer anfänglichen Zusage die entsprechenden Versuche nicht durchführen lassen. Dies unter Angabe von Kostengründen.

Es ist leider in der Technik immer wieder zu beobachten, dass neue Systeme selbst von den Systembeteiligten sehr zögernd angenommen werden, und besonders eine Erforschung der Details ist den Entwicklern oft nur unter erschwerten Randbedingungen möglich. Ist dann jedoch die Entwicklung abgeschlossen, will jeder daran teilhaben und glaubt, das Wissen kostenlos nützen zu können.

Die vorgesehene Auswertung der Materialkennwerte beinhaltet das Materialverhalten der Stahlfasern im Beton. Diese ist nicht nur von der Stahlgüte und der Querschnittsform abhängig, sondern wird insbesondere auch von der Beschaffenheit der Oberfläche der Stahlfaser geprägt. In diesem Sinne ist eine Übertragung der Materialkennwerte von einer Faser auf eine optisch ähnliche nicht möglich. Jede Faser, die mit der aufgezeigten Bemessung berechnet werden sollte, muss daher auf eigene Materialversuche zurückgreifen. Vergleichende Ergebnisse haben im Vorfeld der Untersuchungen auf diese Tatsache eindeutig hingewiesen.

10 Berechnung mit Tabellenkalkulation

Alle Bemessungsberechnungen werden mittels Tabellenkalkulation durchgeführt. Dabei ist die Kalkulation so aufgebaut, dass die einzelnen Berechnungsarten auf jeweils zwei Tabellenblättern durchgeführt werden:

- Ein- und Ausgabetabelle: Hier wird nur Eingabe und Ausgabe gemacht, keine Berechnung.
- Berechnungstabelle: Alle notwendigen Daten werden hier berechnet.

Zusätzlich gibt es eine Tabelle mit den Materialkennwerten, die für alle Berechnungen verwendet wird. Zuerst werden die Stahlfaserkennwerte angegeben:

Stahlfasern

Stahlfasern		Materialkennwerte:			Zustand 1	Zustand 2	
Firma	Type	Durchmesser [mm]	Länge [mm]	Zugfestigkeit [N/mm2]	Raumwinkel α_1 [°]	Raumwinkel α_2 [°]	Dichte [g/cm3]
Arcelor	FE 65/35	0,65	35	1.000	48	41	7,88
	HE 55/35	0,55	35	1.000	42	51	7,88
	HE 1/50	1	50	1.100			7,88
	TABIX 1/30	1,00	30	1000			7,88
Baumbach	WLS30/0,7H	0,75	30	2.000			7,88
	WLS50/1 H	1,05	50	2.000			7,88
	WLG60/0,7H	0,75	60	2.000			7,88
	WMS50/1 W	1,05	50	1.450			7,88
Bekaert	Dramix80/30	0,375	30	2.300			7,88
	Dramix80/60	0,75	60	1.050			7,88
	Wiremix W30		30	1.000			7,88
	Wiremix W50		50	1.000			7,88
IFT	Unoloc						
	Duoloc						
Krampe	DE 30/0,6 N	0,60	30	1.100			7,88
	DE 50/1,0 N	1,00	50	1.100			7,88
	KP 35-1,95	0,85	35	340			7,88
	SW 50/2,5	1,30	50	800			7,88

Abbildung 10.1: Materialkennwerte für Stahlfasern

Es sind dabei von den bekannten Stahlfaserherstellern bis zu vier Stahlfasern ausgesucht worden, die am meisten verwendet werden. Die Liste der Stahlfasern lässt sich beliebig ergänzen, und es wird auch in den nächsten Jahren bestimmt zu einer wesentlichen Erweiterung der Liste kommen.

In dieser Zusammenstellung fehlen derzeit noch einige Werte, da diese erst mit den notwendigen Materialuntersuchungen ermittelt werden müssen. Dies ist im Gange bzw. in naher Zukunft vorgesehen. Wenn diese Untersuchungen durchgeführt sind, werden die entsprechenden Werte in der Tabelle ergänzt.

Als Nächstes werden die Betonkennwerte in der Materialliste angegeben. Diese entsprechen denen der jeweiligen Betonnorm und werden hier nur vollständigkeitshalber angeführt.

Type	f_{ck}	f_{ctm}	E_c	α	τ_c
	kN/cm2	kN/cm2	kN/cm2	°	kN/cm2
C 16/20	1,60	0,19	2.750	42,6	0,35
C 20/25	2,00	0,22	2.900	43,9	0,43
C 25/30	2,50	0,26	3.050	45,2	0,52
C 30/37	3,00	0,29	3.200	46,2	0,60
C 35/40	3,50	0,32	3.400	47,0	0,69
C 40/50	4,00	0,35	3.500	47,8	0,77
C 45/55	4,50	0,38	3.600	48,4	0,85
C 50/60	5,00	0,41	3.700	49,0	0,94

Abbildung 10.2: Materialkennwerte für Beton

Nachdem nun die Materialkennwerte bekannt sind, können diese bei den Berechnungen durch interne Zuweisungen in den jeweiligen anderen Tabellen verwendet werden.

Es wird hier ebenso wie im Kapitel Bemessungsanwendung in die beiden Bemessungsmöglichkeiten unterschieden:

- Bemessung für Materialwahl – es wird hier nach der Dosierung gesucht
- Bemessung für Querschnitt – es wird hier nach dem minimalen Querschnitt gesucht

Die einzelnen Beispiele werden den Beispielen aus dem Kapitel Bemessungsverfahren entnommen und schrittweise in nachvollziehbarer Art berechnet.

10.1 Bemessung für Materialwahl – Dosierung

10.1.1 Biegebemessung

Es wird nun Schritt für Schritt die Berechnung durchgegangen, wobei zuerst die Dateneingabe erfolgen muss. Anschließend kann die Berechnung in den einzelnen Detailschritten wiedergegeben werden. Wenn diese Schritte dann abgeschlossen sind, werden die Ergebnisse in einer möglichst kurzen und verständlichen Form im Ergebnisblatt aufgezeigt.

10.1.1.1 Dateneingabe

Im Programm (Tabellenkalkulation) sind die notwendigen Eingabefelder farbig hinterlegt, um dem Benutzer sofort zu zeigen, welche Felder zu bearbeiten sind. Die nicht hinterlegten Felder werden automatisch von der Tabellenkalkulation errechnet.

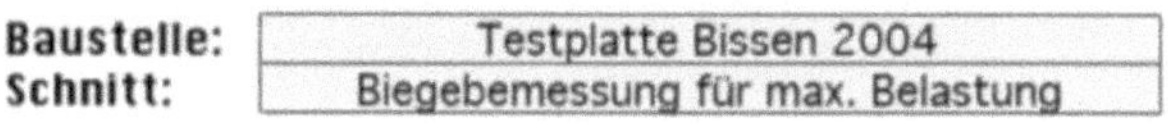

Abbildung 10.3: Eingabe Baustellendaten

Wie bei allen Berechnungen, sollte zuerst die Bezeichnung eingegeben werden, in unserem Fall die Baustelle und der Schnitt, an dem die Berechnung durchgeführt werden soll. Auch der Name und das Datum der Berechnung sollten eingegeben werden; dies ist hier nicht extra aufgezeigt, aber es ist für die Dokumentation wichtig.

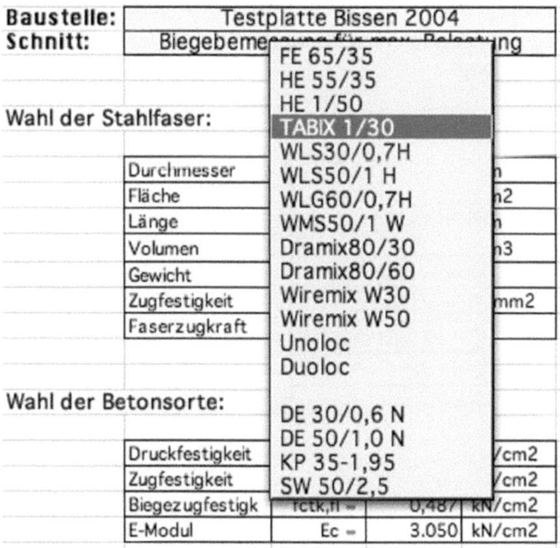

Abbildung 10.4: Auswahl der Stahlfaser aus vorgegebener Liste

Anschließend folgt die Materialeingabe. Zuerst wird der Typ der Stahlfaser aus einer Liste ausgewählt. Mit dem Auswahlfeld kann eine Liste sichtbar gemacht werden, aus der man sich die entsprechende Stahlfaser auswählen kann.

Dazu tippt man mit der Maus auf das Auswahlfeld neben Stahlfaser, und es erscheint eine Liste von Stahlfasern, aus der man beliebig auswählen kann. In der Liste sind derzeit jeweils 4 Fasern der bekannten Stahlfaserhersteller aufgelistet. Die angewählte Stahlfaser erscheint mit einer Hintergrundfarbe, wenn man mit der Maus darüberfährt. So erkennt man, welche Stahlfaser ausgewählt wird. Die auszuwählende Stahlfaser klickt man an, so ist diese Stahlfaser für die weitere Berechnung ausgewählt.

Wahl der Stahlfaser: TABIX 1/30

Durchmesser	d =	1	mm
Fläche	Af =	0,79	mm2
Länge	l =	30	mm
Volumen	V =	23,6	mm3
Gewicht	gf =	0,19	g
Zugfestigkeit	fy =	1000	N/mm2
Faserzugkraft	Fz =	785	N

Abbildung 10.5: Eingabe Stahlfaser Materialwerte

Aus der Materialliste werden nun die Materialkennwerte für die ausgewählte Stahlfaser entnommen. Mit diesen Kenngrößen werden die Werte für Fläche, Volumen, Gewicht und Faserzugkraft errechnet. Mit diesen Grundwerten können in der weiteren Berechnung die entsprechenden Spannungen ermittelt werden.

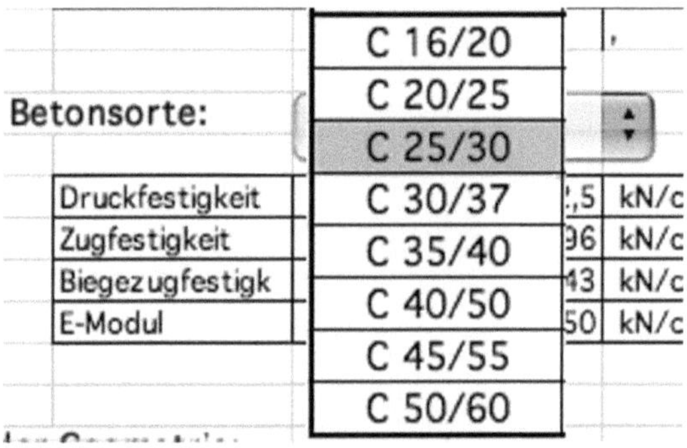

Abbildung 10.6: Auswahl der Betonsorte aus vorgegebener Liste

Auch die Betonsorte wird aus einer Liste gewählt, die man durch Anklicken des entsprechenden Auswahlfeldes öffnen kann.

Wahl der Betonsorte:	C 25/30		
Druckfestigkeit	fck =	2,5	kN/cm2
Zugfestigkeit	fctk =	0,256	kN/cm2
Biegezugfestigk	fctk,fl =	0,487	kN/cm2
E-Modul	Ec =	3.050	kN/cm2

Abbildung 10.7: Eingabe Beton Materialkennwerte

Es werden dann mit der Wahl der Betonsorte die Betonkennwerte in den Eingabeteil übertragen, um so entsprechend weiterrechnen zu können.

Anschließend wird die Geometrie des zu berechnenden Querschnittes eingegeben. Es ist dies derzeit ein Rechteckquerschnitt. Dies deckt aktuell wohl den größten Teil der Anwendungen ab. Es sind noch keine besonderen Formen von Querschnitten für Stahlfaserbeton bekannt, sollte sich dies ändern, muss wohl auch auf die kommenden Querschnitte Rücksicht genommen werden.

Eingabe der Geometrie:

Höhe	h =	20	cm
Breite	b =	100	cm

Abbildung 10.8: Eingabe der geometrischen Querschnittswerte

Nachdem die Geometrie des Querschnittes nun auch in ihren Größenordnung bekannt ist, wird das auf den Querschnitt wirkende statische Moment eingegeben. Mit der Eingabe des Momentes wird auch die Teilsicherheit für die statischen Kräfte, im vorliegenden Fall für das Moment, eingegeben.

Eingabe des Momentes und der erforderlichen Sicherheit:

Moment	Md =	16,9	kNm
Sicherheit SFB	eta =	1,35	
Sicherheit Last	eta =	1,5	

Abbildung 10.9: Eingabe der Beanspruchung mit Moment

Nun sind die wesentlichen Daten vorhanden, um mit der eigentlichen Berechnung der Bemessung des vorgegebenen Querschnittes zu beginnen.

10.1.1.2 Berechnung in Einzelschritten

Die eigentliche Berechnung findet auf einer gesonderten Tabelle statt. Es wird hier im Detail die Berechnung durchgeführt und das Ergebnis dann wieder auf die erste Tabelle weitergeleitet, wo eine Zusammenfassung der Berechnungsergebnisse aufgezeigt wird.

Zuerst wird von den Materialkennwerten der Raumwinkel der gewählten Stahlfaser wiedergegeben, damit man sich auch eine Vorstellung von der Übertragung der Kräfte machen kann.

Raumwinkel für Zustand 1:	25	Grad
Raumwinkel für Zustand 2:	60	Grad

Abbildung 10.10: Raumwinkel der Stahlfaser als Materialkennwert

Zur Unterstützung ist hier nochmals die Halbkugel mit der Definition des jeweiligen Raumwinkels wiedergegeben.

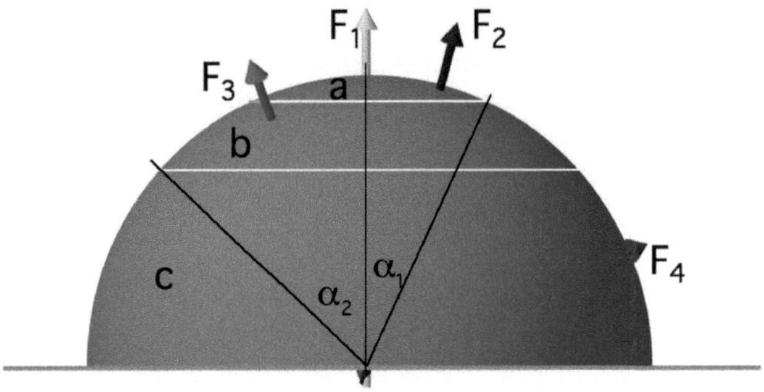

Abbildung 10.11: Definition der Raumwinkel für die Stahlfaser

Alle Fasern, die einen kleineren Winkel als α_1 einnehmen, tragen zur Lastabtragung im Zustand 1 bei. Dies sind in der Halbkugeldarstellung somit alle Fasern, die in ihrer Richtung die Kugelkappe a durchstoßen.

Im Zustand 1-2 sind alle Fasern kraftmäßig beteiligt, deren Richtung einen kleineren Winkel als α_2 einnimmt. Somit haben alle kraftübertragenden Fasern im Zustand 1-2 innerhalb der Kugelkappe b (als Summe der Teilflächen a und b).

Fasern, die im Bereich c liegen und somit einen größeren Winkel als α_2 zur Kraftrichtung haben, tragen nicht zur Kraftübertragung bei.

Zu Beginn der Berechnung muss man nun den Bereich der üblichen Dosierung der Stahlfasern im Beton festlegen. Es wird bei allen durchgeführten Berechnungen eine Dosierung von 20 bis 100 kG/m^3 festgelegt. In der Tabellenkalkulation werden ab 20 kg/m^3 jeweils in Schritten von 10 kg/m^3 bis zu 100 kg/m^3 eigene Spalten berechnet. Somit hat man dann die Ergebnisse für jede Schrittweite innerhalb des Berechnungsbereiches gegeben und kann diese dann auch beurteilen.

In den nachfolgenden Abbildungen werden nur die Dosierungen mit 20, 30 und 40 kg/m^3 gezeigt, die weiteren sind aus Gründen der Übersichtlichkeit weggelassen worden. Sie können jedoch sehr einfach nachvollzogen werden, wenn man die Berechnung in der Tabellenkalkulation berechnet.

Dosierung	kg/m3	20	30	40
Faseranzahl	Stk/m3	1,1E+05	1,6E+05	2,2E+05
Faserdichte	Stk/cm3	0,108	0,162	0,215
Faserzugkraft	f-fk1 [kN/cm2]	0,0079	0,0119	0,0159
	f-fk2 [kN/cm2]	0,0423	0,06345	0,0846

Abbildung 10.12: Faserwerte bei unterschiedlicher Dosierung

Zuerst wird entsprechend der Dosierung die Anzahl der gesamten im Beton befindlichen Fasern je m^3 ermittelt. Dann wird daraus die Faserdichte für 1 cm^3 errechnet. Anhand dieser Dichte kann nun die Faserzugkraft für den Zustand 1 und getrennt dazu für den Zustand 2 (zugleich auch Zustand 1-2) mit Hilfe des jeweiligen Raumwinkels α und der als Materialkennwert angegebenen Stahlzugfestigkeit errechnet werden. Es ergeben sich damit die Werte für f_{fk1} und gewöhnlich f_{fk2} für jede Dosierung unterschiedlich.

Die Faserzugkraft steigt sehr deutlich bei zunehmender Dosierung. Die einzelnen Werte sind zwar relativ gering, aber wenn man sich vorstellt, dass im Zustand 1 bereits bei einer Dosierung von 20 kg/m^3 eine Kraft von ca. 8 N/cm^2 allein aus den Fasern aufgenommen wird und diese sich dann auch noch entsprechend der Dosierung vergrößert, ist dies schon beträchtlich. Zusätzlich erhöht wird diese Spannung im Zustand 2, also im gerissenen Betonkörper. Hier beginnt die Spannung bei ca. 42 N/cm^2 und steigert sich mit zunehmender Dosierung.

Nun kann man die einzelnen Zustände für die Bemessung berechnen.

Beginnt man mit dem **Zustand 1**, bei dem der Betonquerschnitt nicht gerissen ist, so kann man diesen Querschnitt im Grenzzustand berechnen.

Zur besseren Nachvollziehbarkeit ist hier nochmals der Spannungszustand für diesen Lastfall abgebildet. Dabei ist die im Querschnitt entstehende Spannung bei einer äußeren Belastung durch ein Moment M angegeben. Zusätzlich sind die Hebelsarme, die für die Abtragung des Momentes in der Berechnung verwendet werden, angegeben.

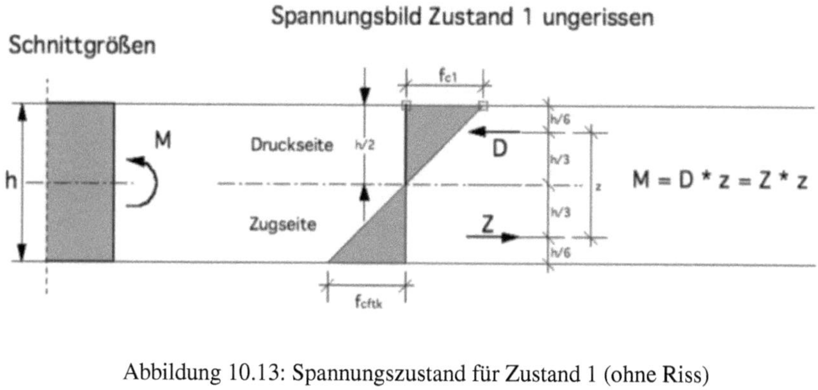

Abbildung 10.13: Spannungszustand für Zustand 1 (ohne Riss)

Mit Hilfe der Biegezugspannung für Beton und der Faserzugkraft f_{fk1} für die einzelnen Dosierungen wird die aufnehmbare Zugspannung f_{cftk} errechnet. Mit dieser und dem Hebelsarm z kann dann das aufnehmbare Moment M_{c1} errechnet werden.

Berechnung für Zustand 1 (Grenzzustand ohne Riss)

Dosierung	kg/m3	20	30	40
f-fk1 =	kN/cm2	0,008	0,012	0,016
f-cftk =	kN/cm2	0,495	0,499	0,503
z =	cm	13,3	13,3	13,3
h/2 =	cm	10	10	10
Z =	kN	247,6	249,6	251,6
Mc1 =	kNm	33,0	33,3	33,5
τc =	kN/cm2	0,498	0,502	0,506
fcfk =	kN/cm2	2,41	2,43	2,45

Abbildung 10.14: Berechnung für Zustand 1 (ohne Riss)

Über die errechnete Spannung f_{cftk} kann nach den Mohr'schen Zusammenhängen auch die von der Dosierung abhängige Scherfestigkeit τ_c errechnet werden. Anschließend wird die neue einachsiale Druckfestigkeit f_{ctk} des Verbundbaustoffes Stahlfaserbeton für jede vorgegebene Dosierung eigens ermittelt.

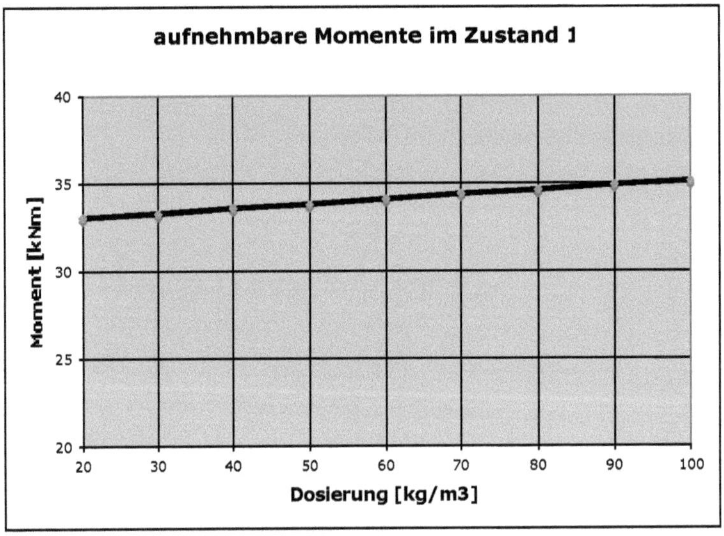

Abbildung 10.15: Aufnehmbare Momente für Zustand 1 (ohne Riss)

Das Ergebnis dieser Berechnung zeigt die aufnehmbaren Momente im Zustand 1. Es ist erkennbar, dass die Zunahme der Momente mit veränderlicher Dosierung nicht gerade besonders ist, aber immerhin ist eine Zunahme der aufnehmbaren Momente gegeben.

Falls ein Querschnitt nicht reißen darf (wegen Wasserdichtheit o. ä.), so sind diese aufnehmbaren Momente die Grenzmomente, die nicht überschritten werden sollten. Andernfalls ist durch die weitere Berechnung zu überprüfen, wie sich die aufnehmbaren Momente mit einstellendem Riss weiterentwickeln.

Nachdem nun der Zustand 1 zur Gänze berechnet ist, wird als zweiter Zustand der Endzustand **Zustand 2** berechnet. Es wird hier wiederum der Spannungszustand nochmals aufgezeigt, um die Berechnung besser nachvollziehen zu können.

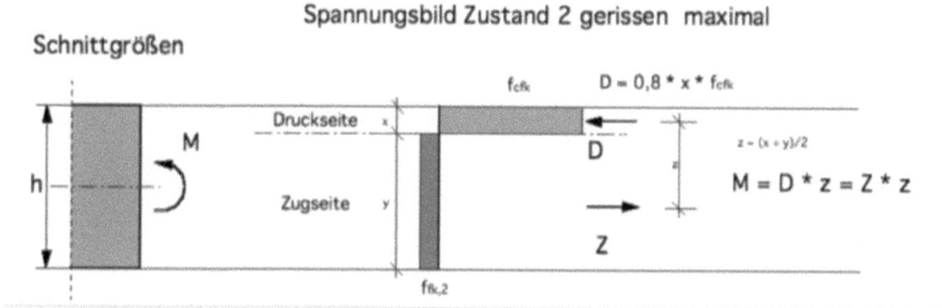

Abbildung 10.16: Spannungszustand für Zustand 2 (maximal gerissen)

Im Zustand 2 wird mit einem maximal gerissenen Zustand des Betons gerechnet. Dabei ist die im Querschnitt entstehende Spannung bei einer äußeren Belastung durch ein Moment M angegeben. Zusätzlich sind die Hebelsarme, die für die Abtragung des Momentes in der Berechnung verwendet werden, angegeben.

Berechnung für Zustand 2 (vollkommen gerissene Zugzone)

Dosierung	kg/m3	20	30	40
x =	cm	0,43	0,63	0,83
y =	cm	19,57	19,37	19,17
z =	cm	10,00	10,00	10,00
Dc =	kN	82,79	122,9	162,2
Zf =	kN	82,79	122,9	162,2
Mc2 =	kNm	8,28	12,29	16,22

Abbildung 10.17: Berechnung für Zustand 2 (maximal gerissen)

Die dabei auftretende Randspannung im Druckfall f_{cfk} wird von der Berechnung des Zustandes 1 je nach Dosierung mit Stahlfasern übernommen. Nach dem Vorschlag der SIA wird die Druckkraft aus einer rechteckigen Spannungsbelastung mit dem Abminderungsfaktor von 0,8 berechnet. Die Zugkraft Z errechnet sich aus der Faserspannung $f_{fk,2}$ und der Länge y des Risses, in dem die Faserspannung wirkt.

Durch die Bedingung, dass die Druckkraft und die Zugkraft denselben Absolutwert haben müssen, lassen sich x und y errechnen. Damit ergibt sich auch der innere Hebelsarm z und man kann nun das aufnehmbare Tragmoment M_{c2} für jede Dosierung ermitteln.

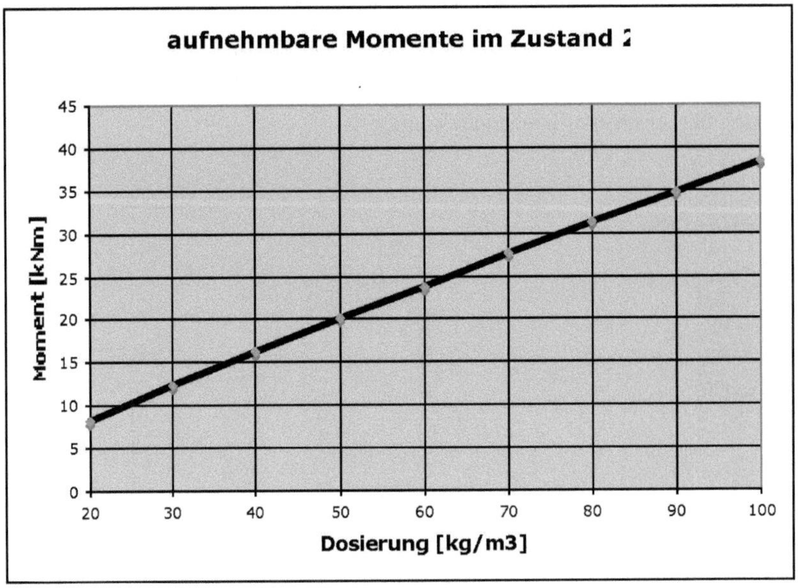

Abbildung 10.18: Aufnehmbare Momente für Zustand 2 (maximaler Riss)

Das errechnete aufnehmbare Moment ist bei der Dosierung von 20 kg/m^3 wesentlich kleiner als im Zustand 1. Dies zeigt, dass bei dieser relativ geringen Dosierung des Betons mit Stahlfasern der Querschnitt gerissen weniger aufnehmen kann und somit sofort nach Überschreiten des Zustandes 1 zu Bruch geht. Mit zunehmender Dosierung ist hier eine wesentliche Steigerung des aufnehmbaren Momentes erkennbar. Der Anstieg geht weit über das Moment im Zustand 1 hinaus, so dass es auch notwendig ist, jeglichen Zwischenzustand zwischen Zustand 1 und Zustand 2 zu berechnen.

Die Berechnung für den Zustand zwischen Zustand 1 und Zustand 2 wird als **Zustand 1-2** bezeichnet. Es wird hier prinzipiell der Zustand mit einem Teilriss im Querschnitt betrachtet. Dieser Teilriss wird von 10 % bis 90 % der Querschnittshöhe variiert, und die dabei aufnehmbaren Momente werden errechnet.

Der Querschnitt zeigt auf der Zugseite eine Risstiefe r, die also variiert wird. Für die Momentenberechnung müssen zuerst die Druckkraft und die Zugkräfte ermittelt werden.

Die Druckkraft wird aus der Druckspannung f_{c2} errechnet, wobei diese kleiner als die Grenzspannung f_{cfk} sein muss. Überschreitet die Spannung f_{c2} die Grenzspannung f_{cfk}, so ist dies ein unzulässiger Spannungsbereich, und man sollte hier abbrechen und gleich mit dem Zustand 2

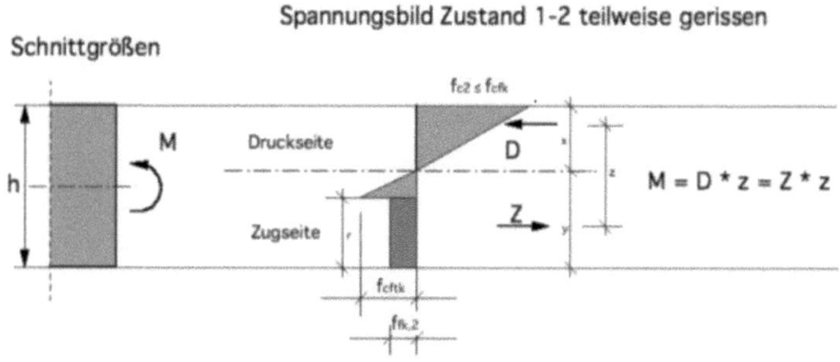

Abbildung 10.19: Spannungszustand für Zustand 1-2 (teilweise gerissen)

rechnen. Dieses Kriterium tritt erfahrungsgemäß erst ab einer Risstiefe von 90 % auf, im Normalfall ist hier keine Beschränkung gegeben.

Berechnung für Zustand 1-2 (teilweise gerissene Zugzone)				
Risstiefe	10%	r =	2,0	cm
Dosierung	kg/m3	20	30	40
h	cm	20	20	20
%	-	10%	10%	10%
r	cm	2	2	2
B	cm	100	100	100
fcftk	kN/cm2	0,495	0,499	0,503
ffk2	kN/cm2	0,0423	0,06345	0,0846
fcfk	kN/cm2	2,41	2,43	2,45
1.Teil	-	160,47	161,75	163,04
2.Teil	-	3,05	4,57	6,09
3.Teil	-	18,00	18,23	18,45
x	cm	9,08	9,13	9,17
y	cm	10,92	10,87	10,83
fc2	kN/cm2	0,50	0,51	0,52
zulässig ?	ja/nein	ja	ja	ja
D	kN	229,24	234,22	239,21
Zc	kN	220,78	221,53	222,29
Zf	kN	8,46	12,69	16,92
Kontrolle	kN	229,24	234,22	239,21
e	cm	12,15	12,21	12,28
M	kNm	27,84	28,61	29,37

Abbildung 10.20: Berechnung für Zustand 1-2 mit 10 % Risstiefe

Es werden nun die einzelnen Dosierungen des Stahlfaserbetons mit einer Risstiefe von 10 % durchgerechnet. Zunächst werden die Spannungen f_{cftk} sowie f_{fk2} und auch f_{cfk} für die unterschiedlichen Dosierungen errechnet. Danach müssen der innere Hebelsarm und die Druck- und Zugkraft ermittelt werden. Es wird hierbei nach Abschnitt 6.1.2 vorgegangen und mit der Formel 6.9 die Höhe des Druckabschnittes berechnet.

Da bei längeren Formeln sich oft Fehler einschleichen, wurde aus alter Gewohnheit die Formel geteilt und in 3 Teilen berechnet. Hierbei sind Teil 1 und Teil 2 die beiden Addiatoren im Zähler und Teil 3 ist der gesamte Nenner. Damit wird dann die Druckhöhe x errechnet. Mit dieser Druckhöhe lässt sich dann recht einfach das weitere Maß y ermitteln. Daraufhin wird die Randspannung f_{c2} errechnet und auf Zulässigkeit überprüft.

Mit den Höhen x und y können nun die Druckkraft und die beiden Zugkräfte errechnet werden. Als Kontrolle ist die Summe der Zugkräfte gleich groß wie die Druckkraft. Man kann nun nach Formel 6.10 den Hebelsarm e errechnen und damit auch das aufnehmbare Moment für die jeweilige Dosierung.

Die Momente zeigen eine Zunahme von ca 27 kNm bei 20 kg/m^3 bis hin zu 34 kNm bei einer Dosierung von 100 kg/m^3. Dies alles bei einer Risstiefe von 10 % der Querschnittshöhe.

Berechnung für Zustand 1-2 (teilweise gerissene Zugzone)				
Risstiefe	20%	r =	4,0	cm
Dosierung	kg/m3	20	30	40
h	cm	20	20	20
%	-	20%	20%	20%
r	cm	4	4	4
B	cm	100	100	100
fcftk	kN/cm2	0,495	0,499	0,503
ffk2	kN/cm2	0,0423	0,06345	0,0846
fcfk	kN/cm2	2,41	2,43	2,45
1.Teil	-	126,79	127,80	128,82
2.Teil	-	5,41	8,12	10,83
3.Teil	-	16,19	16,48	16,78
x	cm	8,17	8,25	8,32
y	cm	11,83	11,75	11,68
fc2	kN/cm2	0,52	0,53	0,55
zulässig ?	ja/nein	ja	ja	ja
D	kN	210,89	218,92	227,00
Zc	kN	193,97	193,54	193,16
Zf	kN	16,92	25,38	33,84
Kontrolle	kN	210,89	218,92	227,00
e	cm	11,04	11,20	11,35
M	kNm	23,27	24,52	25,76

Abbildung 10.21: Berechnung für Zustand 1-2 mit 20 % Risstiefe

Als Nächstes steigert man die Berechnung der Risstiefe auf 20 %.

Es folgt der gleiche Berechnungsvorgang wie bei 10 % Risstiefe. Die aufnehmbaren Momente zeigen nun Werte zwischen 66 kNm bei 20 kg/m^3 bis hin zu 103 kNm bei 100 kg/m^3. Bei geringen Dosierungen also eine Abnahme der Momente, jedoch bei hohen Dosierungen durchaus eine Zunahme der aufnehmbaren Tragmomente.

Man kann somit erkennen, dass die aufnehmbaren Momente mit geringer Dosierung bei größer werdendem Riss weiterhin abnehmen, bei zunehmender Dosierung jedoch kehrt sich dieser Effekt um und das aufnehmbare Moment kann bei hoher Dosierung selbst bei zunehmenden Riss weitere Momente aufnehmen.

Diese Art der Berechnung wird nun für Risstiefen alle 10 % fortgesetzt, bis letztendlich 90 % erreicht sind. Die diesbezügliche Berechnung ist hier wiedergegeben.

Berechnung für Zustand 1-2 (teilweise gerissene Zugzone)				
Risstiefe	90%	r =	18,0	cm
Dosierung	kg/m3	20	30	40
h	cm	20	20	20
%	-	90%	90%	90%
r	cm	18	18	18
B	cm	100	100	100
fcftk	kN/cm2	0,495	0,499	0,503
ffk2	kN/cm2	0,0423	0,06345	0,0846
fcfk	kN/cm2	2,41	2,43	2,45
1.Teil	-	1,98	2,00	2,01
2.Teil	-	3,05	4,57	6,09
3.Teil	-	3,50	4,28	5,06
x	cm	1,43	1,53	1,60
y	cm	18,57	18,47	18,40
fc2	kN/cm2	1,26	1,64	2,03
zulässig ?	ja/nein	ja	ja	ja
D	kN	90,14	125,86	162,30
Zc	kN	14,00	11,64	10,01
Zf	kN	76,14	114,21	152,28
Kontrolle	kN	90,14	125,86	162,30
e	cm	9,09	9,64	9,90
M	kNm	8,20	12,13	16,07

Abbildung 10.22: Berechnung für Zustand 1-2 mit 90 % Risstiefe

Das Ergebnis bei dieser Berechnung zeigt das aufnehmbare Moment bei einer Dosierung von 20 kg/m^3 in der Größe von 8 kNm, welches sich bis zu einer Dosierung von 100 kg/m^3 auf die Größe von 40 kNm steigert. Hier kann man den gesamten Bereich der Tragfähigleit des gerissenen Stahlfaserbetons erkennen.

Die Entwicklung der aufnehmbaren Momente in Abhängigkeit der Dosierung und der Risstiefe ist aus der nachfolgenden räumlichen Darstellung sehr gut erkennbar.

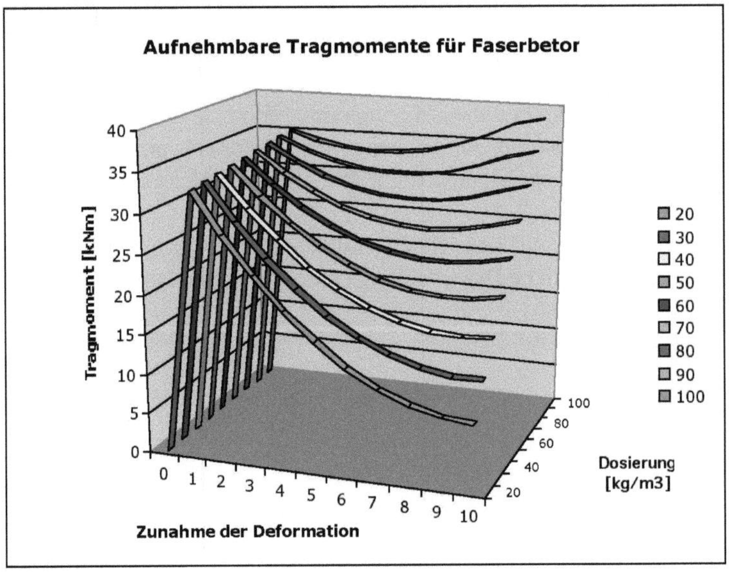

Abbildung 10.23: Graphische Darstellung der aufnehmbaren Momente mit Zunahme der Verformung

In dieser Abbildung ist der volle Bereich des aufnehmbaren Momentes für eine Stahlfaser bei einer definierten Betonfestigkeitsklasse sichtbar gemacht. Man erkennt gut, dass bei geringen Dosierungen die Tragfähigkeit nach Überschreiten des Zustandes 1 stark abfällt. Bei hoher Dosierung hingegen kann der Querschnitt weitere Momente aufnehmen, selbst wenn er gerissen ist.

Dies ermöglicht in Abhängigkeit von der Zulässigkeit von Rissen im Stahlfaserbeton unterschiedliche Zulassungen für den praktischen Einsatz. Dort wo Risse nicht negative Nebenwirkungen wie z. B. Wasserdurchlässigkeit zeigen, kann der volle Bereich der Dosierung ausgenutzt werden. Andernfalls ist eine Beschränkung auf Rissefreiheit oder auch nur definierte Rissanteile möglich.

10.1.1.3 Berechnungsergebnis

In der nachfolgenden Zusammenstellung der aufnehmbaren Momente, abhängig von der Dosierung und dem Zustand, sind nun alle berechneten Werte in den wesentlichen Schritten aufgezeigt. Zusätzlich wurde eine Spalte mit den maximal aufnehmbaren Momenten bei jeder Dosierung eingefügt. Desweiteren wurde das aus den maximal aufnehmbaren Momenten mit Hilfe der Teilsicherheit errechnete zulässige Moment für jede Dosierung angegeben.

Mit Hilfe dieser Ergebnisse kann nun die erforderliche Dosierung für den zu berechnenden Querschnitt angegeben werden. Als abzutragendes Moment wurde in der Dateneingabe ein Moment von 16,5 kNm angegeben. Für dieses Moment sollte bei gegebenem Querschnitt die Dosie-

Errechnete Werte für zunehmende Stahlfaserdosierung:

	Zustand 1	Rissbreite in % von h			Zustand 2		
Dosierung	M1	20	40	60	M2	max M	zul Md
[kg/m3]	[kNm]	M20	M40	M60	[kNm]	[kNm]	[kNm]
20	33,0	23,3	15,9	11,0	8,5	33,0	24,5
30	33,3	24,5	18,1	14,0	12,2	33,3	24,7
40	33,5	25,8	20,2	16,9	15,8	33,5	24,8
50	33,8	27,0	22,3	19,8	19,4	33,8	25,0
60	34,1	28,2	24,4	22,7	23,0	34,1	25,2
70	34,3	29,5	26,6	25,6	26,6	34,3	25,4
80	34,6	30,7	28,7	28,5	30,3	34,6	25,6
90	34,9	32,0	30,8	31,5	33,9	34,9	25,8
100	35,1	33,2	33,0	34,4	37,5	37,5	27,8

Abbildung 10.24: Zusammenfassung der Berechnung mit Dosierung

rung für die bestimmte Stahlfaser ermittelt werden.

Vergleicht man nun das angegebene Moment von 16,5 kNm mit den zulässigen Momenten für unterschiedliche Dosierungen, so erkennt man, dass im vorliegenden Fall eine Dosierung von 70 kg/m^3 notwendig ist.

Dosierung für Querschnitt:	70	kg/m3
Sicherheit bei Zustand 1:	2,03	-

Abbildung 10.25: Anzuwendende Dosierung mit zugehöriger Sicherheit

Zusätzlich zu dieser erforderlichen Dosierung kann nun auch dic Sicherheit gegenüber dem Zustand 1 (ungerissener Beton) errechnet werden. Dabei erkennt man im vorliegenden Fall, dass der Beton ungerissen bleibt, da die erforderliche Sicherheit dies verhindert.

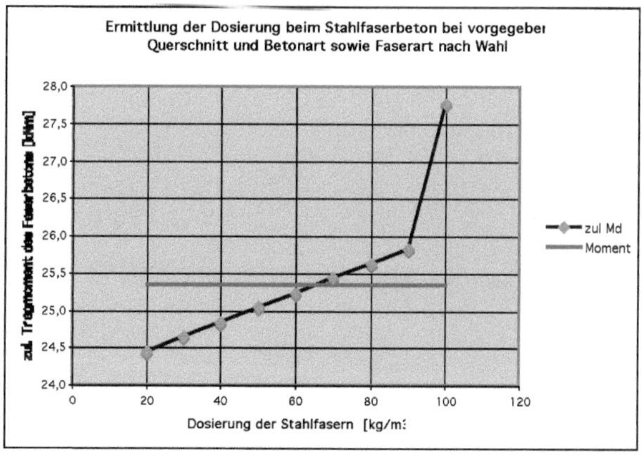

Abbildung 10.26: Graphische Darstellung der aufnehmbaren Momente je Dosierung

Damit ist die Bemessung für das Biegemoment eines Querschnittes abgeschlossen. Es bleibt nur noch, eine graphische Darstellung der zulässigen Momente im Vergleich zum erforderlichen Moment zu zeigen. Hier kann die recht zaghafte Zunahme der zulässigen Momente beim Zustand 1 erkannt werden. Erst mit höherer Dosierung werden die zulässigen Momente im Zustand 2 höher und der Querschnitt kann mehr Momente aufnehmen.

Insgesamt ist die Berechnung der Bemessung auf Biegung von Stahlfaserbeton doch recht aufwendig und nicht mehr für eine schnelle händische Berechnung geeignet. Mit den heutigen Hilfsmitteln einer Tabellenkalkulation ist diese Berechnung jedoch einfach und auch jederzeit sogar mit relativ kleinen Geräten durchführbar.

10.1.2 Biegung mit Druckkraft

Hier wird eine Kellerwand berechnet, die einerseits den Druck der darüberliegenden Stockwerke und andererseits den Erddruck abtragen muss. Es ergibt sich eine Druckbelastung mit Biegung, die vom Stahlfaserbeton übernommen werden muss.

10.1.2.1 Dateneingabe

Im Programm (Tabellenkalkulation) sind die notwendigen Eingabefelder farbig hinterlegt, um dem Benutzer sofort zu zeigen, welche Felder zu bearbeiten sind. Die nicht hinterlegten Felder werden automatisch von der Tabellenkalkulation errechnet.

Wie bei allen Berechnungen, sollte zuerst die Bezeichnung eingegeben werden, in unserem Fall die Baustelle und der Schnitt, an dem die Berechnung durchgeführt werden soll.

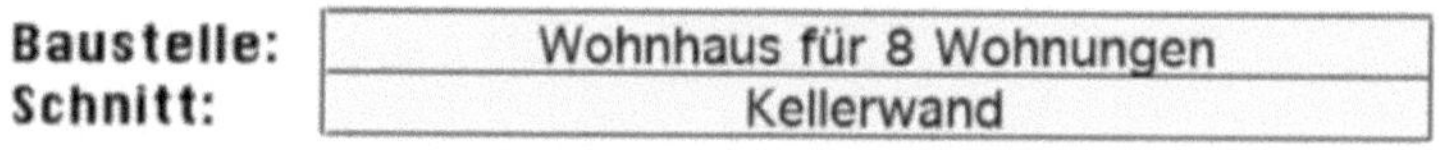

Abbildung 10.27: Eingabe Baustellendaten

Auch der Name und das Datum der Berechnung sollten eingegeben werden; dies ist hier nicht extra aufgezeigt, aber es ist für die Dokumentation wichtig.

Anschließend folgt die Materialeingabe. Zuerst wird der Typ der Stahlfaser aus einer Liste ausgewählt. Mit dem Auswahlfeld kann eine Liste sichtbar gemacht werden, aus der man sich die entsprechende Stahlfaser auswählen kann.

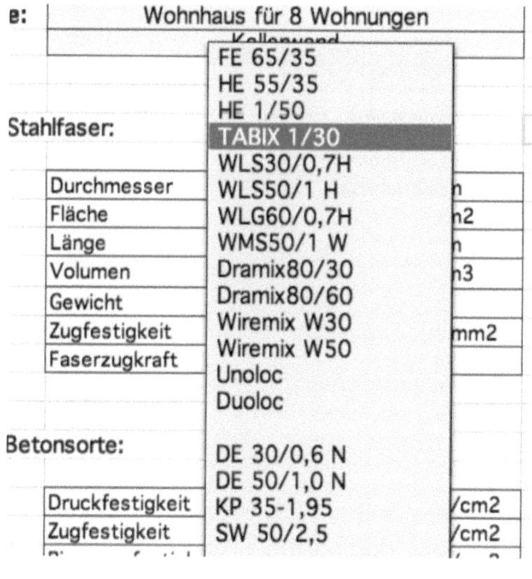

Abbildung 10.28: Auswahl der Stahlfaser aus vorgegebener Liste

Dazu tippt man mit der Maus auf das Auswahlfeld neben Stahlfaser, und es erscheint eine Liste von Stahlfasern, aus der man beliebig auswählen kann. In der Liste sind derzeit jeweils 4 Fasern der bekannten Stahlfaserhersteller aufgelistet. Die angewählte Stahlfaser erscheint mit einer Hintergrundfarbe, wenn man mit der Maus darüberfährt. So erkennt man, welche Stahlfaser ausgewählt wird. Die auszuwählende Stahlfaser klickt man an, so ist diese Stahlfaser für die weitere Berechnung ausgewählt.

Wahl der Stahlfaser: TABIX 1/30

Durchmesser	d =	1	mm
Fläche	Af =	0,79	mm2
Länge	l =	30	mm
Volumen	V =	23,6	mm3
Gewicht	gf =	0,19	g
Zugfestigkeit	fy =	1000	N/mm2
Faserzugkraft	Fz =	785	N

Abbildung 10.29: Eingabe Stahlfaser Materialwerte

Aus der Materialliste werden nun die Materialkennwerte für die ausgewählte Stahlfaser entnommen. Mit diesen Kenngrößen werden die Werte für Fläche, Volumen, Gewicht und Faserzugkraft errechnet. Mit diesen Grundwerten können in der weiteren Berechnung die entsprechenden Spannungen ermittelt werden.

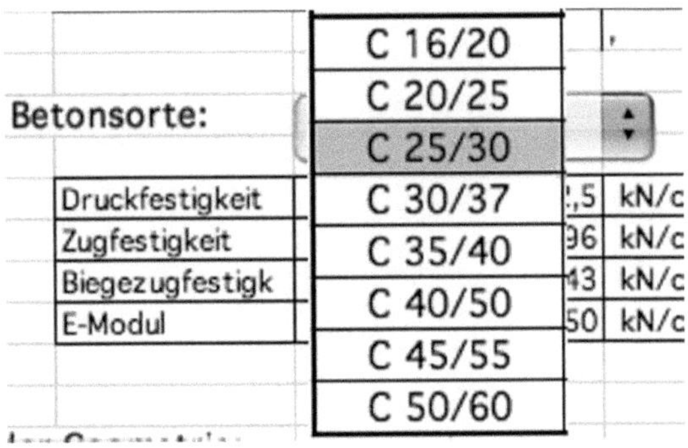

Abbildung 10.30: Auswahl der Betonsorte aus vorgegebener Liste

Auch die Betonfestigkeitsklasse wird aus einer Liste gewählt, die man durch Anklicken des entsprechenden Auswahlfeldes öffnen kann.

Es werden dann mit der Wahl der Betonfestigkeitsklasse die Betonkennwerte wie Druckfestigkeit, Zugfestigkeit und E-Modul in den Eingabeteil übertragen, um so entsprechend weiterrechnen zu können. Die Biegezugfestigkeit wird aus der Zugfestigkeit errechnet, wobei der Zusammenhang lt. Formel 4.3 verwendet wird.

Wahl der Betonsorte: C 25/30

Druckfestigkeit	fcd =	2,5	kN/cm2
Zugfestigkeit	fctk =	0,2565	kN/cm2
Biegezugfestigk	fctk,fl =	0,48734	kN/cm2
E-Modul	Ec =	3.050	kN/cm2

Abbildung 10.31: Eingabe Beton Materialkennwerte

Geometrie:

Höhe	h =	30	cm
Breite	b =	100	cm

Abbildung 10.32: Eingabe der Querschnittsgeometrie

Danach muss die Geometrie des zu berechnenden Querschnittes eingegeben werden. Im vorliegenden Fall ist dies eine Wand, die im Schnitt mit 1,0 m und der Dicke von 30 cm gerechnet wird.

Eingabe der Belastung und der erforderlichen Sicherheit:

Moment	M =	74,0	kNm
Druckkraft	N =	1400,0	kN
Sicherheit SFB	eta =	1,35	
Sicherheit Last	eta =	1,5	

Abbildung 10.33: Eingabe der Belastung und der Teilsicherheiten

Es folgt die Eingabe der Belastung mittels Moment und Druckkraft auf den gewählten Querschnitt. Zusätzlich werden die Teilsicherheiten für den Baustoff Stahlfaserbeton und auch die Belastung eingegeben.

10.1.2.2 Berechnung in Einzelschritten

Die detaillierte Berechnung findet in einer eigenen Tabelle statt. Es werden hier die Berechnungen nachvollzogen, so dass eine eigene Nachrechnung durchaus möglich ist. Das Ergebnis dieser Berechnungen wird dann wieder auf die Ein- und Ausgabeseite zurückgeleitet, wo es wiederum eigens zusammengestellt wird.

Zuerst wird von den Materialkennwerten der Stahlfasern der Raumwinkel für die einzelnen Bemessungszustände wiedergegeben, um eine Vorstellung von der Ausnutzung der Stahlfasern zu erhalten.

Raumwinkel für Zustand 1:	25	Grad
Raumwinkel für Zustand 2:	60	Grad

Abbildung 10.34: Raumwinkel für die gewählte Stahlfaser

Es wird an dieser Stelle auf eine nochmalige Darstellung der Halbkugel zur Verdeutlichung des Raumwinkels verzichtet, da diese beim letzten Beispiel schon dargestellt wurde.

Am Beginn der eigentlichen Berechnung werden nun für Dosierungen von 20 bis 100 kg/m^3 die Faserwerte wie Faserdichte und Faserzugkraft errechnet.

In den nachfolgenden Abbildungen werden nur die Dosierungen mit 20, 30 und 40 kg/m^3 gezeigt, die weiteren sind aus Gründen der Übersichtlichkeit weggelassen worden. Sie können jedoch sehr einfach nachvollzogen werden, wenn man die Berechnung in der Tabellenkalkulation berechnet.

Dosierung	kg/m3	20	30	40
Faseranzahl	Stk/m3	1,1E+05	1,6E+05	2,2E+05
Faserdichte	Stk/cm3	0,108	0,162	0,215
Faserzugkraft	f-fk1 [kN/cm2]	0,0079	0,0119	0,0159
	f-fk2 [kN/cm2]	0,0423	0,06345	0,0846

Abbildung 10.35: Faserwerte bei unterschiedlicher Dosierung

Zuerst wird entsprechend der Dosierung die Anzahl der gesamten im Beton befindlichen Fasern je m^3 ermittelt. Dann wird daraus die Faserdichte für 1 cm^3 errechnet. Anhand dieser Dichte kann nun die Faserzugkraft für den Zustand 1 und getrennt dazu für den Zustand 2 (zugleich auch Zustand 1-2) mit Hilfe des jeweiligen Raumwinkels α und der als Materialkennwert angegebenen Stahlzugfestigkeit errechnet werden. Es ergeben sich damit die Werte für f_{fk1} und gewöhnlich f_{fk2} für jede Dosierung unterschiedlich.

Die Faserzugkraft steigt sehr deutlich bei zunehmender Dosierung. Die einzelnen Werte sind zwar relativ gering, aber wenn man sich vorstellt, dass im Zustand 1 bereits bei einer Dosierung von 20 kg/m^3 eine Kraft von ca. 8 N/cm^2 allein aus den Fasern aufgenommen wird und diese sich dann auch noch entsprechend der Dosierung vergrößert, ist dies schon beträchtlich. Noch größer wird diese Spannung im Zustand 2, also im gerissenen Betonkörper. Hier beginnt die Spannung bei ca. 42 N/cm^2 und steigert sich mit zunehmender Dosierung.

Nun kann man die einzelnen Zustände für die Bemessung berechnen.

Es wird davon ausgegangen, dass bei einer Kellerwand mit Erddruck nur der Zustand 1, also ohne Riss, berechnet wird.

Zuerst werden die Spannungen aus der Druckkraft σ_n und die Randspannungen aus dem Moment σ_m errechnet. Damit sieht man, welche Belastung für die abzutragenden Spannungen hier vorherrschend ist.

Berechnung für Zustand 1

		σ_n =	0,4667	kN/cm²
		σ_m =	0,4933	kN/cm²

Dosierung	kg/m3	20	30	40
f-fk1 =	kN/cm2	0,008	0,012	0,016
f-cftk =	kN/cm2	0,521	0,525	0,529
τc =	kN/cm2	0,524	0,528	0,532
f-cfk =	kN/cm2	2,54	2,56	2,58
σ_{m1} =	kN/cm2	2,07	2,09	2,11
σ_{m2} =	kN/cm2	0,99	0,99	1,00
Ausmitte:	-	klein	klein	klein
kleine Ausmitte:				
M =	kNm	148,1	148,7	149,3

Abbildung 10.36: Berechnung für Zustand 1 und kleine Ausmitte (ebener Spannungszustand)

In weiterer Folge werden die Spannungen f_{fk1} und f_{cftk} für die unterschiedlichen Dosierungen mit Stahlfasern errechnet. Damit kann man nun die Scherfestigkeit τ_c für die zunehmenden Dosierungen gemäß Formel 5.9 errechnen. Anschließend wird die Druckfestigkeit f_{cfk} errechnet.

Mit den Vergleichsspannungen σ_{m1} gemäß Formel 7.18 und σ_{m2} gemäß Formel 7.19 kann der Vergleich durchgeführt werden, der im vorliegenden Fall zu kleiner Ausmitte führt. Somit kann mit einer linearen Spannungsverteilung im gesamten Querschnitt gerechnet werden.

Die aufnehmbaren Momente für die unterschiedlichen Dosierungen ergeben sich nach Formel 6.20.

Dosierung	[kg/m3]	20	30	40
M-k =	kNm	148,1	148,7	149,3
M-r =	kNm	109,7	110,2	110,6
M-d =	kNm	111,0	111,0	111,0
Sicherheit:		2,00	2,01	2,02

Abbildung 10.37: Aufnehmbare Momente bei unterschiedlicher Dosierung

Das aufnehmbare Moment M_k wird nun mit der Teilsicherheit verringert zum Tragmoment M_r. Diesem wird das um die Teilsicherheit für Lasten vergrößerte, statisch ermittelte Moment M_d gegenübergestellt. Der Vergleich zeigt nun, wie groß die Dosierung für den anstehenden Fall mit Stahlfasern sein muss.

10.1.2.3 Berechnungsergebnis

In der nachfolgenden Zusammenstellung ist angegeben, mit welcher Ausmitte bei den unterschiedlichen Dosierungen des Stahlfaserbetons und der vorgegebenen Belastung gerechnet werden muss. Es sind die entsprechenden Momente für die zuständigen Ausmitten (in unserem Fall immer kleine Ausmitte) wiedergegeben.

Errechnete Werte für zunehmende Stahlfaserdosierung:

	Dosierung [kg/m³]					
	20	40	60	80	100	
Ausmitte	klein	klein	klein	klein	klein	
M-klein =	148,1	149,3	150,5	151,7	152,9	[kNm]
M-mittel =	0,0	0,0	0,0	0,0	0,0	[kNm]

M-k =	148,1	149,3	150,5	151,7	152,9	[kNm]
M-r =	109,7	110,6	111,5	112,4	113,3	[kNm]
M-d =	111,0	111,0	111,0	111,0	111,0	[kNm]

Abbildung 10.38: Zusammenfassung der Berechnung bei unterschiedlicher Dosierung

Eine kleine Ausmitte ist bei Wänden durchaus der Normalfall, da die Druckspannung hier nie ganz ausgenützt wird. Anders ist dies bei feingliedrigen Bauteilen wie Stützen und Pfeilern, bei denen der Querschnitt meist auf ein Minimum ausgenützt wird. Hier tritt dann auch die mittlere Ausmitte auf und muss dementsprechend auch mit in die Berechnung einbezogen werden.

Es werden hier den einzelnen Dosierungen die unterschiedlichen Momente, die jeweils mit den Teilsicherheitsfaktoren behaftet sind, gegenübergestellt.

Dosierung für Querschnitt:	50	kg/m3
Sicherheit bei Zustand 1:	2,03	-

Abbildung 10.39: Anzuwendende Dosierung mit zugehöriger Sicherheit

Aus der Gegenüberstellung der Momente für die einzelnen Dosierungen kann die notwendige Dosierung für den gegebenen Fall erkannt und gleichzeitig auch die dabei entstehende Sicherheit ausgegeben werden.

Damit ist die Bemessung für die Belastung eines Querschnittes mit Druckkraft und Moment abgeschlossen. Es bleibt nur noch, eine graphische Darstellung der zulässigen Momente im Vergleich zum erforderlichen Moment zu zeigen. Hier kann die recht geringe Zunahme der zulässigen Momente bei kleiner Ausmitte erkannt werden.

Wichtig erscheint im vorliegenden Fall, dass die Wand im ungerissenen Zustand bleibt, also gegenüber einem etwaigen Wasser- bzw. Feuchtigkeitsandrang die vollen Betoneigenschaften bringt. Es kann der gesamte Querschnitt für die Abdichtung gegen Grundwasser bzw. Feuchtigkeit betrachtet werden.

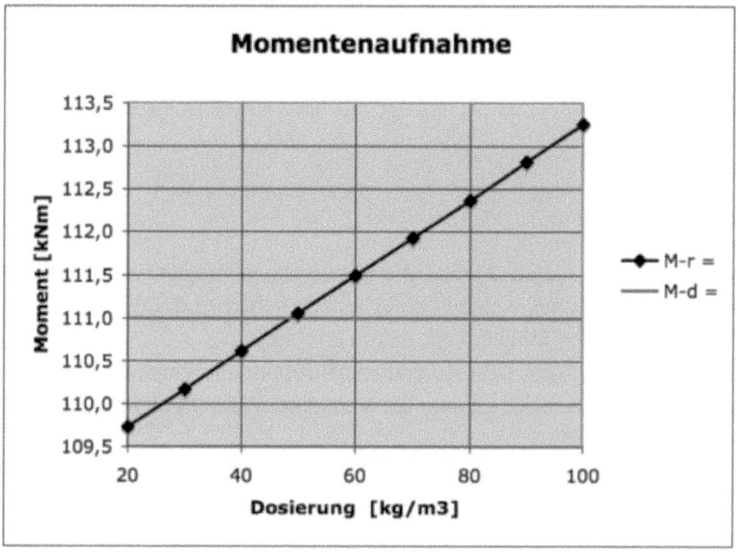

Abbildung 10.40: Graphische Darstellung der aufnehmbaren Belasung je Dosierung

Die Berechnung der Bemessung auf Biegung mit Normalkraft (Druck) von Stahlfaserbeton ist doch ein wenig aufwendig und nicht unbedingt für eine schnelle händische Berechnung geeignet, jedoch ist diese Berechnung mit den heutigen Hilfsmitteln einer Tabellenkalkulation einfach und auch jederzeit sogar mit relativ kleinen Geräten durchführbar.

10.1.3 Knicken

Es wird hier eine rechteckige Säule in einer Einkaufspassage bemessen, die lediglich mit Druckkräften belastet wird. Die Bemessung erfolgt mit dem Knicknachweis gemäß den Euler'schen Lastfällen.

10.1.3.1 Dateneingabe

Im Programm (Tabellenkalkulation) sind die notwendigen Eingabefelder farbig hinterlegt, um dem Benutzer sofort zu zeigen, welche Felder zu bearbeiten sind. Die nicht hinterlegten Felder werden automatisch von der Tabellenkalkulation errechnet.

Wie bei allen Berechnungen, sollte zuerst die Bezeichnung eingegeben werden, in unserem Fall die Baustelle und der Schnitt, an dem die Berechnung durchgeführt werden soll.

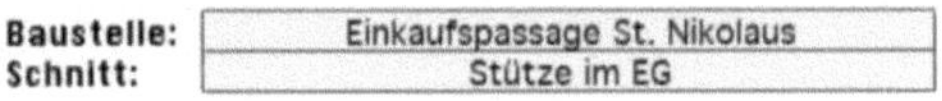

Abbildung 10.41: Eingabe Baustellendaten

Auch der Name und das Datum der Berechnung sollten eingegeben werden; dies ist hier nicht extra aufgezeigt, aber es ist für die Dokumentation wichtig.

Anschließend folgt die Materialeingabe. Zuerst wird der Typ der Stahlfaser aus einer Liste ausgewählt. Mit dem Auswahlfeld kann eine Liste sichtbar gemacht werden, aus der man sich die entsprechende Stahlfaser auswählen kann.

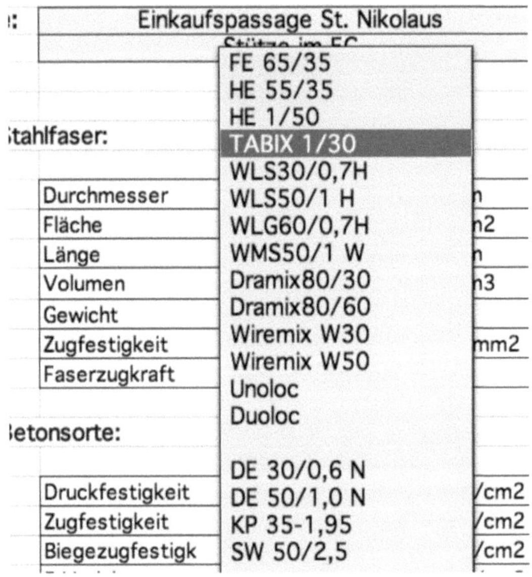

Abbildung 10.42: Auswahl der Stahlfaser aus vorgegebener Liste

Dazu tippt man mit der Maus auf das Auswahlfeld neben Stahlfaser, und es erscheint eine Liste von Stahlfasern, aus der man beliebig auswählen kann. In der Liste sind derzeit jeweils 4 Fasern der bekannten Stahlfaserhersteller aufgelistet. Die angewählte Stahlfaser erscheint mit einer Hintergrundfarbe, wenn man mit der Maus darüberfährt. So erkennt man, welche Stahlfaser ausgewählt wird. Die auszuwählende Stahlfaser klickt man an, so ist diese Stahlfaser für die weitere Berechnung ausgewählt.

Wahl der Stahlfaser: TABIX 1/30

Durchmesser	d =	1	mm
Fläche	Af =	0,79	mm2
Länge	l =	30	mm
Volumen	V =	23,6	mm3
Gewicht	gf =	0,19	g
Zugfestigkeit	fy =	1000	N/mm2
Faserzugkraft	Fz =	785	N

Abbildung 10.43: Eingabe Stahlfaser Materialwerte

Aus der Materialliste werden nun die Materialkennwerte für die ausgewählte Stahlfaser entnommen. Mit diesen Kenngrößen werden die Werte für Fläche, Volumen, Gewicht und Faserzugkraft errechnet. Mit diesen Grundwerten können in der weiteren Berechnung die entsprechenden Spannungen ermittelt werden.

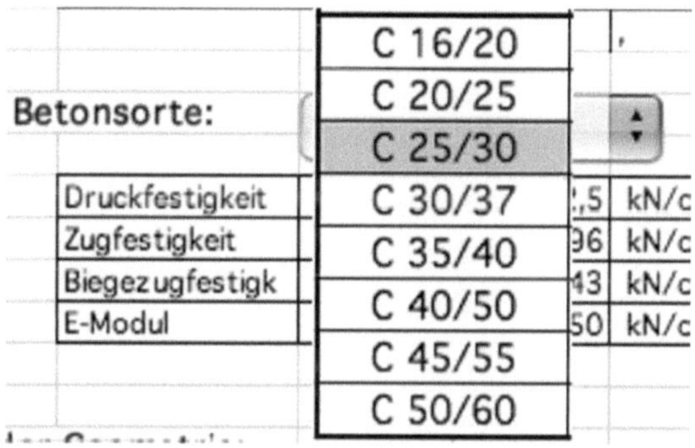

Abbildung 10.44: Auswahl der Betonsorte aus vorgegebener Liste

Auch die Betonfestigkeitsklasse wird aus einer Liste gewählt, die man durch Anklicken des entsprechenden Auswahlfeldes öffnen kann.

Es werden mit der Wahl der Betonfestigkeitsklasse dann die Betonkennwerte wie Druckfestigkeit, Zugfestigkeit und E-Modul in den Eingabeteil übertragen, um so entsprechend weiterrechnen zu können. Die Biegezugfestigkeit wird aus der Zugfestigkeit errechnet, wobei der Zusammenhang lt. Formel 4.3 verwendet wird.

Wahl der Betonsorte: C 25/30

Druckfestigkeit	fcd =	2,5	kN/cm2
Zugfestigkeit	fctk =	0,2565	kN/cm2
Biegezugfestigk	fctk,fl =	0,48734	kN/cm2
E-Modul	Ec =	3.050	kN/cm2

Abbildung 10.45: Eingabe Beton Materialkennwerte

Geometrie:

Breite 1	b1 =	35	cm
Breite 2	b2 =	40	cm
Stockwerkshöhe	h =	3,80	m

Abbildung 10.46: Eingabe der Querschnittsgeometrie

Danach muss die Geometrie des zu berechnenden Querschnittes eingegeben werden. Im vorliegenden Fall ist dies eine rechteckige Säule, die im Schnitt mit den Abmessungen von 35 und 40 cm gerechnet wird.

Eingabe der Belsatung und der erforderlichen Sicherheit:

Druckkraft	N =	1.620	kN
Sicherheit SFB	eta =	1,35	
Sicherheit Last	eta =	1,5	

Abbildung 10.47: Eingabe der Belastung und der Teilsicherheiten

Es folgt die Eingabe der Belastung mittels zentrischer Druckkraft auf den gewählten Querschnitt. Zusätzlich werden die Teilsicherheiten für den Baustoff Stahlfaserbeton und auch die Belastung eingegeben.

Nun kommen wir zur Eingabe des Systems der Belastung. Es muss hier mit Knickung der Säule gerechnet werden. Dazu werden die vier Lastfälle von Euler herangezogen. Es muss entschieden werden, nach welchem Lastfall das Ausknicken der Säule erfolgen kann. Dies ist eine Frage der Lagerung des Kopf- und Fußpunktes der Stütze.

In der nachfolgenden Abbildung sind die 4 Euler-Lastfälle aufgetragen, wobei jeweils am Anfang und Ende des Stabes entweder eine bewegliche Lagerung (durch kleine Kreise), eine Einspannung (durch Querstrich) oder wie bei Lagerung 1 keine Lagerung oben aufgezeigt wird. Die eingezeichnete Last gibt die Richtung der Belastung an.

Im vorliegenden Fall ist die Stütze durch jeweils eine Decke unten und oben begrenzt. Es kann also eine drehbare Lagerung der beiden Endpunkte angenommen werden. Einspannungen unten und/oder oben sind im Stahlfaserbeton durch die Arbeitsfuge unwahrscheinlich und führen im vorliegenden Fall auch zu günstigeren Werten, werden also hier aus Sicherheitsgründen nicht betrachtet.

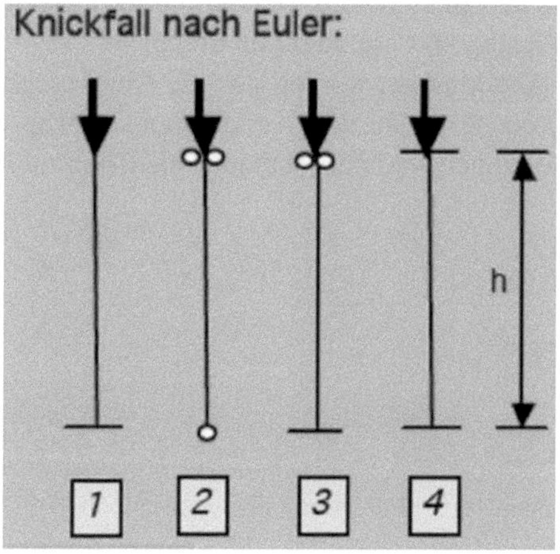

Abbildung 10.48: Die 4 Euler-Lastfälle für Knicken

Die Wahl fällt demnach auf den Euler-Lastfall 2, bei dem sowohl oben als auch unten eine gelenkige Lagerung gegeben ist.

Eingabe des Knickfalles nach Euler: 2

Abbildung 10.49: Auswahl des Euler-Lastfalles für Knicken

Mit dieser Eingabe sind alle Werte für die weitere Berechnung bekannt, und es werden nun die einzelnen Berechnungsschritte angegeben.

10.1.3.2 Berechnung in Einzelschritten

Die detaillierte Berechnung findet in einer eigenen Tabelle statt. Es werden hier die Berechnungen nachvollzogen, so dass eine eigene Nachrechnung durchaus möglich ist. Das Ergebnis dieser Berechnungen wird dann wieder auf die Ein- und Ausgabeseite zurückgeleitet, wo es wiederum eigens zusammengestellt wird.

Raumwinkel für Zustand 1:	25	Grad
Raumwinkel für Zustand 2:	60	Grad

Abbildung 10.50: Raumwinkel der gewählten Stahlfaser

Zuerst wird von den Materialkennwerten der Stahlfasern der Raumwinkel für die einzelnen Bemessungszustände wiedergegeben, um eine Vorstellung von der Ausnutzung der Stahlfasern zu erhalten.

Es wird an dieser Stelle auf eine nochmalige Darstellung der Halbkugel zur Verdeutlichung des Raumwinkels verzichtet, da diese beim ersten Beispiel schon ausreichend dargestellt wurde.

Am Beginn der eigentlichen Berechnung werden nun für Dosierungen von 20 bis 100 kg/m^3 die Faserwerte wie Faserdichte und Faserzugkraft errechnet.

In den nachfolgenden Abbildungen werden nur die Dosierungen mit 20, 30 und 40 kg/m^3 gezeigt, die weiteren sind aus Gründen der Übersichtlichkeit weggelassen worden. Sie können jedoch sehr einfach nachvollzogen werden, wenn man die Berechnung in der Tabellenkalkulation berechnet.

Dosierung	kg/m3	20	30	40
Faseranzahl	Stk/m3	1,1E+05	1,6E+05	2,2E+05
Faserdichte	Stk/cm3	0,108	0,162	0,215
Faserzugkraft	f-fk1 [kN/cm2]	0,0079	0,0119	0,0159
	f-fk2 [kN/cm2]	0,0423	0,06345	0,0846

Abbildung 10.51: Faserwerte bei unterschiedlicher Dosierung

Zuerst wird entsprechend der Dosierung die Anzahl der gesamten im Beton befindlichen Fasern je m^3 ermittelt. Dann wird daraus die Faserdichte für 1 cm^3 errechnet. Anhand dieser Dichte kann nun die Faserzugkraft für den Zustand 1 und getrennt dazu für den Zustand 2 (zugleich auch Zustand 1-2) mit Hilfe des jeweiligen Raumwinkels α und der als Materialkennwert angegebenen Stahlzugfestigkeit errechnet werden. Es ergeben sich damit die Werte für f_{fk1} und gewöhnlich f_{fk2} für jede Dosierung unterschiedlich.

Nun kann man sich zuerst um den Knickfall kümmern.

b =	35	h =	40		
I =	142.917	A =	1400	i =	10,1

Abbildung 10.52: Trägheitsmoment, Querschnittsfläche und Trägheitsradius

Es werden zunächst aus den geometrischen Querschnittsdaten wie Breite und Höhe das kleinere Trägheitsmoment ermittelt sowie auch die Querschnittsfläche. Aus diesen Werten kann man den in unserem Fall zuständigen kleineren Trägheitsradius errechnen.

Knickfall	Faktor
1	2,0
2	1,0
3	0,710
4	0,50

Abbildung 10.53: Euler-Fall und Knickwerte

Mit dem angegebenen Euler-Lastfall 2 kann nun die Knicklänge entsprechend der Definition nach Euler ermittelt werden. Gemäß der Definition der Euler-Knickfälle kann nun aus der Höhe der Säule die Knicklänge s_k mit Hilfe der Faktoren ermittelt werden.

h =	3,80	m	Knickfall	2		s-k =	3,8	m
λ =	37,6		ω =	1,09				

Abbildung 10.54: Euler-Fall Schlankheit und Knickfaktor

Nun kann man mit den entsprechenden Werten aus dem Lastfall Knicken (ω-Wert) und den errechneten Spannungen des Stahlfaserbetons mit der jeweiligen Dosierung die entsprechende Knicklast N^* errechnen. Verringert man nun diese Last mit der Teilsicherheit des Stahlfaserbetons, so erhält man die zulässige Knicklast N_{zul} für die Säule.

Berechnung für Zustand 1

Dosierung	kg/m3	20	30	40
f-fk1 =	kN/cm2	0,008	0,012	0,016
f-cftk =	kN/cm2	0,521	0,525	0,529
τc =	kN/cm2	0,524	0,528	0,532
f-cfk =	kN/cm2	2,54	2,56	2,58
N* =	kN/cm2	3.270	3.295	3.320
N-zul =	kN/cm2	2.422	2.441	2.459
N-d =	kN/cm2	2.430	2.430	2.430

Abbildung 10.55: Ermittlung der zulässigen Knicklast der Säule

Diese zulässige Knicklast wird mit der um die Teilsicherheit vergrößerten statischen Last N_d verglichen und daraus die notwendige Dosierung des Stahlfaserbetons ermittelt.

10.1.3.3 Berechnungsergebnis

Als Ergebnis der Berechnung wird in nachfolgender Abbildung der Zusammenhang zwischen Dosierung des Stahlfaserbetons und Knicklast der betrachteten Säule gegeben.

		Dosierung [kg/m³]				
		20	40	60	80	100
f-cftk =	kN/cm2	0,52	0,53	0,54	0,54	0,55
τc =	kN/cm2	0,52	0,53	0,54	0,55	0,56
f-cfk =	kN/cm2	2,54	2,58	2,62	2,65	2,69
N* =	kN/cm2	3.270	3.320	3.370	3.419	3.469
N-zul =	kN/cm2	2.422	2.459	2.496	2.533	2.570
N-d =	kN/cm2	2.430	2.430	2.430	2.430	2.430

Abbildung 10.56: Zusammenfassung der Berechnung bei unterschiedlicher Dosierung

Im Detail sind sowohl die im Stahlfaserbeton durch die Dosierung unterschiedlichen Spannungen wiedergegeben als auch die durch die verschiedenen Teilsicherheiten unterschiedlichen Lasten.

Dosierung für Querschnitt:	30	kg/m3
Sicherheit bei Zustand 1:	2,03	-

Abbildung 10.57: Anzuwendende Dosierung mit errechneter Sicherheit

Als Ergebnis der Berechnung wird dann die erforderliche Dosierung und die zugehörige Sicherheit ausgegeben.

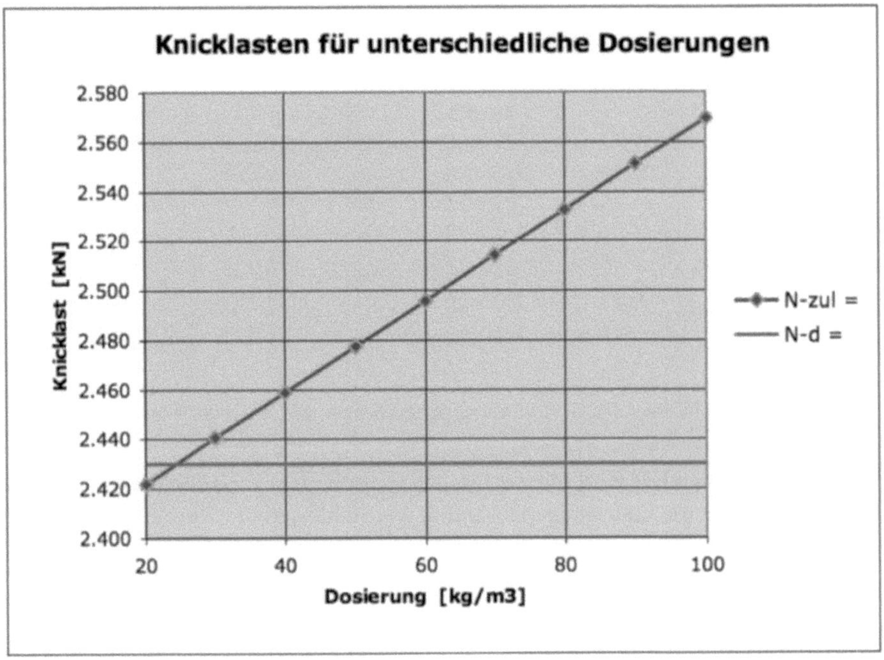

Abbildung 10.58: Graphische Darstellung der Knicklast bei unterschiedlicher Dosierung

Damit ist die Bemessung für die Belastung eines Querschnittes mit Druckkraft abgeschlossen. Es bleibt nur noch, eine graphische Darstellung der zulässigen Knicklast im Vergleich zur erforderlichen Belastung zu zeigen.

Die Berechnung der Bemessung auf Knicken von Stahlfaserbeton ist wegen der unterschiedlich zu rechnenden Dosierungen ein wenig aufwendig und nicht unbedingt für eine schnelle händische Berechnung geeignet, jedoch ist diese Berechnung mit den heutigen Hilfsmitteln einer Tabellenkalkulation einfach und auch jederzeit mit relativ kleinen Geräten durchführbar.

10.1.4 Schubbemessung

Als Beispiel für eine Schubbemessung wird hier das Durchstanzen einer Säule beim Auflager der im ersten Beispiel gerechneten Platte verwendet. Da gerade in diesen Fällen beim Stahlbeton meist ein erheblicher Aufwand an Bewehrung notwendig ist, soll diese vorliegende Berechnung zeigen, wie groß der Aufwand beim Einsatz eines Stahlfaserbetons ist.

10.1.4.1 Dateneingabe

Im Programm (Tabellenkalkulation) sind die notwendigen Eingabefelder farbig hinterlegt, um dem Benutzer sofort zu zeigen, welche Felder zu bearbeiten sind. Die nicht hinterlegten Felder werden automatisch von der Tabellenkalkulation errechnet.

Wie bei allen Berechnungen, sollte zuerst die Bezeichnung eingegeben werden, in unserem Fall die Baustelle und der Schnitt, an dem die Berechnung durchgeführt werden soll.

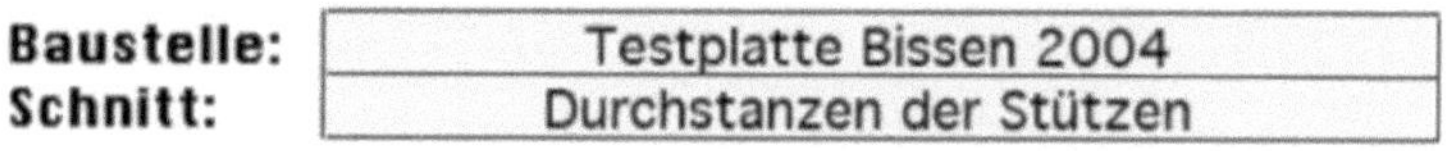

Abbildung 10.59: Eingabe Baustellendaten

Auch der Name und das Datum der Berechnung sollten eingegeben werden; dies ist hier nicht extra aufgezeigt, aber es ist für die Dokumentation wichtig.

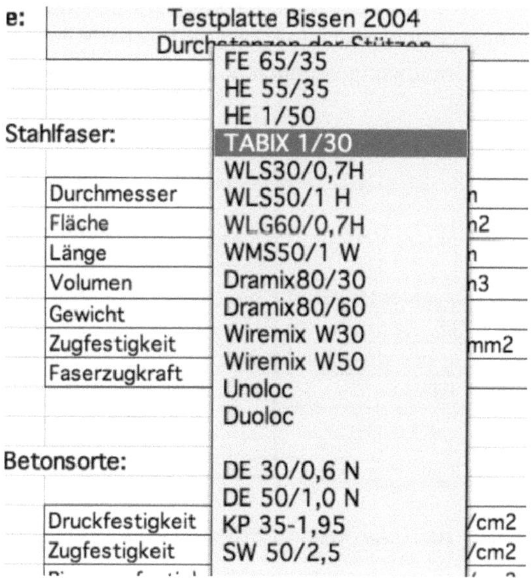

Abbildung 10.60: Auswahl der Stahlfaser aus vorgegebener Liste

Anschließend folgt die Materialeingabe. Zuerst wird der Typ der Stahlfaser aus einer Liste ausgewählt. Mit dem Auswahlfeld kann eine Liste sichtbar gemacht werden, aus der man sich die entsprechende Stahlfaser auswählen kann.

Dazu tippt man mit der Maus auf das Auswahlfeld neben Stahlfaser, und es erscheint eine Liste von Stahlfasern, aus der man beliebig auswählen kann. In der Liste sind derzeit jeweils 4 Fasern der bekannten Stahlfaserhersteller aufgelistet. Die angewählte Stahlfaser erscheint mit einer Hintergrundfarbe, wenn man mit der Maus darüberfährt. So erkennt man, welche Stahlfaser ausgewählt wird. Die auszuwählende Stahlfaser klickt man an, so ist diese Stahlfaser für die weitere Berechnung ausgewählt.

Wahl der Stahlfaser: TABIX 1/30

Durchmesser	d =	1	mm
Fläche	Af =	0,79	mm2
Länge	l =	30	mm
Volumen	V =	23,6	mm3
Gewicht	gf =	0,19	g
Zugfestigkeit	fy =	1000	N/mm2
Faserzugkraft	Fz =	785	N

Abbildung 10.61: Eingabe Stahlfaser Materialwerte

Aus der Materialliste werden nun die Materialkennwerte für die ausgewählte Stahlfaser entnommen. Mit diesen Kenngrößen werden die Werte für Fläche, Volumen, Gewicht und Faserzugkraft errechnet. Mit diesen Grundwerten können in der weiteren Berechnung die entsprechenden Spannungen ermittelt werden.

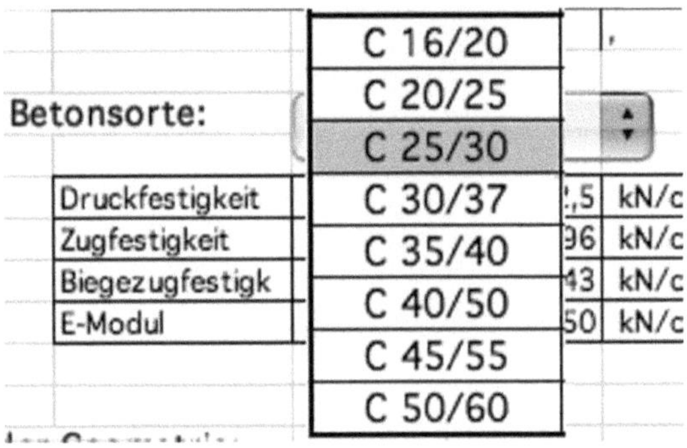

Abbildung 10.62: Auswahl der Betonsorte aus vorgegebener Liste

Auch die Betonfestigkeitsklasse wird aus einer Liste gewählt, die man durch Anklicken des entsprechenden Auswahlfeldes öffnen kann.

Es werden mit der Wahl der Betonfestigkeitsklasse dann die Betonkennwerte wie Druckfestigkeit, Zugfestigkeit und E-Modul in den Eingabeteil übertragen, um so entsprechend weiter-

Wahl der Betonsorte: C 25/30

Druckfestigkeit	fcd =	2,5	kN/cm2
Zugfestigkeit	fctk =	0,2565	kN/cm2
Biegezugfestigk	fctk,fl =	0,48734	kN/cm2
E-Modul	Ec =	3.050	kN/cm2

Abbildung 10.63: Eingabe Beton Materialkennwerte

rechnen zu können. Die Biegezugfestigkeit wird aus der Zugfestigkeit errechnet, wobei der Zusammenhang lt. Formel 4.3 verwendet wird. Genauso wird die Scherfestigkeit aus den Materialkennwerten nach Formel 6.40 errechnet. Diese Festigkeiten werden dann bei der Berechnung des Querschnittes auch noch von der Dosierung mit Stahlfasern abhängig gemacht.

Für die weitere Berechnung sind nun die Querschnittswerte einzugeben. Im vorliegenden Fall ist der Rundschnitt um das Säulenauflager anzugeben. Da die Säule 25 cm Seitenlänge besitzt, muss als Breite die Summe über alle 4 Seiten eingegeben werden; also: $b = 4 * 25 = 100$ cm

Geometrie:

Höhe	h =	20	cm
Breite	b =	100	cm

Abbildung 10.64: Eingabe der Querschnittsgeometrie

Aus den eingegebenen Querschnittsdaten lässt sich die gesamt zu untersuchende Querschnittsfläche mit:

$$A = 20 * 100 = 2.000\ cm^2$$

errechnen. Es wird hier der ungerissene Zustand 1 angenommen. Es folgt nun die Eingabe der Querkraft. Dabei wird im vorliegenden Fall die maximale Auflagerlast auf die Stütze gerechnet, da diese im Rundschnitt um das Auflager als Querkraft auf die gesamte Fläche des Rundschnittes wirkt.

Eingabe der Belastung und der erforderlichen Sicherheit:

Querkraft	Q =	396,0	kN
Sicherheit SFB	eta =	1,35	
Sicherheit Last	eta =	1,5	

Abbildung 10.65: Eingabe der Querkraft und der Teilsicherheiten

Auch die Teilsicherheiten bezüglich des Baustoffes Stahlfaserbeton und auch der Lasten werden nun eingegeben, um so einen Vergleich der einwirkenden Kräfte mit den aufnehmbaren

Kräften durchführen zu können.

10.1.4.2 Berechnung in Einzelschritten

Die detaillierte Berechnung findet in einer eigenen Tabelle statt. Es werden hier die Berechnungen nachvollzogen, sodass eine eigene Nachrechnung durchaus möglich ist. Das Ergebnis dieser Berechnungen wird dann wieder auf die Ein- und Ausgabeseite zurückgeleitet, wo es wiederum eigens zusammengestellt wird.

Raumwinkel für Zustand 1:	25	Grad
Raumwinkel für Zustand 2:	60	Grad

Abbildung 10.66: Raumwinkel der gewählten Stahlfaser

Zuerst wird von den Materialkennwerten der Stahlfasern der Raumwinkel für die einzelnen Bemessungszustände wiedergegeben, um die Vorstellung der Ausnutzung der Stahlfasern zu erhalten.

Es wird an dieser Stelle auf eine nochmalige Darstellung der Halbkugel zur Verdeutlichung des Raumwinkels verzichtet, da diese beimersten Beispiel schon ausreichend dargestellt wurde.

Am Beginn der eigentlichen Berechnung werden nun für Dosierungen von 20 bis 100 kg/m^3 die Faserwerte wie Faserdichte und Faserzugkraft errechnet.

In den nachfolgenden Abbildungen werden nur die Dosierungen mit 20, 30 und 40 kg/m^3 gezeigt, die weiteren sind aus Gründen der Übersichtlichkeit weggelassen worden. Sie können jedoch sehr einfach nachvollzogen werden, wenn man die Berechnung in der Tabellenkalkulation berechnet.

Dosierung	kg/m3	20	30	40
Faseranzahl	Stk/m3	1,1E+05	1,6E+05	2,2E+05
Faserdichte	Stk/cm3	0,108	0,162	0,215
Faserzugkraft	f-fk1 [kN/cm2]	0,0079	0,0119	0,0159
	f-fk2 [kN/cm2]	0,0423	0,06345	0,0846

Abbildung 10.67: Faserwerte bei unterschiedlicher Dosierung

Zuerst wird entsprechend der Dosierung die Anzahl der gesamten im Beton befindlichen Fasern je m^3 ermittelt. Dann wird daraus die Faserdichte für 1 cm^3 errechnet. Anhand dieser Dichte kann nun die Faserzugkraft für den Zustand 1 und getrennt dazu für den Zustand 2 (zugleich auch Zustand 1-2) mit Hilfe des jeweiligen Raumwinkels α und der als Materialkennwert angegebenen Stahlzugfestigkeit errechnet werden. Es ergeben sich damit die Werte für f_{fk1} und gewöhnlich f_{fk2} für jede Dosierung unterschiedlich.

Die Faserzugkraft steigt sehr deutlich bei zunehmender Dosierung. Die einzelnen Werte sind zwar relativ gering, aber wenn man sich vorstellt, dass im Zustand 1 bereits bei einer Dosierung von 20 kg/m^3 eine Kraft von ca. 8 N/cm^2 allein aus den Fasern aufgenommen wird und diese sich dann auch noch entsprechend der Dosierung vergrößert, ist dies schon beträchtlich. Noch größer wird diese Spannung im Zustand 2, also im gerissenen Betonkörper. Hier beginnt die Spannung bei ca. 42 N/cm^2 und steigert sich mit zunehmender Dosierung.

Nun kann man die einzelnen Zustände für die Bemessung berechnen.

Die von der Dosierung abhängigen Spannungen werden errechnet, wobei hier die Scherfestigkeit wesentlich ist. Mit dieser Scherfestigkeit kann man nun den gesamten Querschnitt rechnen, wie dies auch unter Kapitel 6.4 (Querkraft) ausführlich erläutert wurde.

Berechnung für Zustand 1				
Dosierung	kg/m3	20	30	40
f-fk1 =	kN/cm2	0,008	0,012	0,016
f-cftk =	kN/cm2	0,495	0,499	0,503
τc =	kN/cm2	0,498	0,502	0,506
f-cfk =	kN/cm2	2,41	2,43	2,45
Q* =	kN	996	1.004	1.012
Q-zul =	kN	738	744	750
Q-d =	kN	594	594	594

Abbildung 10.68: Berechnung für Zustand 1 aufnehmbare Querkraft bei gegebenem Querschnitt

Die somit errechnete Querkraft Q^* ist die aufnehmbare Querkraft für den betrachteten Rundschnitt bei gegebener Dosierung des Stahlfaserbetons. Diese muss nun mit der Teilsicherheit für Stahlfaserbeton verringert werden und man erhält die zulässige Q_{zul} Querkraft für den Querschnitt. Nun kann man den Vergleich mit der um die Teilsicherheit für Lasten erhöhten statischen Querkraft Q_d durchführen.

10.1.4.3 Berechnungsergebnis

In der Zusammenstellung der Berechnungsergebnisse sind für die wesentlichen Dosierungen des Stahlfaserbetons mit Stahlfasern der gewählten Typen die zugehörigen Spannungen und die Scherspannung aufgezeigt. Auch die aufnehmbare Querkraft ist bei gegebenem Querschnitt, der belastet wird, angegeben.

		Dosierung [kg/m³]				
		20	40	60	80	100
f-cftk =	kN/cm2	0,495	0,503	0,511	0,519	0,527
τc =	kN/cm2	0,498	0,506	0,514	0,522	0,530
f-cfk =	kN/cm2	2,414	2,452	2,491	2,530	2,568
Q* =	kN	996	1.012	1.028	1.044	1.060
Q-zul =	kN	738	750	761	773	785
Q-d =	kN	594	594	594	594	594

Abbildung 10.69: Zusammenfassung der Berechnung bei unterschiedlicher Dosierung

Die Berücksichtigung der Teilsicherheiten für den Baustoff Stahlfaserbeton und der Lasten ermöglichen dann, im Vergleich der zulässigen Querkräfte mit den um die Teilsicherheit erhöhten statischen Querkräften die erforderliche Dosierung des Stahlfaserbetons zu wählen.

Dosierung für Querschnitt:	20	kg/m3
Sicherheit bei Zustand 1:	2,51	-

Abbildung 10.70: Anzuwendende Dosierung mit zugehöriger Sicherheit

Das Ergebnis ist in der obigen Abbildung aufgezeigt.
Damit ist die Bemessung für die Belastung eines Querschnittes Querkraft abgeschlossen. Es bleibt nur noch, eine graphische Darstellung der zulässigen Querkraftkraft im Vergleich zur erforderlichen Belastung zu zeigen.

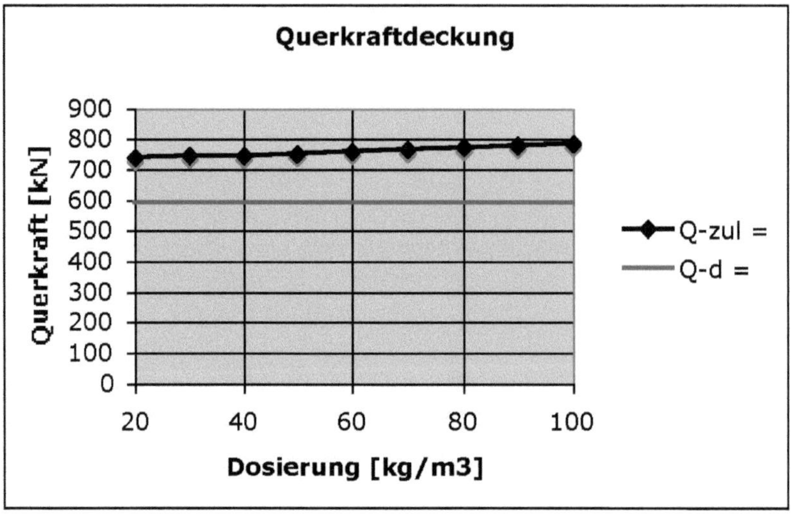

Abbildung 10.71: Graphische Darstellung der Querkraftdeckung bei unterschiedlicher Dosierung

Die Berechnung der Bemessung auf Schub von Stahlfaserbeton ist wegen der unterschiedlich zu rechnenden Dosierungen ein wenig aufwendig und nicht unbedingt für eine schnelle händische Berechnung geeignet, jedoch ist diese Berechnung mit den heutigen Hilfsmitteln einer Tabellenkalkulation einfach und auch jederzeit mit relativ kleinen Geräten durchführbar.

10.2 Bemessung für Querschnittswahl – Höhe

Diese Art der Bemessung wird wohl in den meisten Fällen in der Praxis zur Anwendung kommen. Da die Materialien meist vorgewählt wurden, wird dies auch beim zu bemessenden Querschnitt der Fall sein. Es kann also nur noch der Querschnitt verändert werden.

10.2.1 Biegebemessung

Als zu berechnendes Beispiel wird der Träger des Fußgängerüberganges von der Bemessungsanwendung Punkt 8.1.2.2 genommen und mit einer anderen Stahlfaser berechnet.

Es wird hier für das gewählte Beispiel die Berechnung Schritt für Schritt durchgegangen, wobei nach der Dateneingabe die Berechnung sehr ausführlich aufgezeigt wird.

10.2.1.1 Dateneingabe

In der Tabellenkalkulation sind die einzugebenden Felder farbig markiert, um dem Benutzer zu zeigen, wo die Eingabe der einzelnen Daten notwendig ist. Die nicht hinterlegten Felder werden von der Tabellenkalkulation selbständig errechnet, sind somit nicht zu bearbeiten.

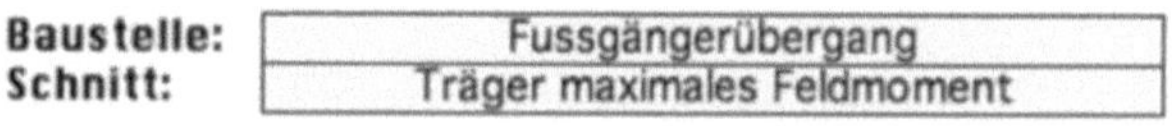

Abbildung 10.72: Eingabe Baustellendaten

Wie bei allen Berechnungen, sollte zuerst die Bezeichnung eingegeben werden, in unserem Fall die Baustelle und der Schnitt, an dem die Berechnung durchgeführt werden soll. Auch der Name und das Datum der Berechnung sollten eingegeben werden; dies ist hier nicht extra aufgezeigt, aber es ist für die Dokumentation wichtig.

Anschließend folgt die Materialeingabe. Zuerst wird der Typ der Stahlfaser aus einer Liste ausgewählt. Mit dem Auswahlfeld kann eine Liste sichtbar gemacht werden, aus der man sich die entsprechende Stahlfaser auswählen kann.

Abbildung 10.73: Auswahl der Stahlfaser aus vorgegebener Liste

Für die Wahl der Stahlfasern tippt man mit der Maus auf das Auswahlfeld neben Stahlfaser, und es erscheint eine Liste von Stahlfasern, aus der man beliebig auswählen kann. In der Liste sind derzeit nur zwei Fasern aufgelistet. Die hier angegebenen Stahlfasern sind diejenigen, die auch in der Prüfanstalt nachgewiesen wurden. Es wurde dabei im Biegezugversuch die Faserwirkung nachgewiesen und daraus der Raumwinkel der Faser als Faserkennwert ermittelt. Falls eine weitere Faser, die nicht in der vorgegebenen Liste aufscheint, gewählt werden sollte, ist mittels Biegezugversuchen erst der Faserkennwert zu ermitteln. Die angewählte Stahlfaser erscheint mit einer Hintergrundfarbe, wenn man mit der Maus darüberfährt. So erkennt man, welche Stahlfaser ausgewählt wird. Die auszuwählende Stahlfaser klickt man an, so ist diese Stahlfaser für die weitere Berechnung ausgewählt.

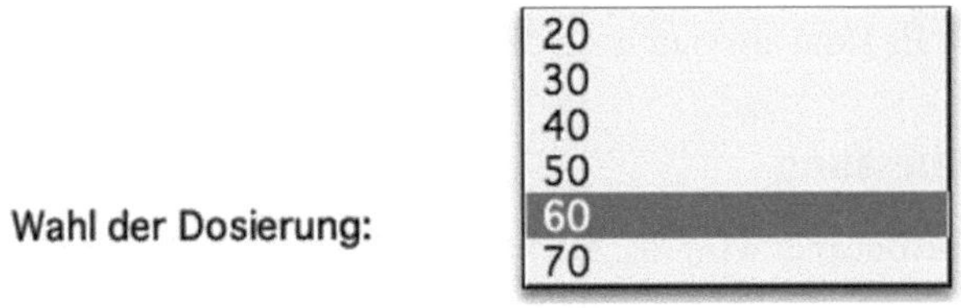

Abbildung 10.74: Eingabe der Dosierung der Stahlfaser

Anschließend wird die Dosierung der Stahlfasern aus der vorgegebenen Liste gewählt. Hierbei sind folgende Kriterien zu berücksichtigen:

20 + 30 kg/m^3 geringe Dosierung - bei niedrig beanspruchten Bauteilen
40 + 50 kg/m^3 mittlere Dosierung - bei mäßig beanspruchten Bauteilen
60 + 70 kg/m^3 hohe Dosierung - bei hoch beanspruchten Bauteilen

Aus der Materialliste werden nun die Materialkennwerte für die ausgewählte Stahlfaser entnommen. Mit diesen Kenngrößen werden die Werte für Fläche, Volumen, Gewicht und Faserzugkraft errechnet. Damit hat man eine gute Übersicht über die gewählte Faser und kann sich gegebenenfalls auch noch rechtzeitig für eine andere Faser entscheiden, deren Kennwerte dann auch angegeben werden. Mit diesen Grundwerten können in der weiteren Berechnung die entsprechenden Spannungen ermittelt werden.

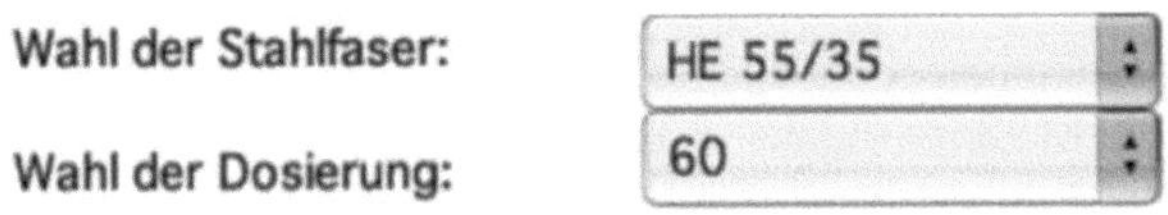

Durchmesser	d =	0,55	mm
Fläche	Af =	0,24	mm2
Länge	l =	35	mm
Volumen	v =	8,3	mm3
Gewicht	gf =	0,07	g
Zugfestigkeit	fy =	1000	N/mm2
Faserzugkraft	Fz =	238	N

Abbildung 10.75: Materialwerte für die eingegebene Stahlfaser

Auch die Betonsorte wird aus einer Liste gewählt, die man durch Anklicken des entsprechenden Auswahlfeldes öffnen kann. Auch in dieser Liste wurde eine Einschränkung auf die üblicherweise gebräuchlichen Betonsorten gewählt. Es erschien nicht sinnvoll, alle Betonsorten in die Abfrage aufzunehmen, um so die Übersichtlichkeit zu gewährleisten.

Wahl der Betonsorte:

C 16/20
C 20/25
C 25/30
C 30/37
C 35/40
C 40/50

Abbildung 10.76: Auswahl der Betonsorte aus einer Vorgabeliste

Die hier gewählte Betonsorte entspricht wohl der gängigsten Betonsorte für Ortbeton und kann von jedem Betonwerk auch hergestellt werden. Es ist dabei auch mit dem Betonwerk abzuklären, ob eine Mischung mit Stahlfasern werksmäßig durchgeführt werden kann und ob die Gesamtmischung dann auch noch ohne Veränderung der Festigkeitswerte zum Einbauort gebracht werden kann. Dies insbesondere im Hinblick auf die Verarbeitbarkeit (Ausbreitmaß und W/B-Faktor).

Es werden dann mit der Wahl der Betonsorte die Betonkennwerte in den Eingabeteil übertragen, um so entsprechend weiterrechnen zu können.

Wahl der Betonsorte: C 25/30

Druckfestigkeit	fcd =	2,5	kN/cm2
Zugfestigkeit	fctk =	0,256	kN/cm2
Biegezugfestigk	fctk,fl =	0,513	kN/cm2
E-Modul	Ec =	3.050	kN/cm2

Abbildung 10.77: Beton Materialkennwerte

Anschließend wird die Breite des zu berechnenden Querschnittes eingegeben. Da die Höhe das Ergebnis der Berechnungen ist, wird diese nicht eingegeben. Es wird hier bewusst eine größere Breite als im Beispiel von Kapitel 8.1.2.2 gewählt, um auch die Auswirkung der Breite auf die Bemessung von Stahlfaserbeton zu erkennen. Die Breite wird um 10 cm erhöht, und es wird dabei erwartet, dass die Höhe des Trägers dann auch etwas geringer ausfällt als im aufgezeigten Beispiel.

Eingabe der Trägerbreite:

Breite	b =	50	cm

Abbildung 10.78: Eingabe der Querschnittsbreite

Nachdem die Geometrie zumindest in ihrer Breite eingegeben ist, wird das auf den Querschnitt wirkende statische Moment eingegeben. Dabei wird das gleiche Moment wie im Beispiel von Kapitel 8.1.2.2 verwendet, um den Vergleich der beiden Querschnitte bezüglich der Trägerbreite und auch der anderen gewählten Stahlfaser zu erkennen.

Es werden nun die Teilsicherheiten für die statischen Kräfte und auch für die Materialien eingegeben. Diese Teilsicherheiten sind wie in allen vorherigen Beispielen gleich, es stellt sich

Eingabe des Momentes:

Moment	Md =	206,0	kNm

Abbildung 10.79: Eingabe der Beanspruchung mit Moment

jedoch auch langfristig die Frage nach der Höhe der einzelnen Teilsicherheiten. Die hier gewählten Werte sind eher hoch, so dass die Praxis in Zukunft zeigen wird, ob diese Sicherheiten nicht auch auf den Level gebracht werden können, wie er derzeit bei anderen Bemessungsverfahren im Stahlbau, Stahlbetonbau oder auch Holzbau angewendet wird.

Eingabe der erforderlichen Teilsicherheiten:

Sicherheit SFB	eta =	1,35	
Sicherheit Last	eta =	1,5	

Abbildung 10.80: Eingabe der Teilsicherheitsfaktoren

Nun sind die wesentlichen Daten vorhanden, um mit der eigentlichen Berechnung der Bemessung des vorgegebenen Querschnittes beginnen zu können.

10.2.1.2 Berechnung in Einzelschritten

Die eigentliche Berechnung findet auf einer gesonderten Tabelle statt. Es wird hier im Detail die Berechnung durchgeführt und das Ergebnis dann wieder auf die erste Tabelle weitergeleitet, wo eine Zusammenfassung der Berechnungsergebnisse aufgezeigt wird.

Zuerst wird von den Materialkennwerten der Raumwinkel der gewählten Stahlfaser wiedergegeben, damit man sich auch eine Vorstellung von der Übertragung der Kräfte machen kann.

Raumwinkel für Zustand 1: 42,2 Grad

Zur Unterstützung ist hier nochmals die Halbkugel mit der Definition des jeweiligen Raumwinkels wiedergegeben.

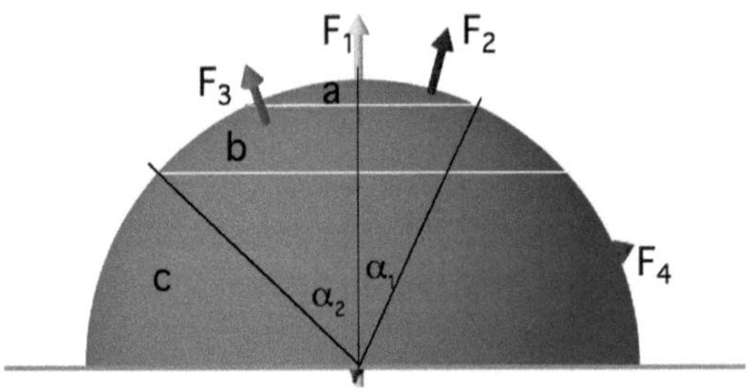

Abbildung 10.81: Definition der Raumwinkel für die Stahlfaser

Alle Fasern, die einen kleineren Winkel als α_1 einnehmen, tragen zur Lastabtragung im Zustand 1 bei. Dies sind in der Halbkugeldarstellung somit alle Fasern, die in ihrer Richtung die Kugelkappe a durchstoßen. Im Zustand 1-2 sind alle Fasern kraftmäßig beteiligt, deren Richtung einen kleineren Winkel als α_2 einnimmt. Somit haben alle kraftübertragenden Fasern im Zustand 1-2 innerhalb der Kugelkappe b (als Summe der Teilflächen a und b). Fasern, die im Bereich c liegen und somit einen größeren Winkel als α_2 zur Kraftrichtung haben, tragen nicht zur Kraftübertragung bei.

Es wurde bei der Eingabe für die nachfolgend durchgeführte Berechnung eine Dosierung von 60 kg/m^3 festgelegt. Entsprechend dieser Dosierung entstehen folgende Werte für die Stahlfasern:

Dosierung		60	kg/m3
Faseranzahl		9,2E+05	Stk/m3
Faserdichte		0,916	Stk/cm3
Faserzugkraft	f-fk1 =	0,0564	[kN/cm2]

Abbildung 10.82: Faserwerte bei angegebener Dosierung

Mit diesen Daten können nun die Festigkeitswerte des Stahlfaserbetons errechnet werden.

$$Zugfestigkeit : f_{ctfk} = f_{ctk,fl} + f_{fk1} \tag{10.1}$$

$$Druckfestigkeit : f_{cfk} = f_{ck} * \frac{f_{cftk}}{f_{ctk,fl}} \tag{10.2}$$

Mit diesen Zusammenhängen ergeben sich folgende Werte für die Festigkeiten:

Berechnung dee Materialwerte für Stahlfaserbeton:				mit Teilsicherheit:	1,35
Zustand 1:					
Zugfestigkeit	fctfk =	0,569	kN/cm2	0,42176	kN/cm2
Druckfestigkeit	fcfk =	2,77	kN/cm2	2,05541	kN/cm2

Abbildung 10.83: Festigkeitswerte für den gewählten Stahlfaserbeton

Sind nun die Randspannungen bekannt, kann mit Hilfe des Widerstandsmomentes die Querschnittshöhe errechnet werden.

Errechnung des Widerstandmomentes für Zustand 1:				
M =	309	kNm	inklusive Teilsicherheit:	1,5
erf. W =	73.264	cm3		
erf h =	93,8	cm		

Abbildung 10.84: Errechnung der erforderlichen Querschnittswerte

Mit den angegebenen Spannungswerten ist die Verteilung der Spannungen im Querschnitt gegeben und sieht wie in der nachfolgenden Abbildung aus.

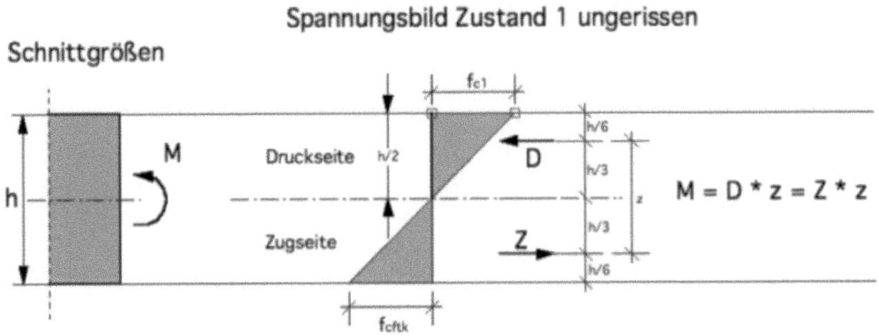

Abbildung 10.85: Spannungszustand im Querschnitt

10.2.1.3 Berechnungsergebnis

Mit dem Ergebnis der erforderlichen Höhe kann nun die Höhe des Querschnittes frei gewählt werden (sie muss größer sein). Somit kann nun die Gesamtsicherheit für die gewählte Querschnittshöhe errechnet werden.

Errechnete Werte für die gewählte Stahlfaserdosierung:
Zustand 1:

Mindesthöhe	min h =	93,8	cm

Gewählte Höhe des Querschnittes:

Höhe	h =	100,0	cm
vorhandene Sicherheit =		2,16	

Abbildung 10.86: Wahl der Querschnittshöhe und Ermittlung der Gesamtsicherheit

Mit dieser Bemessung wurde nun die Auswirkung der Trägerbreite gezeigt. Ebenso wurde eine andere Faser in der Bemessung angewendet.

Insgesamt gesehen ist diese Art der Bemessung wesentlich einfacher als die Bemessung nach der Dosierung. Es werden somit die meisten Fälle mit der Bemessung über die Querschnittsabmessungen vorgenommen werden.

10.2.2 Biegung mit Druckkraft

Als zu berechnendes Beispiel wird die Stütze in der Tiefgarage von der Bemessungsanwendung Punkt 8.1.3.2 genommen und mit einer anderen Stahlfaser berechnet.

Es wird hier für das gewählte Beispiel die Berechnung Schritt für Schritt durchgegangen, wobei nach der Dateneingabe die Berechnung sehr ausführlich aufgezeigt wird.

10.2.2.1 Dateneingabe

In der Tabellenkalkulation sind die einzugebenden Felder farbig markiert, um dem Benutzer zu zeigen, wo die Eingabe der einzelnen Daten notwendig ist. Die nicht hinterlegten Felder werden von der Tabellenkalkulation selbständig errechnet, sind somit nicht zu bearbeiten.

Abbildung 10.87: Eingabe Baustellendaten

Wie bei allen Berechnungen, sollte zuerst die Bezeichnung eingegeben werden, in unserem Fall die Baustelle und der Schnitt, an dem die Berechnung durchgeführt werden soll. Auch der Name und das Datum der Berechnung sollten eingegeben werden; dies ist hier nicht extra aufgezeigt, aber es ist für die Dokumentation wichtig.

Anschließend folgt die Materialeingabe. Zuerst wird der Typ der Stahlfaser aus einer Liste ausgewählt. Mit dem Auswahlfeld kann eine Liste sichtbar gemacht werden, aus der man sich die entsprechende Stahlfaser auswählen kann.

Abbildung 10.88: Auswahl der Stahlfaser aus vorgegebener Liste

Für die Wahl der Stahlfasern tippt man mit der Maus auf das Auswahlfeld neben Stahlfaser, und es erscheint eine Liste von Stahlfasern, aus der man beliebig auswählen kann. In der Liste sind derzeit nur zwei Fasern aufgelistet. Die hier angegebenen Stahlfasern sind diejenigen, die auch in der Prüfanstalt nachgewiesen wurden. Es wurde dabei im Biegezugversuch die Faserwirkung nachgewiesen und daraus der Raumwinkel der Faser als Faserkennwert ermittelt. Falls eine weitere Faser, die nicht in der vorgegebenen Liste aufscheint, gewählt werden sollte, ist mittels Biegezugversuchen erst der Faserkennwert zu ermitteln. Die angewählte Stahlfaser erscheint mit einer Hintergrundfarbe, wenn man mit der Maus darüberfährt. So erkennt man, welche Stahlfaser ausgewählt wird. Die auszuwählende Stahlfaser klickt man an, so ist diese Stahlfaser für die weitere Berechnung ausgewählt.

Anschließend wird die Dosierung der Stahlfasern aus der vorgegebenen Liste gewählt. Hierbei sind folgende Kriterien zu berücksichtigen:

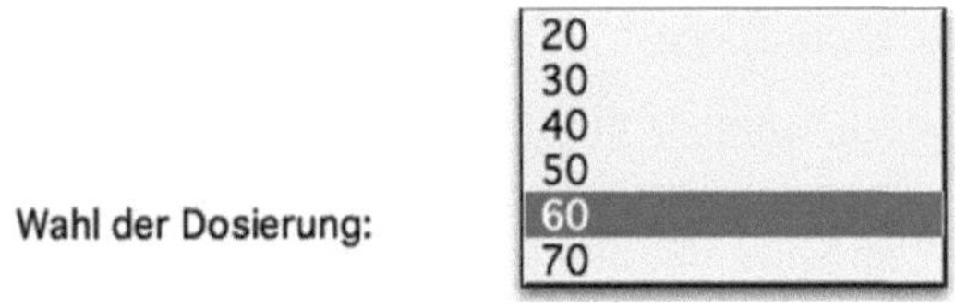

Abbildung 10.89: Eingabe der Dosierung der Stahlfaser

20 + 30 kg/m^3 geringe Dosierung – bei niedrig beanspruchten Bauteilen
40 + 50 kg/m^3 mittlere Dosierung – bei mäßig beanspruchten Bauteilen
60 + 70 kg/m^3 hohe Dosierung – bei hoch beanspruchten Bauteilen

Aus der Materialliste werden nun die Materialkennwerte für die ausgewählte Stahlfaser entnommen. Mit diesen Kenngrößen werden die Werte für Fläche, Volumen, Gewicht und Faserzugkraft errechnet. Damit hat man eine gute Übersicht über die gewählte Faser und kann sich gegebenenfalls auch noch rechtzeitig für eine andere Faser entscheiden, deren Kennwerte dann auch angegeben werden. Mit diesen Grundwerten können in der weiteren Berechnung die entsprechenden Spannungen ermittelt werden.

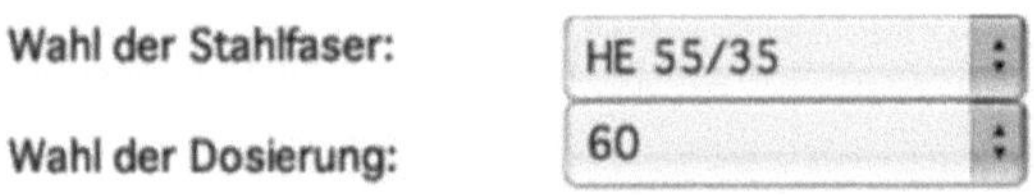

Durchmesser	d =	0,55	mm
Fläche	Af =	0,24	mm2
Länge	l =	35	mm
Volumen	v =	8,3	mm3
Gewicht	gf =	0,07	g
Zugfestigkeit	fy =	1000	N/mm2
Faserzugkraft	Fz =	238	N

Abbildung 10.90: Materialwerte für die eingegebene Stahlfaser

Auch die Betonsorte wird aus einer Liste gewählt, die man durch Anklicken des entsprechenden Auswahlfeldes öffnen kann. Auch in dieser Liste wurde eine Einschränkung auf die üblicherweise gebräuchlichen Betonsorten gewählt. Es erschien nicht sinnvoll, alle Betonsorten in die Abfrage aufzunehmen, um so die Übersichtlichkeit zu gewährleisten.

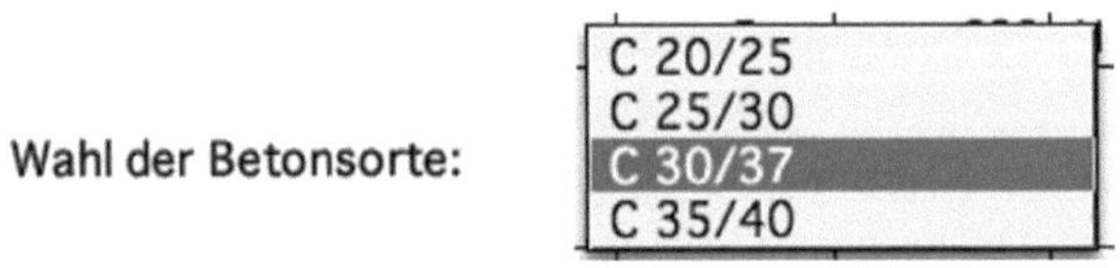

Abbildung 10.91: Auswahl der Betonsorte aus vorgegebener Liste

Die hier gewählte Betonsorte entspricht wohl einer der gängigen Betonsorten für Ortbeton und kann von jedem Betonwerk auch hergestellt werden. Es ist dabei auch mit dem Betonwerk abzuklären, ob eine Mischung mit Stahlfasern werksmäßig durchgeführt werden kann und ob die Gesamtmischung dann auch noch ohne Veränderung der Festigkeitswerte zum Einbauort gebracht werden kann. Dies insbesondere im Hinblick auf die Verarbeitbarkeit (Ausbreitmaß und W/B-Faktor).

Es werden dann mit der Wahl der Betonsorte die Betonkennwerte in den Eingabeteil übertragen, um so entsprechend weiter rechnen zu können.

Wahl der Betonsorte: C 30/37

Druckfestigkeit	fcd =	3	kN/cm2
Zugfestigkeit	fctk =	0,290	kN/cm2
Biegezugfestigk	fctk,fl =	0,579	kN/cm2
E-Modul	Ec =	3.200	kN/cm2

Abbildung 10.92: gewählte Beton-Materialkennwerte

Anschließend wird die Breite des zu berechnenden Querschnittes eingegeben. Da die Höhe das Ergebnis der Berechnungen ist, wird diese nicht eingegeben.

Eingabe der Trägerbreite:

Breite	b =	30	cm

Abbildung 10.93: Eingabe der Querschnittsbreite

Nachdem die Geometrie zumindest in ihrer Breite eingegeben ist, wird das auf den Querschnitt wirkende statische Moment eingegeben. Dabei wird das gleiche Moment wie im Beispiel von Kapitel 8.1.3.2 verwendet, um den Vergleich der beiden Querschnitte bezüglich der Trägerbreite und auch der anderen gewählten Stahlfaser zu erkennen.

Eingabe der Schnittkräfte:

Moment	Md =	146,0	kNm
Normalkraft	N =	2800,0	kN

Abbildung 10.94: Eingabe der Beanspruchung mit Moment

Es werden nun die Teilsicherheiten für die statischen Kräfte und auch für die Materialien eingegeben. Diese Teilsicherheiten sind wie in allen vorherigen Beispielen gleich, es stellt sich jedoch auch langfristig die Frage nach der Höhe der einzelnen Teilsicherheiten. Die hier gewählten Werte sind eher hoch, so dass die Praxis in Zukunft zeigen wird, ob diese Sicherheiten nicht auch auf den Level gebracht werden können, wie er derzeit bei anderen Bemessungsverfahren im Stahlbau, Stahlbetonbau oder auch Holzbau angewendet wird.

Eingabe der erforderlichen Teilsicherheiten:

Sicherheit SFB	eta =	1,35	
Sicherheit Last	eta =	1,5	

Abbildung 10.95: Eingabe der Teilsicherheitsfaktoren

Nun sind die wesentlichen Daten vorhanden, um mit der eigentlichen Berechnung der Bemessung des vorgegebenen Querschnittes beginnen zu können.

10.2.2.2 Berechnung in Einzelschritten

Die eigentliche Berechnung findet auf einer gesonderten Tabelle statt. Es wird hier im Detail die Berechnung durchgeführt und das Ergebnis dann wieder auf die erste Tabelle weitergeleitet, wo eine Zusammenfassung der Berechnungsergebnisse aufgezeigt wird.

Zuerst wird von den Materialkennwerten der Raumwinkel der gewählten Stahlfaser wiedergegeben, damit man sich auch eine Vorstellung von der Übertragung der Kräfte machen kann.

Raumwinkel für Zustand 1: 42,2 Grad

Es sei an dieser Stelle nochmals auf die Darstellung der Halbkugel im letzten Beispiel verwiesen, in der die Faserwirkung auch visuell anschaulich gemacht wird. Alle Fasern, die einen kleineren Winkel als α_1 einnehmen, tragen zur Lastabtragung im Zustand 1 bei. Dies sind in der Halbkugeldarstellung somit alle Fasern, die in ihrer Richtung die Kugelkappe a durchstoßen.

Es wurde bei der Eingabe für die nachfolgend durchgeführte Berechnung eine Dosierung von 60 kg/m^3 festgelegt. Entsprechend dieser Dosierung entstehen folgende Werte für die Stahlfasern:

Dosierung		60	kg/m3
Faseranzahl		9,2E+05	Stk/m3
Faserdichte		0,916	Stk/cm3
Faserzugkraft	f-fk1 =	0,0564	[kN/cm2]

Abbildung 10.96: Faserwerte bei angegebener Dosierung

Mit diesen Daten können nun sowohl die Zugfestigkeit als auch die Druckfestigkeit des Stahlfaserbetons errechnet werden.

$$Zugfestigkeit : f_{ctfk} = f_{ctk,fl} + f_{fk1} \tag{10.3}$$

$$Druckfestigkeit : f_{cfk} = f_{ck} * \frac{f_{cftk}}{f_{ctk,fl}} \tag{10.4}$$

Mit den aufgezeigten Zusammenhängen ergeben sich in unserem Beispiel folgende Werte für die Festigkeiten:

Berechnung dee Materialwerte für Stahlfaserbeton:						mit Teilsicherheit:	1,35
	Zustand 1:						
	Zugfestigkeit	fctfk =	0,636	kN/cm2		0,47088	kN/cm2
	Druckfestigkeit	fcfk =	3,29	kN/cm2		2,43853	kN/cm2

Abbildung 10.97: Festigkeitswerte für den gewählten Stahlfaserbeton

Sind nun die Randspannungen bekannt, können unter Berücksichtigung der Teilsicherheitsbeiwerte die Kräfte und Spannungen für die weitere Berechnung angegeben werden.

Errechnung der Randspannungen für Zustand 1:						
	Md =	219,0	kNm		inklusive Teilsicherhe	1,5
	Nd =	4.200,0	kN			
	b =	30	cm			
	Zugspannung =	0,471	kN/cm2			
	Druckspannung =	2,439	kN/cm2			

Abbildung 10.98: Angabe der Kräfte und Spannungen unter Berücksichtigung der Teilsicherheitsbeiwerte

Mit den angegebenen Spannungswerten ist die Verteilung der Spannungen im Querschnitt gegeben und sieht wie in der nachfolgenden Abbildung aus.

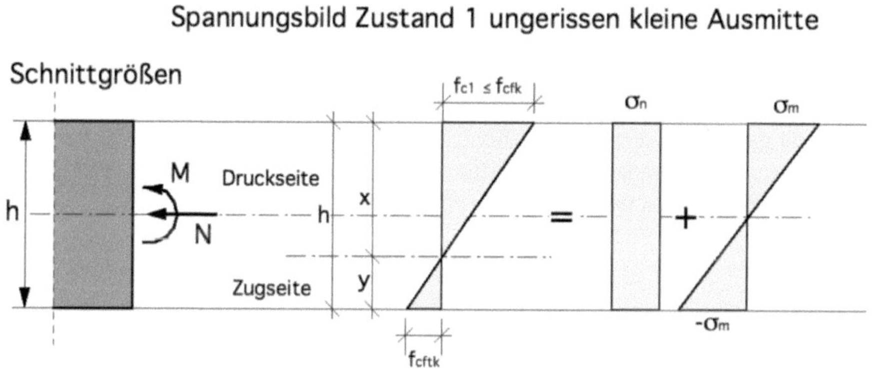

Abbildung 10.99: Spannungszustand im Querschnitt

Es muss nun die Höhe des Querschnittes berechnet werden. Dies erfolgt nach dem Zusammenhang der Formel 7.53. Da jedoch nicht bekannt ist, welche Randspannung maßgebend ist, es kann ja die Zugspannung oder die Druckspannung sein, muss die Höhe für beide Randspannungen berechnet werden. Es wird hier die Formel für die Höhe nochmals aufgezeigt, wobei für die jeweilig mögliche Randspannung σ_r geschrieben wird.

$$h = \frac{-N + \sqrt{N^2 + 24Mb\sigma_r}}{2b\sigma_r} \tag{10.5}$$

Werden nun die Werte für N, M, b und das jeweilige σ_r eingesetzt, so erhält man für die eingesetzte Zugspannung und die Druckspannung unterschiedliche Werte:

Zugspannung: $h_z =$ 28,5 cm.
Druckspannung: $h_d =$ 79,9 cm.

Es ist hier der größere Wert der Höhe, also diejenige, die mit der Druckspannung gerechnet wurde, weiter zu verwenden.

10.2.2.3 Berechnungsergebnis

Mit dem Ergebnis der erforderlichen Höhe kann nun die Höhe des Querschnittes frei gewählt werden (sie muss größer sein). Somit kann nun die Gesamtsicherheit für die gewählte Querschnittshöhe errechnet werden.

Errechnete Werte für die gewählte Stahlfaserdosierung:
Zustand 1:

Mindesthöhe	min h =	79,9	cm

Gewählte Höhe des Querschnittes:

Höhe	h =	80,0	cm
vorhandene Sicherheit =		2,03	

Abbildung 10.100: Wahl der Querschnittshöhe und Ermittlung der Gesamtsicherheit

Mit dieser Bemessung wurde nun die Anwendung einer anderen Faserart nachberechnet.

Insgesamt gesehen ist diese Art der Bemessung wesentlich einfacher als die Bemessung nach der Dosierung. Es werden somit die meisten Fälle mit der Bemessung über die Querschnittsabmessungen vorgenommen werden.

10.2.3 Reine Druckbelastung – Knicken

Es wird hier als Beispiel die Stütze im EG vom Kapitel 8.2.3 gerechnet. Dabei wird die Stahlfaser HE 55/35 verwendet.

Die Berechnung wird im Folgenden Schritt für Schritt durchgegangen, wobei hier alle Detailschritte ausführlich aufgezeigt werden.

10.2.3.1 Dateneingabe

In der Tabellenkalkulation sind die einzugebenden Felder farbig markiert, um dem Benutzer zu zeigen, wo die Eingabe der einzelnen Daten notwendig ist. Die nicht hinterlegten Felder werden von der Tabellenkalkulation selbständig errechnet, sind somit nicht zu bearbeiten.

Abbildung 10.101: Eingabe Baustellendaten

Wie bei allen Berechnungen, sollte zuerst die Bezeichnung eingegeben werden, in unserem Fall die Baustelle und der Schnitt, an dem die Berechnung durchgeführt werden soll. Auch der Name und das Datum der Berechnung sollten eingegeben werden; dies ist hier nicht extra aufgezeigt, aber es ist für die Dokumentation wichtig.

Anschließend folgt die Materialeingabe. Zuerst wird der Typ der Stahlfaser aus einer Liste ausgewählt. Mit dem Auswahlfeld kann eine Liste sichtbar gemacht werden, aus der man sich die entsprechende Stahlfaser auswählen kann.

Abbildung 10.102: Auswahl der Stahlfaser aus vorgegebener Liste

Für die Wahl der Stahlfasern tippt man mit der Maus auf das Auswahlfeld neben Stahlfaser, und es erscheint eine Liste von Stahlfasern, aus der man beliebig auswählen kann. In der Liste sind derzeit nur zwei Fasern aufgelistet. Die hier angegebenen Stahlfasern sind diejenigen, die auch in der Prüfanstalt nachgewiesen wurden. Es wurde dabei im Biegezugversuch die Faserwirkung nachgewiesen und daraus der Raumwinkel der Faser als Faserkennwert ermittelt. Falls eine weitere Faser, die nicht in der vorgegebenen Liste aufscheint, gewählt werden sollte, ist mittels Biegezugversuchen erst der Faserkennwert zu ermitteln. Die angewählte Stahlfaser erscheint mit einer Hintergrundfarbe, wenn man mit der Maus darüberfährt. So erkennt man, welche Stahlfaser ausgewählt wird. Die auszuwählende Stahlfaser klickt man an, so ist diese Stahlfaser für die weitere Berechnung ausgewählt.

Anschließend wird die Dosierung der Stahlfasern aus der vorgegebenen Liste gewählt. Hierbei sind folgende Kriterien zu berücksichtigen:

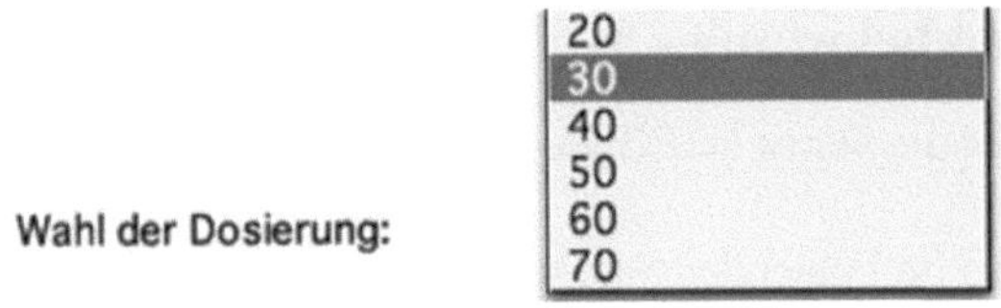

Abbildung 10.103: Eingabe der Dosierung der Stahlfaser

20 + 30 kg/m^3 geringe Dosierung - bei niedrig beanspruchten Bauteilen
40 + 50 kg/m^3 mittlere Dosierung - bei mäßig beanspruchten Bauteilen
60 + 70 kg/m^3 hohe Dosierung - bei hoch beanspruchten Bauteilen

Aus der Materialliste werden nun die Materialkennwerte für die ausgewählte Stahlfaser entnommen. Mit diesen Kenngrößen werden die Werte für Fläche, Volumen, Gewicht und Faserzugkraft errechnet. Damit hat man eine gute Übersicht über die gewählte Faser und kann sich gegebenenfalls auch noch rechtzeitig für eine andere Faser entscheiden, deren Kennwerte dann auch angegeben werden. Mit diesen Grundwerten können in der weiteren Berechnung die entsprechenden Spannungen ermittelt werden.

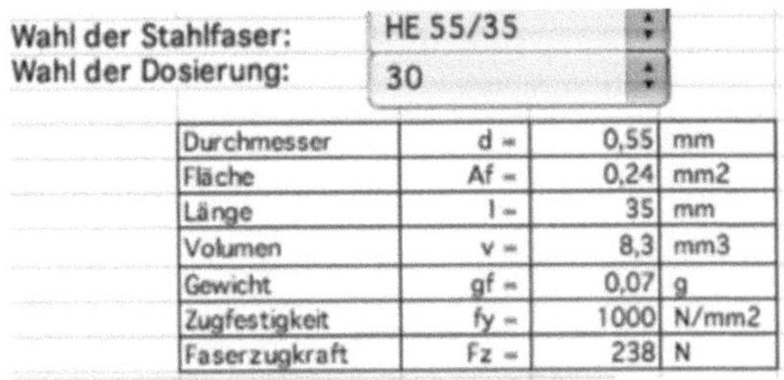

Durchmesser	d =	0,55	mm
Fläche	Af =	0,24	mm2
Länge	l =	35	mm
Volumen	v =	8,3	mm3
Gewicht	gf =	0,07	g
Zugfestigkeit	fy =	1000	N/mm2
Faserzugkraft	Fz =	238	N

Abbildung 10.104: Materialwerte für die eingegebene Stahlfaser

Auch die Betonsorte wird aus einer Liste gewählt, die man durch Anklicken des entsprechenden Auswahlfeldes öffnen kann. Auch in dieser Liste wurde eine Einschränkung auf die üblicherweise gebräuchlichen Betonsorten gewählt. Es erschien nicht sinnvoll, alle Betonsorten in die Abfrage aufzunehmen, um so die Übersichtlichkeit zu gewährleisten.

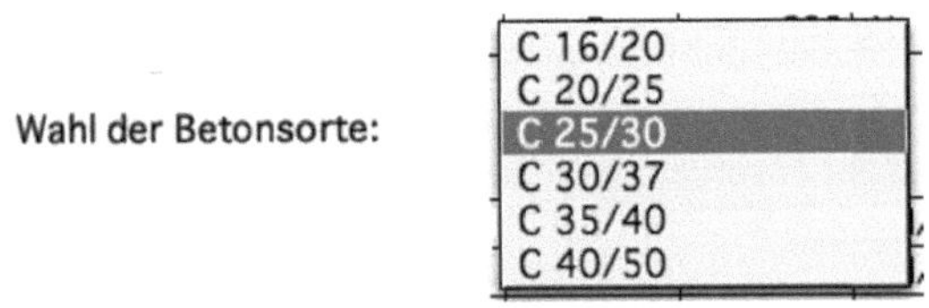

Abbildung 10.105: Auswahl der Betonsorte aus vorgegebener Liste

Die hier gewählte Betonsorte entspricht wohl einer der gängigsten Betonsorten für Ortbeton und kann von jedem Betonwerk auch hergestellt werden. Es ist dabei auch mit dem Betonwerk abzuklären, ob eine Mischung mit Stahlfasern werksmäßig durchgeführt werden kann und ob die Gesamtmischung dann auch noch ohne Veränderung der Festigkeitswerte zum Einbauort gebracht werden kann. Dies insbesondere im Hinblick auf die Verarbeitbarkeit (Ausbreitmaß und W/B-Faktor).

Es werden dann mit der Wahl der Betonsorte die Betonkennwerte in den Eingabeteil übertragen, um so entsprechend weiter rechnen zu können.

Wahl der Betonsorte: C 25/30

Druckfestigkeit	fcd =	2,5	kN/cm2
Zugfestigkeit	fctk =	0,256	kN/cm2
Biegezugfestigk	fctk,fl =	0,513	kN/cm2
E-Modul	Ec =	3.050	kN/cm2

Abbildung 10.106: gewählte Beton-Materialkennwerte

Anschließend werden die Geometrie in Form von Breite1 und Breite 2 sowie die Stockwerkshöhe eingegeben.

Eingabe der Geometrie:

Breite 1	b1 =	35	cm
Breite 2	b2 =	40	cm
Stockwerkshöhe	h =	3,80	m

Abbildung 10.107: Eingabe der geometrischen Werte

Es folgt die Eingabe der Belastung mittels zentrischer Druckkraft auf den gewählten Querschnitt. Zusätzlich werden die Teilsicherheiten für den Baustoff Stahlfaserbeton und auch die Belastung eingegeben.

Eingabe der Belastung und der erforderlichen Sicherheit:

Druckkraft	N =	1.680	kN
Sicherheit SFB	eta =	1,35	
Sicherheit Last	eta =	1,5	

Abbildung 10.108: Eingabe der Belastung und der Teilsicherheiten

Nun kommen wir zur Eingabe des Systems der Belastung. Es muss hier mit Knickung der Säule gerechnet werden. Dazu werden die vier Lastfälle von Euler herangezogen. Es muss entschieden werden, nach welchem Lastfall das Ausknicken der Säule erfolgen kann. Dies ist eine Frage der Lagerung des Kopf- und Fußpunktes der Stütze.

In der nachfolgenden Abbildung sind die 4 Euler-Lastfälle aufgetragen, wobei jeweils am Anfang und Ende des Stabes entweder eine bewegliche Lagerung (durch kleine Kreise), eine

Einspannung (durch Querstrich) oder wie bei Lagerung 1 keine Lagerung oben aufgezeigt wird. Die eingezeichnete Last gibt die Richtung der Belastung an.

Im vorliegenden Fall ist die Stütze durch jeweils eine Decke unten und oben begrenzt. Es kann also eine drehbare Lagerung der beiden Endpunkte angenommen werden. Einspannungen unten und/oder oben sind im Stahlfaserbeton durch die Arbeitsfuge unwahrscheinlich und führen im vorliegenden Fall auch zu günstigeren Werten, werden also hier aus Sicherheitsgründen nicht betrachtet.

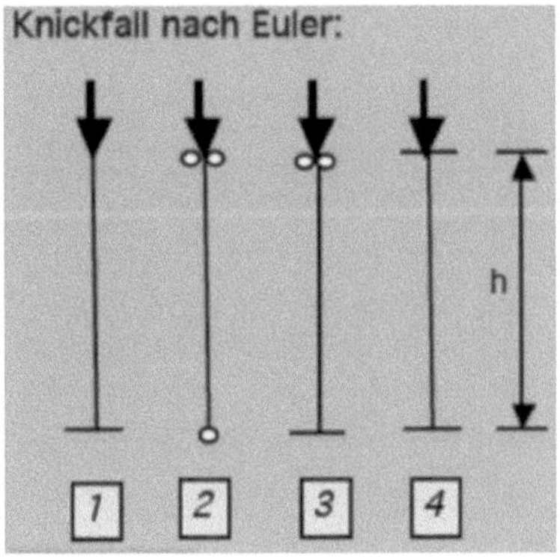

Abbildung 10.109: Die 4 Euler-Lastfälle für Knicken

Die Wahl fällt demnach auf den Euler-Lastfall 4, bei dem sowohl oben als auch unten eine gelenkige Lagerung gegeben ist.

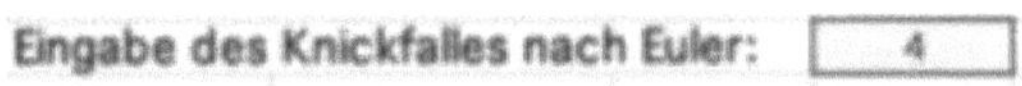

Abbildung 10.110: Auswahl des Euler-Lastfalles für Knicken

Mit dieser Eingabe sind alle Werte für die weitere Berechnung bekannt, und es werden nun die einzelnen Berechnungsschritte angegeben.

10.2.3.2 Berechnung in Einzelschritten

Die detaillierte Berechnung findet in einer eigenen Tabelle statt. Es werden hier die Berechnungen nachvollzogen, so dass eine eigene Nachrechnung durchaus möglich ist. Das Ergebnis dieser Berechnungen wird dann wieder auf die Ein- und Ausgabeseite zurückgeleitet, wo es wiederum eigens zusammengestellt wird.

Zuerst wird von den Materialkennwerten der Raumwinkel der gewählten Stahlfaser wiedergegeben, damit man sich auch eine Vorstellung von der Übertragung der Kräfte machen kann.

Raumwinkel für Zustand 1: 42,2 Grad

Es sei an dieser Stelle nochmals auf die Darstellung der Halbkugel im letzten Beispiel verwiesen, in der die Faserwirkung auch visuell anschaulich gemacht wird. Alle Fasern, die einen kleineren Winkel als α_1 einnehmen, tragen zur Lastabtragung im Zustand 1 bei. Dies sind in der Halbkugeldarstellung somit alle Fasern, die in ihrer Richtung die Kugelkappe a durchstoßen.

Es wurde bei der Eingabe für die nachfolgend durchgeführte Berechnung eine Dosierung von 30 kg/m^3 festgelegt. Entsprechend dieser Dosierung entstehen folgende Werte für die Stahlfasern:

Dosierung	kg/m3	30
Faseranzahl	Stk/m3	4,6E+05
Faserdichte	Stk/cm3	0,458
Faserzugkraft	f-fk1 [kN/cm2]	0,0282

Abbildung 10.111: Faserwerte bei angegebener Dosierung

Mit diesen Daten können nun sowohl die Zugfestigkeit als auch die Druckfestigkeit des Stahlfaserbetons errechnet werden.

Dosierung	kg/m3	30
f-fk1 =	kN/cm2	0,028
f-cftk =	kN/cm2	0,541
τc =	kN/cm2	0,521
f-cfk =	kN/cm2	2,637

Abbildung 10.112: Faserwerte bei angegebener Dosierung

Nun kann man sich zuerst um den Knickfall kümmern.

Es werden zunächst aus den geometrischen Querschnittsdaten wie Breite und Höhe das kleinere Trägheitsmoment ermittelt sowie auch die Querschnittsfläche. Aus diesen Werten kann man den in unserem Fall zuständigen kleineren Trägheitsradius errechnen.

b =	35	h =	40		
I =	142.917	A =	1400	i =	10,1

Abbildung 10.113: Trägheitsmoment, Querschnittsfläche und Trägheitsradius

Mit dem angegebenen Euler-Lastfall 4 kann nun die Knicklänge entsprechend der Definition nach Euler ermittelt werden. Gemäß der Definition der Euler-Knickfälle kann nun aus der Höhe der Säule die Knicklänge l_k mit Hilfe der Faktoren ermittelt werden.

Zuerst wird aus der Tabelle von Euler der Faktor für die Knicklänge entnommen. Im vorliegenden Fall nimmt dieser Faktor beim Euler-Fall 4 den Wert 0,5 ein.

Knickfall	Faktor
1	2,0
2	1,0
3	0,710
4	0,50

Abbildung 10.114: Euler-Fall und Knickwerte

$$l_k = h * Faktor = 3,80 * 0,5 = 1,90m \tag{10.6}$$

Anschliessend wird die Schlankheit ermittelt:

$$\lambda = \frac{l_k}{i} = \frac{190}{10,1} = 18,8 \tag{10.7}$$

Es kann nun aus der Tabelle 7.2 (Seite 96) der Knickbeiwert ω entnommen werden.

$$\omega = 1,02 \tag{10.8}$$

Nun sind alle Grundwerte zur Berechnung der Knicklast N^* bekannt. Diese errechnet sich zu:

$$N^* = \frac{f_{cfk} * A}{\omega} = \frac{f_{cfk} * b - 1 * b_2}{\omega} = \frac{2,637 * 35 * 40}{1,02} = 3615kN \tag{10.9}$$

Damit ist der eigentliche Berechnungsteil abgeschlossen, und es kann zur Auswertung bzw. zur Ergebnisdarstellung gegangen werden.

10.2.3.3 Berechnungsergebnis

Mit den Berechnungen des Knickfalles wurde die Knicklast N^* berechnet. Es erfolgt nun die Berücksichtigung der Teilsicherheitsbeiwerte. Entsprechend der Eingabe sind folgende Teilsicherheiten zu berücksichtigen:

Teilsicherheit für die Lasten:	1,50
Teilsicherheit für die Materialien:	1,35

Es werden nun sowohl die zulässige Knicklast als auch die Bemessungs-Knicklast ermittelt:

N* =	kN	3.615
N-zul =	kN	2.678
N-d =	kN	2.520

Abbildung 10.115: Knicklasten für die Stütze

Es ist die zulässige Knicklast größer als die Bemessungs-Knicklast. Somit ist der Querschnitt ausreichend bemessen. Zur Veranschaulichung wird in der Darstellung des Ergebnisses der Bemessung die Gesamtsicherheit für diese Stütze nochmals ermittelt.

Querschnitt:	ist wirtschaftlich
Sicherheit bei Zustand 1:	2,15

Abbildung 10.116: Ergebnis der Bemessung für den Knickfall

Insgesamt gesehen ist diese Art der Bemessung wesentlich einfacher als die Bemessung nach der Dosierung. Es werden somit die meisten Fälle mit der Bemessung über die Querschnittsabmessungen vorgenommen werden.

10.2.4 Schub – Durchstanzen

Es wird hier als Beispiel der Träger der Fußgängerbrücke vom Kapitel 8.1.5.1 gerechnet. Dabei wird die Stahlfaser FE 65/35 verwendet.

Die Berechnung wird im Folgenden Schritt für Schritt durchgegangen, wobei hier alle Detailschritte ausführlich aufgezeigt werden.

10.2.4.1 Dateneingabe

In der Tabellenkalkulation sind die einzugebenden Felder farbig markiert, um dem Benutzer zu zeigen, wo die Eingabe der einzelnen Daten notwendig ist. Die nicht hinterlegten Felder werden von der Tabellenkalkulation selbständig errechnet, sind somit nicht zu bearbeiten.

Baustelle:	Fussgängerübergang
Schnitt:	Träger mit Querkraft

Abbildung 10.117: Eingabe Baustellendaten

Wie bei allen Berechnungen, sollte zuerst die Bezeichnung eingegeben werden, in unserem Fall die Baustelle und der Schnitt, an dem die Berechnung durchgeführt werden soll. Auch der Name und das Datum der Berechnung sollten eingegeben werden; dies ist hier nicht extra aufgezeigt, aber es ist für die Dokumentation wichtig.

Anschließend folgt die Materialeingabe. Zuerst wird der Typ der Stahlfaser aus einer Liste ausgewählt. Mit dem Auswahlfeld kann eine Liste sichtbar gemacht werden, aus der man sich die entsprechende Stahlfaser auswählen kann.

Wahl der Stahlfaser:	FE 65/35
	HE 55/35

Abbildung 10.118: Auswahl der Stahlfaser aus vorgegebener Liste

Für die Wahl der Stahlfasern tippt man mit der Maus auf das Auswahlfeld neben Stahlfaser, und es erscheint eine Liste von Stahlfasern, aus der man beliebig auswählen kann. In der Liste sind derzeit nur zwei Fasern aufgelistet. Die hier angegebenen Stahlfasern sind diejenigen, die auch in der Prüfanstalt nachgewiesen wurden. Es wurde dabei im Biegezugversuch die Faserwirkung nachgewiesen und daraus der Raumwinkel der Faser als Faserkennwert ermittelt. Falls eine weitere Faser, die nicht in der vorgegebenen Liste aufscheint, gewählt werden sollte, ist mittels Biegezugversuchen erst der Faserkennwert zu ermitteln. Die angewählte Stahlfaser erscheint mit einer Hintergrundfarbe, wenn man mit der Maus darüberfährt. So erkennt man, welche Stahlfaser ausgewählt wird. Die auszuwählende Stahlfaser klickt man an, so ist diese Stahlfaser für die weitere Berechnung ausgewählt.

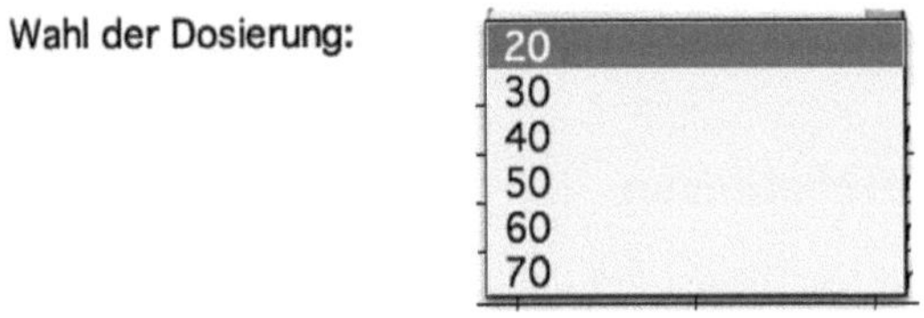

Abbildung 10.119: Eingabe der Dosierung der Stahlfaser

Anschließend wird die Dosierung der Stahlfasern aus der vorgegebenen Liste gewählt. Hierbei sind folgende Kriterien zu berücksichtigen:

20 + 30 kg/m^3 geringe Dosierung – bei niedrig beanspruchten Bauteilen
40 + 50 kg/m^3 mittlere Dosierung – bei mäßig beanspruchten Bauteilen
60 + 70 kg/m^3 hohe Dosierung – bei hoch beanspruchten Bauteilen

Aus der Materialliste werden nun die Materialkennwerte für die ausgewählte Stahlfaser entnommen. Mit diesen Kenngrößen werden die Werte für Fläche, Volumen, Gewicht und Faserzugkraft errechnet. Damit hat man eine gute Übersicht über die gewählte Faser und kann sich gegebenenfalls auch noch rechtzeitig für eine andere Faser entscheiden, deren Kennwerte dann auch angegeben werden. Mit diesen Grundwerten können in der weiteren Berechnung die entsprechenden Spannungen ermittelt werden.

Durchmesser	d =	0,65	mm
Fläche	Af =	0,33	mm2
Länge	l =	35	mm
Volumen	v =	11,6	mm3
Gewicht	gf =	0,09	g
Zugfestigkeit	fy =	1000	N/mm2
Faserzugkraft	Fz =	332	N

Abbildung 10.120: Materialwerte für die eingegebene Stahlfaser

Auch die Betonsorte wird aus einer Liste gewählt, die man durch Anklicken des entsprechenden Auswahlfeldes öffnen kann. Auch in dieser Liste wurde eine Einschränkung auf die üblicherweise gebräuchlichen Betonsorten gewählt. Es erschien nicht sinnvoll, alle Betonsorten in die Abfrage aufzunehmen, um so die Übersichtlichkeit zu gewährleisten.

Wahl der Betonsorte:

- C 20/25
- C 25/30
- C 30/37
- C 35/40

Abbildung 10.121: Auswahl der Betonsorte aus vorgegebener Liste

Die hier gewählte Betonsorte entspricht wohl einer der gängigsten Betonsorten für Ortbeton und kann von jedem Betonwerk auch hergestellt werden. Es ist dabei auch mit dem Betonwerk abzuklären, ob eine Mischung mit Stahlfasern werksmäßig durchgeführt werden kann und ob die Gesamtmischung dann auch noch ohne Veränderung der Festigkeitswerte zum Einbauort gebracht werden kann. Dies insbesondere im Hinblick auf die Verarbeitbarkeit (Ausbreitmaß und W/B-Faktor).

Es werden dann mit der Wahl der Betonsorte die Betonkennwerte in den Eingabeteil übertragen, um so entsprechend weiterrechnen zu können.

Wahl der Betonsorte: C 25/30

Druckfestigkeit	fcd =	2,5	kN/cm2
Zugfestigkeit	fctk =	0,256	kN/cm2
Biegezugfestigk	fctk,fl =	0,513	kN/cm2
E-Modul	Ec =	3.050	kN/cm2

Abbildung 10.122: gewählte Beton-Materialkennwerte

Anschließend wird die Geometrie in Form von Breite des Trägers bzw. dem Umfang bei einem Stützenauflager eingegeben. Damit kann sowohl der Schub bei einem einfachen Auflager als auch bei einem Rundschnitt bei einer Stütze berechnet werden. Somit ist auch das Durchstanzen von Säulen hier berechenbar.

Eingabe der Geometrie:

Breite / Umfang	b =	40	cm

Abbildung 10.123: Eingabe der geometrischen Werte

Es folgt die Eingabe der Belastung mittels errechneter Querkraft auf den gewählten Querschnitt. Diese Querkraft entspricht der Auflagerkraft des Trägers bei ungünstigster Lastkombination.

Zusätzlich werden die Teilsicherheiten für den Baustoff Stahlfaserbeton und auch die Belastung eingegeben. Es wird nach etlichen Berechnungen die Frage der Teilsicherheiten neu zu überdenken sein, da hier die Werte doch etwas auf der sicheren Seite gewählt wurden. Erst wenn eine Vielzahl von Berechnungen in der Praxis auch entsprechende Erfahrungen an den ausgeführten Bauwerken nachgewiesen haben, kann diese Regulierung vorgenommen werden.

Eingabe der Belsatung und der erforderlichen Sicherheit:

Querkraft	Q =	119,9	kN
Sicherheit SFB	eta =	1,35	
Sicherheit Last	eta =	1,5	

Abbildung 10.124: Eingabe der abzutragenden Querkraft und der Teilsicherheiten

Mit dieser Eingabe sind alle Werte für die weitere Berechnung bekannt, und es werden nun die einzelnen Berechnungsschritte angegeben.

10.2.4.2 Berechnung in Einzelschritten

Die detaillierte Berechnung findet in einer eigenen Tabelle statt. Es werden hier die Berechnungen nachvollzogen, so dass eine eigene Nachrechnung durchaus möglich ist. Das Ergebnis dieser Berechnungen wird dann wieder auf die Ein- und Ausgabeseite zurückgeleitet, wo es wiederum eigens zusammengestellt wird.

Zuerst wird von den Materialkennwerten der Raumwinkel der gewählten Stahlfaser wiedergegeben, damit man sich auch eine Vorstellung von der Übertragung der Kräfte machen kann.

Raumwinkel für Zustand 1:	47,3	Grad

Abbildung 10.125: Raumwinkel für den Zustand 1 der gewählten Faser

Es sei an dieser Stelle nochmals auf die Darstellung der Halbkugel im letzten Beispiel verwiesen, in der die Faserwirkung auch visuell anschaulich gemacht wird. Alle Fasern, die einen kleineren Winkel als α_1 einnehmen, tragen zur Lastabtragung im Zustand 1 bei. Dies sind in der Halbkugeldarstellung somit alle Fasern, die in ihrer Richtung die Kugelkappe a durchstoßen.

Es wurde bei der Eingabe für die nachfolgend durchgeführte Berechnung eine Dosierung von 20 kg/m^3 festgelegt. Dies soll zeigen, dass der Schub im Stahlfaserbeton beim gewählten Querschnitt mit der kleinsten Dosierung übernommen werden kann. Entsprechend dieser Dosierung entstehen folgende Werte für die Stahlfasern:

Dosierung	kg/m3	20
Faseranzahl	Stk/m3	2,2E+05
Faserdichte	Stk/cm3	0,219
Faserzugkraft	f-fk1 [kN/cm2]	0,0233

Abbildung 10.126: Faserwerte bei angegebener Dosierung

Die aufnehmbare Schubspannung des Stahlfaserbetons mit angegebener Dosierung errechnet sich aus den Verhältnissen von Mohr, wobei zuerst die Zug- und Druckfestigkeit ermittelt werden. Es kann dann über den vom Beton bekannten Scherwinkel die Scherfestigkeit des Stahlfaserbetons, wie im Abschnitt 7.2.4 angegeben, errechnet werden. Diese Scherfestigkeit τ_c kann nun über den gesamten Querschnitt als mittlere Scherspannung angesetzt werden.

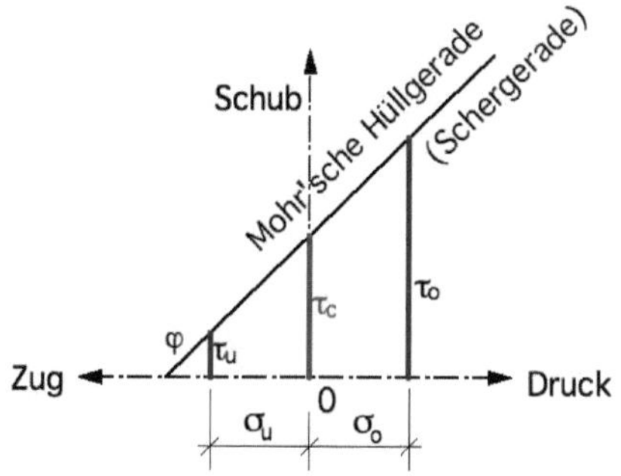

Abbildung 10.127: Schubspannungen im Querschnitt nach Coulomb

Die Schubspannung τ_c ist die Scherfestigkeit eines Materials und kann ausgehend von der Druckfestigkert f_{cfk} mit nachfolgender Formel berechnet werden.

$$\tau_c = \frac{f_{cfk}}{2} * tan(45 - \frac{\varphi}{2}) \qquad (10.10)$$

Die in die weitere Berechnung einzusetzende Querkraft ist die aus der Statik angegebene Querkraft mit der Teilsicherheit der Lasten kombiniert. Setzt man nun diese Querkraft als wirkende Kraft an, so kann man unter Berücksichtigung der Teilsicherheit des Materials mit der errechneten Schubspannung die erforderliche Querschnittsfläche errechnen:

$$A_{min} = \frac{\eta_l * Q}{\eta_m * \tau_c} \qquad (10.11)$$

Die nachfolgende Zusammenstellung zeigt die errechneten Werte.

Dosierung =	kg/m3	20
f-cftk =	kN/cm2	0,465
τc =	kN/cm2	0,448
f-cfk =	kN/cm2	2,106
Q-d =	kN	180
min A =	cm2	542,0

Abbildung 10.128: errechnete Werte für Schub und damit der mindestens erforderlichen Querschnittsfläche

Damit ist der eigentliche Berechnungsteil abgeschlossen, und es kann zur Auswertung bzw. zur Ergebnisdarstellung gegangen werden.

10.2.4.3 Berechnungsergebnis

Mit den errechneten Werten bleibt nur noch die Aufgabe, aus dem erforderlichen Querschnittsfläche bei gegebener Breite bzw. Umfang die Höhe des Querschnittes zu ermitteln. Dies erfolgt nach einer der beiden nachstehenden Formeln:

$$h = \frac{A}{b} \qquad h = \frac{A}{U} \tag{10.12}$$

Damit kann nun auch der minimal erforderliche Wert der Höhe des Querschnittes berechnet werden. Dieser Wert ist mindestens einzuhalten.

Dosierung für Querschnitt:	20	kg/m3
Mindestquerschnitt =	542,0	cm^2
mindest Höhe =	13,6	cm

Abbildung 10.129: Ergebnis des Schubnachweises

Bei dieser Berechnung ist zu berücksichtigen, dass die Berechnung für einen vertikalen Schnitt durchgeführt wurde. Es sollte zusätzlich noch ein weiterer Schnitt entlang der natürlichen Bruchlinie nachgerechnet werden. Diese Bruchlinie stellt sich bei einem Auflager mit einem Winkel von 45° ein. Also sollte ein Nachweis zusätzlich unter diesem Winkel geführt werden.

Anhang

Tabellenverzeichnis

Abbildungsverzeichnis

Literaturverzeichnis

[1] Konrad Bergmeister, editor. *Beton Kalender*. Ernst u. Sohn, 2005.

[2] G. Fritsche. Faser- contra Stahlbeton. *betonstahl*, 2/07(93):6–12, 2007.

[3] Becker Heinz-Rainer. Anwendungsbeispiele von Stahlfaserbeton in der Tragwerksplanung. *Westdeutsches Architekten und Ingenieurforum, Bochum*, 2007.

[4] Schweizer Ingenieurverein. Stahlfaserbeton. *SIA162/6*, page 20, 1999.

[5] Beer Klaus. *Bewehren nach DIN 1045-1*. B.G. Teubner Verlag, 2007.

[6] F. Knab. *Modellierung von Stahlfaserbeton mit SOFiSTiK*. Diplomarbeit nr. 360, TU-München Bauingenieurwesen - Statik, 2000.

[7] R. Krapfenbauer. *Bau Tabellen*. Jugend u Volk, 2006.

[8] G. Lohmeyer. *Baustatik 2 – Bemessung und Festigkeitslehre*. B.G. Teubner Verlag, 2006.

[9] G. Lohmeyer. *Stahlbetonbau Bemessung – Konstruktion – Ausführung*. B.G. Teubner Verlag, 2006.

[10] Schadde Markus. Stahlfasern - Bewehrung im Hochbau. In Schretter Vilser Baustofftag, editor, *Faserbeton*, volume 11. Zement Beton, 2007.

[11] R. Fritsch G. Möslinger. *Statik 1 – 3 einschließlich Festigkeitslehre*. Manz Verlag, 2000.

[12] B. Peer. *Numerische Traglastanalysen von Durchlaufträgern aus Stahlfaserbeton*. PhD thesis, Institut für Grundlagen der Bauingenieurwissenschaften Arbeitsbereich Festigkeitslehre, Baustatik, Tragwerkslehre, Universität Innsbruck, Innsbruck, 2005.

[13] Th. Pfyl. Tragverhalten von Stahlfaserbeton. *Dissertation ETH Zürich*, Dissertation ETH(15005):140, 2003.

[14] Ch. Pockes. Stahlfaserbeton im Bauwesen. *Alumni biw-fhd*, page 7, 1999.

[15] Rudolf Röck. Grundlagen über die Wirkung von Fasern im Beton. In Schretter Vilser Baustofftag, editor, *Faserbeton*, volume 11, pages 3–7. Zement Beton, 2007.

[16] Markus Schadde. *Bewehrungskorrosion im Stahlfaserbeton*, Oktober 2007.

[17] Andreas Schuchter. Bauvorhaben Maschinenhalle Ritzer Stahlfaserbewehrte Geschossdecke. In Schretter Vilser Baustofftag, editor, *Faserbeton*, volume 11. Zement Beton, 2007.

[18] B. Thomee. Stahlfaserbeton: Elastoplastisches Materialgesetz - Berechnungsmodelle - Versuche. page 10, 2001.

[19] G. Valentin. *Stahlbetonbau*. Manz-Verlag, 10. edition, 2001.

[20] Pollio Marcus Vitruvius. *De Architectura*. Primus Verlag Darmstadt 1996, -27.

[21] D. Weisse. Stahlfaserbeton – Tragverhalten, Nachweisführung, Berechnungsbeispiele. page 24, 2000.

[22] Otto Wetzell. *Wendehorst Bautechnische Zahlentafeln*. Teubner, 2007.

[23] B. Wietek. *Grundbau – Einführung in Theorie und Praxis*. Manz-Verlag, 4. edition, 2002.

[24] B. Wietek. Über die Bemessung von Stahlfaserbeton. *österreichische bau.zeitung*, 48:33–36, November 2007.

Sachverzeichnis

MIX
Papier aus verantwortungsvollen Quellen
Paper from responsible sources
FSC® C105338

If you have any concerns about our products,
you can contact us on
ProductSafety@springernature.com

In case Publisher is established outside the EU,
the EU authorized representative is:
Springer Nature Customer Service Center GmbH
Europaplatz 3, 69115 Heidelberg, Germany

Printed by Libri Plureos GmbH
in Hamburg, Germany